KB053145

과학자들에게 묻고 싶은

인간과
삶에 관한
질문들

과학자들에게 묻고 싶은

인간과 삶에 관한 질문들

BIG QUESTIONS IN SCIENCE

존 폴킹혼 외 지음 · 강윤재 옮김

황금부엉이

옮긴이 **강윤재** 康允載

서울대학교 자연과학대학 화학과를 졸업하고 고려대학교 과학기술학협동과정에서 박사과정을 수료했다.
현재 성공회대학교 강사이며, 출판사에서 오랫동안 기획편집자로 일한 경험을 바탕으로 과학도서를 기획하는
한편 과학 분야의 전문 번역가로 활동하고 있다. 옮긴 책으로는 「H₂O : 물의 전기」, 「라듐의 발견과 마리 퀴리」,
「아담과 이브에게는 배꼽이 있었을까」, 「시간을 발견한 사람 : 제임스 허턴」 등이 있다.

과학자들에게 묻고 싶은 인간과 삶에 관한 질문들

2004년 12월 6일 초판 1쇄 발행
2005년 7월 20일 초판 2쇄 발행

지은이 | 존 폴킹혼 외
엮은이 | 해리엇 스웨인
옮긴이 | 강윤재
펴낸이 | 이준원
펴낸곳 | (주)황금부엉이

주소 | 서울 마포구 서교동 353-4 첨단빌딩 4층
전화 | 02-338-9151(편집부) 02-338-9128(영업부)
팩스 | 02-3142-3344(편집부) 031-901-8177(영업부)
홈페이지 | www.goldenowl.co.kr
출판등록 | 2002년 10월 30일 제 10-2494호

인문교양서 사업본부장 | 이호준
편집 | 이홍림
본문 디자인 | 강경미
전략 마케팅 | 최옥현
영업 | 김유재, 변재업, 김경미, 정창현, 차정욱
제작 | 구본철

ISBN 89-90729-27-0 03400

값 12,700원

*잘못된 책은 바꾸어 드립니다.

*이 책은 한국과학문화재단 과학문화지원사업의 번역 지원을 받아 발간되었습니다.

? 과학자들과 함께 발견하는 놀라운 세상

"과학자의 어휘목록에서 가장 핵심이 되는 말은 경이이다."

케임브리지대학교 퀸스칼리지의 전임학장 존 폴킹혼의 말이다. 그에 따르면 경이란 '우리의 탐구 앞에 그 모습을 드러내는 물질세계의 놀라운 질서에 의해 촉발되는 감응' 이다.

경이는 대부분의 보통 사람들의 어휘목록에서도 핵심어이다. 다만 그들에게는 과학자들보다 그 말을 사용할 수 있는 기회가 적게 주어져 있을 뿐이다. 이 책은 거의 모든 사람들이 가끔씩 깊이 생각해보곤 하는 문제들을 본격적으로 다룸으로써 그런 기회를 제공하고자 하는 의도에서 기획되었다.

여기서 다루고자 하는 문제들, 즉 '세상은 어떻게 시작되었는가?', '생명의 목적은 무엇인가?' 같은 것들은 정말로 커다란 문제들이다. 현재 과학자들은 이런 문제에 대한 답을 찾고자 애쓰고 있으며, 몇몇의 경우에는 이미 해답에 매우 근접해 있기도 하다.

과학자들의 삶은 질문을 던지는 삶이라 할 수 있다. 문제는 그들이 종종 다른 사람들은 좀처럼 이해하기 힘든 맥락에서 질문을 던지고, 또 그들이 찾아낸 해답이 커다란 논쟁을 불러일으킬 수도 있다는 점이다. 이 책에서는 이런 점을 고려하여 각 주제를 본격적으로 다루기에 앞서 해당 주제의 기초가 되는 맥락과 논점들을 파악할 수 있도록 도입부분을 마련했다. 이 부분에서는 과거에 제시된 바 있는 대답들과 이 책의 저자들을 제외한 다른 과학자들의 대답들을 총괄하고 나서 새로운 연구영역을 제시한다.

에드 피츠제럴드, 시안 그리피스, 발 퍼스, 트레이시 터커, 닐 터너, 조나단 케이프 사社의 포피 햄프슨과 윌 술킨 등 이 작업에 도움을 준 저널리스트들과 학자들 모두에게 감사드린다. 그들의 도움 덕분에 이렇게 엄청난 주제를 감히 시도해볼 수 있었다.

특히 초기에 저자들을 섭외하는 데 큰 힘이 되어준 〈타임스 고등교육지〉의 전문기자 맨디 가너, 그리고 이 책이 나올 수 있도록 시간과 지원을 아끼지 않았던 전 〈타임스 고등교육지〉 기자 오리올 스티븐스에게도 감사드린다.

해리엇 스웨인

9

? 들어가면서

존 폴킹혼이 속한 영국 국교회(성공회)처럼, 과학은 여러 다양한 입장들을 포용하는 광교회[1]다. 20개 항목으로 이루어진 과학의 문제목록은 관심을 가진 사람들의 수만큼 다양해질 수 있다. 과학에 종사하는 사람들과 비과학자들을 나누었을 때 양자가 가지고 있는 과학에 대한 기대가 각기 다르기 때문이다.

잘 알려져 있다시피 과학자들에게는 큰 문제가 다른 사람들에게는 작은 것으로 여겨지기 십상이다. 찰스 다윈은 이후 150년 동안 승리를 구가하게 될 진화론을 확립하기 전에 갈라파고스 군도에 서식하는 핀치의 부리 형태에 온 신경을 집중시켰다. 1900년, 막스 플랑크는 가열된 물체에서 흘러나온 복사열의 성질 변화 ─가정용 난방기의 온기는 느낄 수만 있고 볼 수는 없는 반면, 녹은 쇳물은 점점 빨갛게 달아오른다.─에 대한 설명을 찾기 위한 노력에서 시작하여, 반직관적인 양자역학의 토대를 쌓는 데로 나아갔다. 과학이 흥분을 자아낼 때는 주로 '작은 문제'에 대한 대답이 거듭하여 보다 '큰 문제'를 이끌어낼 때이다.

. . . . BIG QUESTIONS IN SCIENCE

[1] 자유주의적 성향을 지닌 중도적 성격의 영국 국교회 교파에 붙여진 속칭이다.

이 책에 제시된 20개의 큰 문제들은 대부분의 사람들이 마음속에 품고 있는 질문이라는 장점이 있다. 우리 모두는 세상이 어떻게 시작되었으며, 어떠한 과정(그런 과정이 있다면)을 거쳐, 어떻게 끝날 것인지 알고 싶어한다. 또한 왜 인간만이 이런 논의를 가능케 해주는 언어를 가지게 되었는가를 알고 싶어한다.

또한 우리가 다루고자 하는 큰 문제들 중 몇 가지는 실제적이고 현실적인 문제들이다. 이것은 너무나 당연한 것이다. 만약 과학이 우리에게 우주가 어떻게 시작되었는지를 말해줄 수 있는 것처럼 보이면서, 우리가 왜, 어떻게 사랑에 빠지는지, 기아와 고통은 제거될 수 있는지, 그렇다면 어떻게 가능한지를 해명할 수 없다면 창피한 일일 것이다.

하지만 큰 문제에 대한 실제적인 해답들은 종종 과학 그 자체와는 별 관계가 없다. 이런 점은 세계식량공급에 대한 브라이언 힙의 설명에서도 분명하게 드러난다. 사실 식량문제에 있어서는 식량의 절대적인 양보다는 거대곡물생산국들에 의해 유지되는 관세제도나 가난한 나라의 정부들에 만연된 소농들의 경제적 복리에 대한 무관심이 더 심각하다.

개인적으로 나는 우리 모두가 향후 몇 십 년 동안 과학지식의 적용을 둘러싼 윤리적 논쟁으로 고통을 겪게 되리라 예상한다. 예를 들면 인간의 행복추구를 위해 우울증 치료제인 프로작[2]을 받아들일 것인가? 인간의 조건을 개선한다는 관념에 대한 메리 워녹의 긍정적인, 그러나 매우 신중한 접근은 보다 빠른 행동에 대한 성마른 요구 속에서 얼마나 오랫동안

. . . . BIG QUESTIONS IN SCIENCE

[2] 전세계에서 가장 많이 이용되고 있는 우울증 치료제이다. 탈모증 치료제인 프로페시아, 발기부전 치료제인 비아그라와 함께 병의 치료뿐 아니라 행복까지 되찾아준다는 뜻으로 '행복제조기' 또는 '삶의 질 개선제'로 불린다.

살아남을 수 있을 것인가?

해답을 찾는 일이 얼마나 어려운가는 이 책이 각각의 문제를 서로 다른 두 차원에서 다루도록 설계되어 있다는 사실에서 미뤄 짐작할 수 있다. 문제를 공식화했던(심지어 그 답을 제시했던) 앞선 시도들을 소개하기 위해 마련된 저널리스트들의 개괄적 설명은 잘못된 출발이 얼마나 많았는가를 잘 보여준다. 개괄적 설명 뒤에는 각 문제에 대해 명쾌한 답을 제시하고자 했던 해당 분야 전문가들의 글이 실려 있다. 대부분의 독자들은 이 두 번째 시도가 보여주는 겸양과 실험정신에 깊은 인상을 받게 될 것이다. 이들의 대답에는 식상함이나 불충분함이 자리할 여지가 거의 없어 보인다.

이런 큰 문제들에 대한 답들이 명쾌하지 않다고 해서 실망할 필요는 없다. 앞에 놓인 길에 대한 의심은 500년 전, 코페르니쿠스가 우주의 중심에 지구가 아닌 태양을 올려놓은 이래 과학의 특징이 되었다. 모든 대답은 경험에 의해 검증되거나 예기치 않은 발견에 의해 기각될 때까지는 가설로 남아 있다.

그렇다고 해서 이것이 곧 과학진리와 같은 것이 없음을 말하는 것은 아니다. 17세기에 뉴턴이 자신의 새로운 '중력이론'에 근거하여 지구가 구형이라고 추론했을 때, 그는 옳았지만 개략적으로만 그랬다. 지구가 완전한 구가 아니라 자전으로 인해 양극이 평평하다는 사실이 보다 일반적인 뉴턴의 역학이론에 잘 들어맞는 것처럼 보였던 것이다.

1917년, 아인슈타인이 뉴턴의 중력법칙을 광범한 철학적 배경 속에 위치시켰다는 사실(그 과정에서 그 법칙을 수정했다.)은 뉴턴을 웃음거리로 만든 것이 아니라, 오히려 그의 천재성을 입증했다. 곧 이어 예외들—일식 중인 태양에 의한 멀리서 온 별빛의 굴절과 같은—에 의해 아인슈타인

법칙이 옳다는 것이 밝혀졌고, 뉴턴의 칙서가 여전히 영향력을 발휘하는 환경들이 보다 폭넓게 이해될 수 있었던 것이다.[3]

이처럼 연속되는 수정은 포스트 코페르니쿠스 과학에서 진보를 구성하고 있는 것의 실례를 보여준다. 큰 문제들이 더 많이 감지될수록, 그 질문들에서 파생되는 연구프로그램에 대한 도전은 더욱 거세지고, 제시된 답을 둘러싼 논쟁도 더욱더 치열해진다. 어쩌면 우리가 물을 수 있을 만큼 충분한 지식을 확보하지 못한 상태에서 던지는 문제들에 답이 존재한다는 사실 자체가 큰 놀라움일 것이다. 과학 활동은 미완성 프로젝트이며 앞으로도 계속 그렇게 남아 있을 것이다. 코페르니쿠스 이후 세계에 대한 우리의 이해가 엄청나게 확대되었지만 그 수준은 아직 본궤도에도 오르지 못하고 있다.

과학이 제시하는 대답들이 항상 명쾌한 것은 아니지만, 그 점은 질문들도 마찬가지다. 이 책의 첫 번째 질문인 '신은 존재하는가?' 에 대해 나는 과학적 대답이 있을 수 없다고 생각한다. 나는 신자가 아닐 뿐더러 심지어 불신자라고 할 수 있지만, 과학이 초자연적 영혼이 실재하느냐의 여부에 대해 할 말이 없다는 것은 너무도 당연한 일이라고 느끼고 있다.

한 걸음 더 나아가 논쟁을 불러일으킬 수도 있는 고백을 해야 할 것 같다. 나는 빅뱅big bang을 신뢰하지 않는다. 사실 나는 빅뱅을 일종의 꾸며낸 이야기라고 생각한다. 윌리엄 허셜 경[4] 이후 가장 뛰어난 그리니치 천문

[3] 뉴턴 역학이 기반하고 있는 시간과 공간은 절대적인 성격을 띠고 있다. 시간은 과거에서 미래로 일정한 속도로 나아가고 있으며, 공간은 물체의 배경으로 존재하며 물체로부터 영향을 받지는 않는다는 것이다. 반면에 아인슈타인의 상대성이론은 시간과 공간의 절대성을 부정한다. 시간도 물체의 운동조건에 따라 변하며, 공간도 물체의 영향을 받아 무거운 물체가 있는 곳에서는 휨 현상도 일어난다는 것이다.

대장이라 할 수 있는 마틴 리즈는 본문에서 내 주장과 반대되는 이야기를 하고 있다. 그 주장은 상당히 허구적이다. 그러나 그 이론은 우주가 어떻게 시작되었는가에 대한 설명으로써 세 가지 커다란 이점을 지니고 있다.

빅뱅이론은 팽창하는 우주를 제시해주고, 우리 주변 세계에 존재하는 원소들과는 달리 별에서는 만들어낼 수 없는 '무거운 수소(중수소)'[5]와 헬륨이 우주에 존재하는 이유를 설명해주며, 우주의 모든 구석을 가득 채우고 있는 저온의 우주배경복사에 대해 자연스럽게 설명해준다.

그러나 암초들도 있다. 빅뱅의 단순한 폭발은 현재 우리가 살고 있는 우주보다 훨씬 덜 균일한(덩어리가 훨씬 더 많은) 우주를 초래했을 것이다.[6] 더욱이 아인슈타인의 일반상대성이론에 따르면 시공간은 휘어졌어야만 할 텐데 편평해 보인다. 이런 어려움들은 마틴 경이 제시한 독창적인 인플레이션 우주론에 의해 처리될 수 있지만, 내 취향에 따르면 그런 고안은 너무도 많은 문제들을 회피하고 있는 것 같다.

나는 더 나은 우주모델을 제시할 수 없다는 것을 인정하는 것 외에는 그런 회의에 대해 사과할 생각이 없다. 과학이론이 불완전한 것은 드문

. . . . BIG QUESTIONS IN SCIENCE

[4] 1781년 반사망원경을 이용하여 천왕성을 발견한 독일 태생의 영국 천문학자. 1822년에 그리니치 천문대장이 되었다.

[5] 중수소deuterium는 수소보다 중성자가 하나 더 많은 수소동위원소이다. 중수소보다 중성자가 하나 더 많은 수소동위원소는 삼중수소tritium라 한다.

[6] 빅뱅은 쉽게 말하면 '폭발'이다. 아무래도 폭발에 의해 모든 내용물이 사방으로 고루 퍼지기를 바랄 수는 없어 보인다. 이런 이유로 빅뱅이론으로는 현재 우주가 매우 균일한 상태라는 사실을 설명하기 힘들어진다. 반면에 인플레이션은 '급격한 팽창'을 의미한다. 균일하게 뒤섞여있는 내용물들의 위치는 그대로 둔 채 한꺼번에 부풀렸다고 가정하면 그 내용물들이 처음처럼 균일한 상태를 유지한다는 것을 알 수 있다.

일이 아니다. 빅뱅은 천문학자들이 새로운 자료가 적합한지를 살필 때 보편적으로 사용하는 우주모델이다. 그것은 불완전성이 배가되거나 어느 누군가 깜짝 놀랄 만한 새로운 아이디어를 제시하기 전까지는 자신의 역할을 계속해나갈 것이다. 이런 점은 인간 발달에 영향을 미치는 선천적 요인과 후천적 요인의 상대적 중요성에 대한 인간유전체(게놈)[7]와 그 관련 쟁점들에 있어서도 마찬가지이다.

우리가 전적으로 유전자의 산물이라고 진지하게 주장하는 사람은 아무도 없다. 막연한 '유전자결정론'은 허상의 괴물이다. 마이클 루터가 강조하듯 유전학자들과 심리학자들은 선천/후천 상호작용에 대해 말할 것도 많고 배울 것도 많다. 유전학자들의 경우 당면한 과제는 혈우병처럼 단 하나의 유전자가 아니라, 여러 개의 유전자를 통해 병의 감수성이 다음 세대로 전달되는 당뇨병과 같은 질병들을 유전적으로 설명해내는 것이다. 세포 속 유전자의 활동이 내부의 신호와 외부의 신호 모두로부터 어떻게 규제되는지를 구체적으로 이해해야 하는 임무가 주어져 있기도 하다. 이것들은 본래 '큰 문제'가 아니지만 사람들은 여기에 자신의 삶을 바칠 것이고, 늘 그런 것처럼 그 중 일부에서는 놀랍고도 전복적인 통찰이 솟아오를 것이다. 예를 들면 박테리아를 위한 정밀과학이나 다름없던 유전자조작은 사람들이 자연에 존재하는 DNA를 풀어헤친 다음 다시 감을 수 있는 방법을 배우게 되자 식물과 동물에게도 적용되기 시작했다.

[7] 게놈genome이란 유전자gene와 염색체chromosome의 합성어로 염색체 속에 있는 모든 유전 물질을 뜻한다. 이 책에서는 게놈 대신에 그 번역어인 '유전체'를 사용하였다. 이것은 '한국유전체사업단'이라는 국가공식사업에서도 그렇거니와 생물학계에서도 폭넓게 '유전체'를 사용하고 있다는 점을 고려했기 때문이다. 따라서 '인간게놈프로젝트Human Genome Project'도 '인간유전체사업'으로 번역했다.

심리학자들에게는 올라야 할 높은 산들이 더 많다. 잘 알려져 있다시피 신경과학은 거의 전적으로 20세기의 산물이고, 뇌가 어떻게 우리에게 생각할 수 있는 능력—간단한 결정을 하는 것은 물론 심지어 예전에 겪어보지 않았던 환경을 상상할 수 있도록 하는—을 주는지에 대해서는 여전히 분명하지 않다. 그럼에도 수잔 그린필드가 제시하고 있는 것처럼 뇌는 머리에 있는 신경세포들 사이의 무수한 연결들 속에 구체화되어 있는, 우리의 모든 경험과 학습의 종합기록장치(진정한 후천의 저장소)이다. 특히 성행위에 대한 성호르몬의 영향을 빼면 신체의 나머지 부분들에 대한 뇌의 영향과 관련 메커니즘이 애매한 상태로 남아 있기 때문에 진화심리학자들의 인상적인 가설들이 원자과학처럼 단단해지려면 족히 몇 십 년은 더 걸릴 것이다.

이것은 스캔들이 아니라 과학이 얼마나 지속적인 사업인지 보여주는 실례이다. 이 책은 20가지 큰 질문들에 대한 해답서라기보다는 그 문제들이 어떻게 일정한 과정을 거쳐 해결될 수 있고, 다른 대답에 의해 대체될 수 있는가에 대한 안내서이다. 앞으로 어떤 종류의 대답들을 예상할 수 있을까?

약 450만 년 전, 인류가 유인원에서 갈라져 나와 호모 에렉투스(직립 원인)를 거쳐 호모 사피엔스(언어를 사용함으로써 약 12만 5천 년 전에 지구 전체를 차지하게 된)에 이르기까지, 인간 종에 대한 믿을 만한 역사를 보유하는 것은 수십 년이면 족하다는 것이 내 생각이다. 그 역사는 유전학(특히 인간발생유전학)과 고전적인 고인류학의 결합으로 확립될 것이다. 그에 앞서 진화론적인 '생명의 계통수 tree of life'가 매우 정교하고 구체적으로 재구축될 것이다.

그러나 그것이 지구의 표면에서 생명이 어떻게 시작되었는지를 말해줄 수 있을까? 그 자체만으로는 힘들 것이다. 최초의 자기복제분자들은 오늘날 생명유지에 관련되어 있는 것들보다 훨씬 작은 화학물질이었음이 분명하다고 믿을 만한 충분한 이유가 있다. 만약 다른 행성들을 대상으로 한 외계생명탐사(현재는 지구와 비슷한 행성들에 대한 탐사)가 성공한다면 우주에서 인간이 차지하는 위치에 대한 우리의 관점은 근본적으로 뒤바뀌게 될 것이다. 그러나 지금으로부터 약 40억 년 전 지구에서 생명이 어떻게 시작되었는가를 알아낼 때까지는 좀더 시간이 필요할 것이다.

생명의 기원을 둘러싼 큰 문제는 그 동안 무시되었던 탐구영역이다. 그러나 향후 수십 년은 현재(DNA 구조가 말 그대로 생명의 비밀이라는 사실이 밝혀진 이래 반세기가 채 안 된 시점) 전세계의 실험실에서 폭발적으로 쏟아져 나오는 생명활동에 대한 깊이 있는 이해에 의해 크게 발전되어 나갈 것이다.

이런 발견들의 잠재적 이익들(의학뿐 아니라 지구의 관리를 위해서도)은 엄청나다. 이 점에 대해서는 주로 존 설스턴, 브라이언 힙, 로날드 멜잭 등이 쓰고 있다. 그러나 그런 이익들은 우리들의 집단적 조급함(과학자들도 거기에서 제외되어 있지 않다.)으로 인해 위협을 받고 있다. 안정성 문제를 외면한 채 유전자조작곡물의 상품화를 모색하는 기업의 적절치 못한 열정, 또는 메리 워녹이 경고하듯, 유전학의 발전이 죽음을 없애거나 무한히 뒤로 미룰 가능성을 생각해보자. 또한 행복추구가 승자보다는 패자가 많지 않은 공공의 사업일 수 있음을 보여주는 데에도 비슷한 난관들이 존재한다.

존 매독스

세기 초반에 이르면, 많은 과학자들이 더 이상 신을 믿지 않게 되었다. 1916년, 미국 과학자들 대상으로 한 설문조사에서 60퍼센트가 신을 믿지 않거나 의심한다고 대답했다 – 저자가 예측 던 수치는 교육의 확대와 함께 증가할 수 있었을 것이다. 이런 점에도 불구하고, 그리고 과학이 에서 눈에 띠는 진전이 있었음에도 불구하고(특히, 창조주 신의 필요성을 제거했다고 알려진 유전학 양자역학에서), 1996년 설문조사에서도 여전히 40퍼센트의 미국 과학자들은 신을 믿고 있었다. 람이 생명 그 자체를 다룰 수 있는 능력을 보유한 이상, 신을 위한 여지가 어떻   을 수 는가? 우주가 생명을 돌보기에 매우 적합한 환경을 펼쳐 보이고 있다는 사   시라 . 신 지지자 이를 만들 수 있도록 해준다.'

신은 존재하는가?

? "내 견해로는 진화를 둘러싼 과학지식과 창조주 신이라는 관념 사이에는 화해할 수 없는 어떤 갈등도 존재하지 않는다." 미국 인간유전체사업의 책임자 프랜시스 콜린스의 말이다. "나는 유전학자이지만 여전히 신을 믿는다."

콜린스 혼자만 그런 것은 아니다. 지난 수십 년 동안 많은 저명한 과학자들이 공공연하게 신과 과학에 대한 자신의 믿음을 말해왔다. '기후변화에 관한 정부간협의체IPCC'[8]의 과학자 실무그룹의 공동의장인 존 휴턴 경, 케임브리지 퀸스칼리지의 전임학장이자 입자물리학자 출신의 영국 국교회 사제 존 폴킹혼, 뉴욕 예시바대학교 면역학과 교수이자 탈무드 학자인 칼 파이트, 영국의 오픈대학교 물리학 교수이자 영국 성공회 평신도 설교자인 러셀 스태너드 등이 여기에 속한다.

그러나 이런 관점들이 보편적으로 받아들여지고 있는 것은 아니다. 옥스퍼드대학교 '대중의 과학이해' 교수이자 공개적인 무신론자인 리처드 도킨스는 주저 없이 신앙을 버렸다. 그는 창조주 신을 옹호하는 사람들을 '과학적 소양이 없는 자'라고 부르는 한편, 종교를 '바이러스'라고 칭해왔다. 한편 종교와 과학 둘 다 정당하지만 그 둘은 서로 전혀 관련이 없는 별개의 패러다임이라고 보는 사람들도 있다.

유일한 창조주에 대한 논의가 촉발된 지 3천 년이 지난 지금, 즉 과학이 사람의 유전자 조성을 풀어서 그것을 통제하는 법을 찾고 있고, 강력한 망원경을 이용하여 빅뱅으로 인한 우주의 시원 바로 그 중심부를 들여다볼 수 있게 된 오늘날에도 신이라는 관념은 여전히 건재하다. 이 관념은 대중과학서의 판매부수를 올리고, 유신론자와 무신론자 모두에게 똑

. . . . BIG QUESTIONS IN SCIENCE

[8] 'Intergovernmental Panel on Climate Change'의 줄임말.

같이 영향을 미치고, 항상 그랬던 것처럼 지금도 분열에 의한 고통을 초래하고 있다.

옥스퍼드대학교 기독교철학과 교수인 리처드 스윈번에 따르면 '완벽하게 선한 우주의 유일한 창조주'에 대한 믿음은 그 기원이 기원전 1천년경의 고대 이스라엘로 거슬러 올라간다. 우리에게 알려진 거의 모든 사회는 신성한 힘에 대한 믿음을 지니고 있었다. 사람들은 언제나 그들의 사회가 설명할 수 없는 문제에 대한 답을 신적인 것을 통해 해결하고자 했던 것 같다.

처음부터 도전은 있었다. 그러나 천체물리학자 출신의 목사이자 더럼대학교 세인트존스칼리지 소속의 기독교변증론 특별연구원 데이비드 윌킨슨에 따르면, 창조주의 본성보다는 창조주의 존재를 둘러싼 문제가 근대적 논쟁의 주된 특징이었다.

19세기 중엽까지, 서구사회에서 과학과 종교는 대부분의 분야에서 좋은 관계를 유지하고 있었다. 과학자들은 연구 동기를 주로 종교와 관련지어 설명했고, 뛰어난 과학자들 중 많은 사람이 사제들이었다. 과학과 종교의 대표적 갈등사례로 자주 인용되는 갈릴레오에 대한 교회의 박해조차도 인간이 우주의 중심에 위치한다는 사실에 의구심을 불러일으키기는 했지만 신의 존재에 대한 그의 부정과는 전혀 관련이 없었다.

현미경을 포함한 도구의 발달과 함께 시작된 17세기의 과학혁명으로 과학자들은 자연의 경이, 따라서 신의 경이를 감탄할 수 있게 되었다. 윌킨슨에 따르면 설계이론—자연은 우연이라고 보기에는 너무나 완벽하게 설계되어 있고 아름답기 때문에 신의 작품임에 틀림없다는 이론—은 '과학혁명의 도래로 꽃피었음'에도 불구하고 그 기원은 고대 그리스까지 거슬러 올라간다.

18세기에 이르러 종교에 반대하는 과학자들이 나타나기 시작했고, 19세기 초반이 되면 자연세계는 신의 작품의 단순한 모방에 불과하다는 생각이 공격받기 시작한다. 몇 가지 점에서 창조주 신에 대해 궁극적 도전장을 내민 것은 1859년에 출판된 찰스 다윈의 『종의 기원』이었다. 다윈은 설계이론과 인간의 독보적 지위를 포함하여 신에 대한 믿음을 지지하는 전통적인 여러 주장들의 기반을 위태롭게 했다.

　다윈은 한때 사제가 되려고도 했고, 종교를 공격하는 데 과학을 사용하지 않으려 애쓰기도 했다. 그 당시까지만 해도 교회의 일부 사람들은 그의 사상을 흔쾌히 받아들였고 그의 연구결과를 자신들의 믿음과 결부시킬 수 있었다. 하지만 일부 과학자들은 융통성이 덜했다. 1860년에 벌어졌던 토머스 헉슬리와 옥스퍼드 주교의 전설적인 논쟁은 진화론을 신에 대한 믿음에 확고히 반대하는 것으로 몰아붙였다. 그 시대에 나온 두 권의 책, 윌리엄 드레이퍼의 『종교와 과학의 갈등의 역사』와 앤드루 화이트의 『기독교권에서의 신학과 과학의 전쟁사』는 오늘날까지 지속되고 있는 대결적 이미지를 만드는 데 일조했다.

　옥스퍼드대학교의 '과학과 종교학' 교수인 존 브룩에 따르면, 포스트 다윈 시기에는 과학과 종교가 단순히 갈등상태에 머문 것이 아니라 과학이 자신의 분과와 실행자들(과학자들은 1850년대까지만 해도 독실한 기독교인이 될 것을 필수적으로 요구받았다.)을 신학으로부터 분리하고자 함으로써 과학의 전문화와 세속화를 가속시키는 양상을 띠게 되었다.

　20세기 초반에 이르면 많은 과학자들이 더 이상 신을 믿지 않게 되었다. 1916년, 미국 과학자들을 대상으로 한 설문조사에서는 응답자의 60%가 신을 믿지 않거나 의심한다고 대답했다. 이 수치는 교육의 확대와 함께 증가될 것으로 예견되었다. 그러나 과학적 이해에 엄청난 진전이 있었음에도 불구하고(특히 창조주 신의 필요성을 제거했다고 알려진 유전학과 양자역학에서) 1996년 설문조사에서도 여전히 40%의 미국 과학자들이 신을 믿고 있다고 대답했다.

사람이 생명 그 자체를 다룰 수 있는 능력을 보유한 이때, 어떻게 신을 위한 여지가 남아 있을 수 있는가? 신을 지지하는 진영에서는 우주가 생명을 돌보기에 매우 적합한 환경을 펼쳐 보이고 있다는 사실이 하나의 암시라고 말한다. 스원번에 따르면 "우주의 정교한 조율성에 대한 최근의 연구는 생명의 진화를 위해서는 초기물질과 자연법칙들이 특정한 값들을 가져야만 한다는 것을 보여주고 있다." 우리 우주가 생물진화에 적합한 수치들을 가지고 있다는 점은 우연에 따른 결과이거나 대단히 많은 우주의 존재를 나타내는 징표일 것이다. 그렇지 않다면 그것은 신의 영향력에 의한 것이라고 밖에는 볼 수 없다.

사물의 움직임을 지배하는 근본법칙들이 존재한다는 사실도 창조주 신의 증거로 거론되고 있다. 스원번의 말을 빌리자면 "이것은 꽤나 이상하다. 나는 신이 이성을 지녔다고 믿는다. 사물이 이런 식으로 움직인다는 것, 그것은 아름다울 뿐 아니라 우리와 같은 유한한 존재가 세계와 서로에 대해 차이를 만들 수 있도록 해준다."

진화의 압력이 요구하는 수준을 크게 뛰어넘어 우주의 복잡성을 지각할 수 있도록 해주는 인간의 인지능력이 신을 암시한다고 말하는 이들도 있다. 아직까지도 생명의 기원을 완벽하게 설명하지 못하고 있는 과학의 무능력을 근거로 드는 사람들도 있다. 많은 과학자들이 생물학적 진화를 지지하고는 있지만, 자연선택이 어떻게 시작되었는지에 대해서는 의견일치를 보지 못하고 있다. 미국 국립의료원 인간유전체연구소의 책임자 콜린스는 자신을 '유신론적 진화론자'라고 부른다. "만약 신이 자신과 관계를 맺을 수 있는 인간을 창조하기로 마음먹었다면, 왜 그 일에 진화 메커니즘을 사용해서는 안 되는가?" 그의 반문이다. "그것은 훌륭한 아이디어다."

신을 과학적으로 증명하지 못한다는 사실도 성서와 인간의 풍부한 종교적 체험을 신앙의 근거로 제시하는 유신론자들을 주저하게 만들지는 못한다. 그들은 과학이 신과 같이 신비한 존재를 탐지해낼 수는 없을 것이라고 주장한다.

한 걸음 더 나아간 사람들도 있다. 미국 리하이대학의 생화학자 마이클 베히는 다윈의 진화론은 생물계에 존재하는 모든 것을 설명할 수 없다고 말한다. 그는 오히려 신의 수작업이야말로 더 이상 단순한 구성요소들로부터 진화할 수는 없어 보이는 생물의 '환원불가능하게 복잡한' 부분들을 이해할 수 있게 해준다고 말한다. 지적 설계intelligent design에 대한 그의 주장은 특히 성서의 창조이야기를 자구 그대로 충실히 따르는 과학적 창조론이 큰 영향력을 발휘하고 있는 미국에서 많은 과학자들에 의해 공격당하고 있다.

하버드대학교 고생물학자 스티븐 제이 굴드처럼 신의 가능성을 부정하지는 않지만 과학과 종교는 논리적으로 완전히 별개의 것일 뿐더러 그 탐구방식과 목표에서 서로 완전히 다른 영역이라고 보는 과학자들도 있다. 굴드는 과학은 객관적인 '어떻게'에 대한 질문을 던지는 반면, 종교는 '왜'를 묻는다고 주장한다. 그는 우리 각자는 풍부한 인생관을 세우기 위해 그 둘을 다 사용해야 한다고 강조한다. "과학과 종교는 동등하고 서로를 존중하는 동반자여야 한다. 그것들은 각기 다른 방식으로 인간의 삶에서 없어서는 안 되는 고유한 영역을 지배한다."

신을 믿지 않는 과학자들은 우주에 대한 과학의 이해가 증가할수록 신을 위한 공간은 점점 줄어들고 있다고 주장한다. 그들은 과학과 신을 조화시키기보다는 과학이야말로 지식에 이르는 단 하나의 신뢰할 수 있는 길이라고 믿고 있다. 도킨스는 과학과 종교의 화해할 수 없는 차이들을 명백히 인식하고 있다. 그는 다윈의 진화론을 적극 옹호하면서 생물의 다양성에 대한 설명은 이것 하나면 충분하다고 보고 있다. 설계 또는 목적이 없는 우주에 대한 그의 입장은 '왜 우리가 여기에 있는가?' 라는 식의 질문에 대한 답을 추구하는 사람들을 용납하지 않는다.

노벨물리학상 수상자 스티븐 와인버그는 "우주는 이해 가능해 보일수록 무의미해 보인다."고 주장한다. 세상에 만연된 악과 불행이 자애로운 설계자가 없음을 반증한다는 것이다.

줄리아 힌데
과학 및 교육 자유기고가

신은 존재하는가?

존 폴킹혼

케임브리지대학교 퀸스칼리지 전임학장, 영국 국교회 사제

? 세계적인 유일신 종교인 유대교와 기독교, 이슬람교가 공통으로
받아들이고 있는 개념에 따르면, 신에 대한 믿음은 실재reality에는
총체적 의미가 있으며 그것을 이해하는 데 필요한 핵심 원리는 세계가 신
성한 작인作因의 피조물임을 인식하는 것이다. 이 명제는 변호가 필요한
다음의 네 가지 진술들을 함축한다. 첫째, 세계의 질서 뒤에는 정신Mind이
존재한다. 둘째, 정신이 전개하는 역사 뒤에는 목적Purpose이 있다. 셋째,
따라서 계시된 존재는 숭배받을 가치가 있다. 넷째, 신은 영원한 희망의
토대이다.

과학자의 어휘목록에서 가장 핵심이 되는 말은 경이로써, 우리의 탐구
앞에 그 모습을 드러내는 물질세계의 놀라운 질서에 의해 촉발되는 감응
이다. 기초물리학을 연구하고 있는 우리에게는 이런 느낌이 특별히 강한
데, 그것은 자연법칙들이 언제나 실수를 용납하지 않는 수학적 아름다움
으로 자신을 드러내고 있기 때문이다. 우주가 이토록 합리적으로 투명하

26

고, 합리적으로 아름다운 것은 단지 운에 불과한 것일까? 달리 말해 그 과학은 가능하고 충분한 보상을 보장하는가? 이런 놀라운 사실을 단순히 즐거운 우연으로 치부할 수 없다는 것이 내 개인적 생각이다. 세상이 정신의 흔적들로 가득 차 있다는 사실은 우주질서의 배후에 그 창조주의 정신이 실재한다고 가정하면 이해 가능한 일이 된다. 이 주장은 억지가 아니라 이치에 맞고 지적으로도 만족스런 것이다.

우리가 알고 있는 우주는 약 150억 년 전에 빅뱅과 함께 시작되었다. 그것은 극도로 단순하고 거의 균일하게 팽창하는 에너지 구체였다. 그리고 이제는 풍부하고 다양하게 구조화되었다. 자신을 인식하는 인류가 탄생하면서 우주는 스스로를 자각하게 되었는데, 그것은 150억 년의 역사를 통틀어 우리가 알고 있는 한 가장 놀라운 발전이다. 이런 사실만으로도 그 역사 속에는 단지 사물들의 연쇄 그 이상의 것이 있을 것임을 짐작할 수 있다. 더욱이 지구에서 생명이 탄생하기까지 110억 년이나 걸렸음에도 불구하고, 우주가 시작부터 그 생명을 배태하고 있었다는 실제적 느낌이 존재한다.

인간중심주의라는 규정 아래서 수집된 과학적 통찰들에 따르면, 물리적 세계의 짜임새를 틀 짓는 자연법칙들이 특수하고 정교하게 조율된 형태를 띠고 있는 까닭에 유일하게 열려 있는 가능성이란 탄소에 기반한 생물의 발전이다. 예를 들어 태양과 같은 별 주위를 돌고 있는 행성에서 생명이 발생하기 위해서는 그 별이 수십억 년 동안 서서히 타오르는 것이 매우 중요한데, 그러려면 중력과 전자기력 사이의 절묘한 균형이 필수적이다. 생명에 필수적인 탄소와 다른 원소들이 제1세대 별들의 내부 용광로에서 형성되기 위해서는 핵력들이 딱 맞아떨어져야만 했다.

다시 한번 인간중심으로 이루어진 이 정교한 조율은 단지 믿기 힘든 행복한 우연에 불과한 것이냐, 아니면 우리 세계가 서로 다른 자연법칙을 지닌 관찰 불가능한 많은 우주들이 들어있는 거대한 경품 통에서 꺼낸 하나의 상품에 불과한 것이냐고 물을지 모르겠다. 이런 두 가설보다 유신론자들에게 더 큰 설득력을 가지는 설명은, 인간중심의 이 풍부한 우주를 정교하게 조율된 환경과 함께 제공한 이가 바로 신이며, 신이 그렇게 한 이유는 우주의 그 풍부한 역사를 통해 자신의 창조적 목적을 드러내고자 했기 때문이라는 것이다.

물론 우주의 잠재력은 진화과정을 통해 실현되어 왔다. 그것은 '우연'(무의미한 무작위가 아니라 상황적 특수성)[9]과 '필연'(인간중심적으로 정교하게 조율된 법칙) 사이의 상호작용과 관련되어 있다. 이리저리 움직이는 이 가능성의 탐구가 유신론자들에게는 문제를 야기하지는 않는다. 신의 창조는 신의 인형극이 아니다. 창조주는 우주의 독재자가 아니기 때문이다.

창조를 향한 신의 자비는 피조물에게 적절한 독립성이 있음을 함축한다.

찰스 다윈의 『종의 기원』이 출간된 직후에 나온 찰스 킹슬리 신부의 말을 빌리자면, 신학적 관점에서 바라본 진화하는 세계는 피조물들이 '스스로를 만들어나가도록' 허락받은 세계이다. 완벽하게 프로그램된 자동기계보다 자유로운 존재가 훨씬 가치 있는 것처럼 이것은 주문생산된 창조보다 훨씬 뛰어난 것이지만, 맹목적인 진화적 탐험의 골짜기를 통과해

.... BIG QUESTIONS IN SCIENCE

[9] 상황적 특수성contingent particularity이 무작위성과 가장 다른 점은 맥락성을 고려해야 한다는 것이다. 사실 우리가 우연이라고 말하지만 대개의 경우, 그것은 아무렇게나 그렇게 된다는 의미가 아니라 어떤 맥락 속에서 여러 가지 예측하기 힘든 요소들의 작용으로 어떤 특수한 결과에 도달함을 뜻한다. 이런 특수한 결과는 또 다른 상황적 요인들에 의해 또 다른 특수한 결과로 나아가는데, 이런 과정에서 맥락성이 확보된다.

야 한다는 점에서 그 대가를 요구한다.

이 지점에서, 과학은 신앙인들이 가장 힘든 난관(즉, 선하고 강력한 신이 창조한 세계에 그렇게 많은 악과 고통이 존재한다는 사실)과 맞서 싸울 때 몇 가지 도움을 준다. 새로운 형태의 생명체는 유전자의 돌연변이를 통해 발생한다. 그러나 이것은 동시에 그것과 동일한 생화학적 과정에 의해 돌연변이를 일으킨 다른 세포들은 유해해질 수도 있음을 뜻한다. 타자가 없으면 자신도 존재할 수 없다. 세상에 암이 존재하는 것은 창조주가 무관심하거나 무능력해서가 아니라, 그것이 독립성을 허용하는 데 따르는 피치못할 창조의 비용이기 때문이다. 나는 이것이 고통의 문제에 대한 완벽한 대답이라고 주장하려는 것은 아니다. 다만 질병의 존재가 무의미하지 않음을 보여주려는 것이다.

숭배받을 만한 유일적 존재에 대한 고려에서는 논점의 방향이 가치의 본성과 존재로 바뀐다. 과학이 현존하는 세계질서의 탐구로서 옹호돼야 하는 것처럼, 유신론자는 가장 심오한 차원에서 인간의 문화는 발명이 아니라 발견, 즉 인간이 만든 의미체계의 구축이 아니라 실재의 본성에 대한 감응이라고 주장할 것이다. 이 주장은 대단히 많은 논쟁을 불러일으키겠지만 여기서는 더 이상 자세하게 살펴볼 여력이 없다. 나는 다만 '진실이 거짓보다 낫다, 사람은 수단이 아니라 항상 목적이다' 와 같은 심오한 도덕률은 생존전략이나 사회적 유용성에 의해 가려질 수 있는 것이 아니라, 실재에 대한 통찰이라는 내 믿음을 확고히 하고자 한다. 실제로 나는 사랑이 증오보다 낫다는 사실을 잘 알고 있다고 생각한다.

만약 도덕률이 단순히 편의의 문제가 아니고, 개인의 선택의 문제도 아니라면 그것들은 어디에서 왔으며, 어떻게 권위를 획득하게 되었을까? 유신론자는 도덕률을 선하고 완벽한 신의 의지에 대한 암시로 볼 것이다.

마찬가지로 심미적 기쁨이란 실재와의 참된 조우의 차원으로서 신앙인은 그것을 창조된 세계에서 창조주의 기쁨을 공유하는 것으로 이해할 것이다. 세계의 수많은 신앙 전통들이 증명하듯, 성스러운 것과의 조우는 신적인 존재와의 만남이다.

유신론의 정합성과 설득력은 부분적으로 우리가 살고 있는 풍부하고 다층적인 현실의 본질을 알고 있느냐와 관련이 있다. 같은 사건을 두고도 물리적 세계에서 생긴 일, 심미적 표현, 도덕적 결정에 대한 도전, 초월적 존재와의 만남 등 여러 가지 차원에서 바라볼 수 있다. 신앙인은 이 모든 차원에서 숭배의 기회를 만나게 될 것이다. 신앙심은 이런 차원의 경험들을 함께 묶는다. 만약 그렇지 않았더라면 이런 경험들은 그저 우연에 불과한 것으로 치부되고 말았을 것이다. 신은 궁극적으로 진선미의 토대이기 때문에 숭배받아야 마땅한 것이다.

마지막으로 희망에 대해서는 어떤가? 우리는 우리 자신이 죽어가고 있다는 것을 알고 있으며, 우주는 우리에게 자신이 결국에는 충돌하거나 붕괴하여 최후를 맞이한다고 말해주고 있다. 그 모든 것을 궁극적으로 이해할 수 있도록 해주는 것은 무엇인가? 우주의 역사란 단지 우상숭배자들이 떠들어대는 설화에 불과한가? 나는 인간의 마음 깊은 곳에는 그에 반하는 심오한 직관, 즉 결국에는 모든 게 잘 될 것이라는 믿음이 있다고 생각한다. 마르크스주의 철학자 막스 호르크하이머는 살인자가 죄 없는 희생자를 이겨서는 안 된다는 열망을 표현했다. 신에 대한 궁극적인 믿음만이 그런 희망을 떠받칠 수 있는 유일한 가능성이다.

이처럼 신에 기대는 것은 신성神性과 창조주가 실제로 자신의 피조물 하나하나에게 관심이 있는가에 대한 물음을 제기한다. 이런 물음에 답하기 위해서는 일반적인 유신론에서 예수 그리스도의 본성과 부활로 방향을 틀어야 한다. 이런 특수한 기독교적 주장들을 옹호하도록 남겨진 공간적 여유가 없지만(그렇게 할 수 있었으면 행복했을 텐데!), 이러한 쟁점들은 현실과 동떨어진 철학적 사유 속에서가 아니라 생생한 신앙공동체의 체험으로부터 신의 존재를 믿었던 수십억 명에 달하는 사람들을 떠올리게 한다. 그 다음, 이것은 그 내용이나 형식 면에서 독특한 방식으로 표현되는 각각의 신앙전통들이 어떻게 서로 관련되어 있느냐에 대한 물음들을 제기한다. 이에 대해서는 신성한 존재와의 조우 및 그런 조우를 드러내는 놀라울 정도로 서로 다른 묘사들이라는 공통된 토대가 존재한다. 신학은 최근에 들어서야 이러한 문제를 진지하게 다루기 시작했을 뿐이다. 이 문제는 21세기, 어쩌면 그 이상까지 종교적 분야의 지배적인 주제로 남아 있을 것이다.

0세기 초반에 이르면, 많은 과학자들이 더 이상 신을 믿지 않게 되었다. 1916년, 미국 과학자들

를 대상으로 한 설문조사에서 60퍼센트가 신을 믿지 않거나 의심한다고 대답했다 – 저자가 예측

던 수치는 교육의 확대와 함께 증가할 수 있었을 것이다. 이런 점에도 불구하고, 그리고 과학이

에서 눈에 띄는 진전이 있었음에도 불구하고(특히, 창조주 신의 필요성을 제거했다고 알려진 유전학

양자역학에서), 1996년 설문조사에서도 여전히 40퍼센트의 미국 과학자들이 신을 믿고 있었다.

람이 생명 그 자체를 다룰 수 있는 능력을 보유한 이 신을 위한 여지가 어떻게 을 수

는가? 우주가 생명을 돌보기에 매우 적합한 환경을 펼쳐 보이고 있다는 사 시라

, 신 지지자 이를 만들 수 있도록 해준다.'

우주는 어떻게
시작되었나?

? 우주의 기원은 전통적으로 창조신화나 하늘과 땅, 물의 분리 같은 이야기를 통해 설명되어 왔다. 세계 대부분의 문화권에서 발견되는 이런 이야기들은 공통적으로 하늘과 땅 사이를 매개하는 어떤 장치나 존재가 있다는 믿음을 그 특징으로 삼고 있다. 이를 테면 그 신화들은 하늘의 별자리에 실재로 존재했거나 신화에 등장하는 인간과 동물들을 그려내고 있다.

오늘날에는 대부분의 사람들이 그런 신화들을 과학의 일부라기보다는 문화사의 일부에 불과하다고 여긴다. 하지만 우주가 지금부터 6천 년 전, 그것도 단 며칠만에 창조되었다는 기독교의 창조신앙처럼 그 일부는 여전히 살아 있다.

우주의 기원에 대한 옛 설명들은 지구의 형성과 그 생물들에 대부분의 관심을 쏟았다는 단점을 지니고 있다. 최근 몇 백 년 동안 지구는 우리가 여기에 살고 있기 때문에 조망을 받았을 뿐, 거대한 우주에서는 티끌에 불과한 존재라는 것이 명백해졌기 때문이다. 지구는 현대 우주론에서는 각주의 각주로도 달리지 못한다.

우주의 기원에 대한 연구는 지난 몇 십 년 동안 추론이 넘쳐나던 분야에서 기초 자료에 의해 제약을 받는 진정한 실험과학으로 변모했다. 이 변화의 주된 요인은 망원경이었다.

천문학자들은 우주의 깊숙한 곳을 들여다보기 위해 망원경을 사용하지만, 우주론자들은 망원경을 사용하여 시간을 들여다볼 수도 있다. 태양과 가장 가까운 별에서 오는 빛이 지구에 도달하는 데는 4년이 걸리므로, 그 빛을 본다는 것은 4년 전 과거를 본다는 것을 뜻한다. 현대 망원경으로는 우주의 심원까지 들여다볼 수 있기 때문에 이제 역사상 가장 초기 상태의 우주도 관찰대상으로 삼을 수 있게 되었다.

더욱이 현대기술은 인간의 눈으로 볼 수 있는 극히 작은 일부만이 아니라 전자기파 스펙트럼 전체를 관측할 수 있게 해주었다.[10] 이로부터 많은 통찰을 얻을 수 있었는데, 가장 두드러진 것으로는 노벨물리학상 수상자 아르노 펜지아스와 로버트 윌슨이 발견한 우주배경복사를 들 수 있다.

우주배경복사란 공간의 모든 방향으로부터 같은 강도로 들어오는 전파(빅뱅의 잔여 열)로서 거의 모든 우주론자들에게 우주의 기원에 대한 빅뱅이론을 단숨에 증명해주는 증거로 여겨지고 있다.

이에 더해, 20세기 초 미국 천문학자 에드윈 허블에 의해 감지된 우주의 팽창은 우주의 기원에 대한 이해에 핵심적인 단서인 것으로 밝혀졌다.

이 발견은 멀리 떨어진 은하들의 스펙트럼 상에 나타나는 파장의 변화가, 사실은 물체에서 방출되는 복사의 진동수가 관찰자에게 접근할수록 증가하는 것처럼 보이는 도플러효과(다가오는 기차소리가 커지는 것을 생각해보시길!) 때문이라는 통찰에서 비롯되었다. 스펙트럼 상의 선들은 우리가 알고 있는 원자들의 전자에너지 전이에 의한 것이지만, 그 은하들이 우리에게서 멀어져감으로써 그 위치에 변화가 생기게 되었던 것이다.[11]

이것은 천체분광학을 가능케 한 실험물리학의 수십 년에 걸친 연구에 토대를 둔 심오한 통찰이었다. 이것은 또한 우주의 크기와 은하들의 거리

[10] 현대 망원경은 우리 눈에 보이는 빛(가시광선)만이 아니라 우리 눈에 보이지 않는 각종 전자기파(X선, 자외선, 적외선, 무선전파 등)를 탐지할 수 있는데, 이런 파들에 의해 전자기파 스펙트럼이 구성된다. 본문에서 '인간의 눈으로 볼 수 있는 극히 작은 일부'란 가시광선 스펙트럼 영역을 말한다. 실제로 스펙트럼 상에서 가시광선 영역은 그 폭이 매우 좁다.

[11] 스펙트럼 상의 선들이 겪는 이런 변화를 '적색이동'이라고 한다. 스펙트럼 상의 가시광선 영역에서는 적색으로 갈수록 진동수가 낮아지고(에너지가 약해지고), 보라색으로 갈수록 진동수가 커진다. 따라서 적색이동은 그 물체가 우리에게서 멀어지고 있음을 말해준다.

를 결정하는 힘든 작업과도 관련이 있었다. 최근 들어 우리는 우주에 존재하는 물질의 양, 그 나이, 인플레이션 초기에 일어난 중요한 사실들에 대해 많은 것을 알게 되었다. 우주가 짧은 기간에 믿기 힘든 속도로 팽창했을 것이라는 주장은 메사추세츠공과대학의 앨런 구스에 의해 처음 제기되었는데, 전부는 아니지만 대부분의 과학자들에게 가장 널리 받아들여지고 있다. 우주탄생의 초창기에 관한 지식은 상대성이론과 양자역학의 발전을 쌍두마차로 삼은 관측천문학 덕분이었다.

이 두 이론은 종종 불가사의하고 거의 이해하기 힘든 것처럼 보일 수 있다. 그러나 상대성이론의 중요한 통찰 중 하나가 과학에서 가장 오랫동안 풀리지 않던 문제에 대한 결정적 해답이라는 사실을 기억할 필요가 있다. 수천 년 동안, 태양을 포함한 별들이 어떻게 빛나는가를 설명하기 위한 다양한 아이디어들이 개발되어 왔다. 그리고 그 답은 20세기에 들어서서 이루어진 핵융합의 발견으로 주어졌다. 한편 별들이 지구를 수십 억 년 동안 비춰왔음이 입증되었고, 태양계의 다른 물체들도 그 존재가 독자적으로 밝혀져 왔다. 과학자들은 이런 지식을 기반으로 우주의 주요한 측면들에 대한 또 다른 큰 문제들을 설명하려 하고 있다. 이런 문제의 대표적인 예로는 별의 중심에서 주로 형성된 화학원소들의 생성과 분포를 들 수 있다.

현대 우주론의 관점에서 보면 우주는 150억 년 동안의 존속기간 대부분을 거의 같은 장소에 머물러 있었던 것 같다. 그것은 우리가 지구 위에서 정한 물리학 법칙을 적용하고, 예측할 수 있는 장소이다. 예를 들어 약 45억 년 전에 일어난 태양계(태양, 행성과 위성, 소행성과 혜성 등)의 출현은 정확한 모델화가 가능할 뿐만 아니라 다른 별들의 관찰결과(별 주위에서 행성 식구와 그 행성들의 출처였을 먼지 디스크가 발견되고 있다.)와 비교할 수도 있는 이해 가능한 사건이다. 이와는 대조적으로 우주의 초창기를 생각하는 것은, 시간과 공간에 대한 통념을 뒤흔드는 세계로 우리 자신을 끌고 들어가는 것을 의미한다.

그러나 바로 그 우주 초창기를 지배했던 극단적 환경 아래서 물질과 에너지에 대한 이해를 발전시키는 방법이 있다. 망원경을 통해 수십억 년 전의 과거를 살펴볼 수 있는 것처럼, 현존하는 그리고 현재 준비 중인 입자가속기는 바로 그 초창기 우주를 재현할 수 있는 조건을 마련해준다.

오늘날에는 망원경에 기반한 우주론자들과 의욕에 넘치는 이론가집단 모두가 입자가속기를 사용하고 있다.

그들이 직면한 중대한 도전으로는 망원경이나 다른 장비로 볼 수는 없지만, 그 중력효과 면에서 가시可視우주를 구성하고 있는 친숙한 물질들보다 훨씬 무거운 '암흑물질'의 존재를 꼽을 수 있다. 암흑물질의 비非발광성이 그것을 관찰할 수 없음을 뜻하지는 않는다. 이 문제에 대한 천문학적 접근에는 별들을 가리고 있는 작은 암흑물질들을 찾아보자는 부류의 제안들이 포함되어 있다. 이와 동시에 입자물리학적 접근을 통해 그 문제를 공략하자는 제안들도 있다. 예를 들면 우주에는 별들로부터 방출되고 오랫동안 질량이 없는 것으로 여겨져 왔던 중성미자neutrino라는 입자들이 넘쳐난다고 알려져 있다. 만약 중성미자가 소량의 질량이라도 지니고 있다면 잃어버린 질량 문제는 해결이 가능할 것이다. 또한 알려지지 않은 몇 가지 형태의 물질이 잃어버린 질량을 채워주는 일도 가능할 것이다.

한 후보로 약하게 상호작용하는 거대입자인 윔프WIMP[12]를 들 수 있다. WIMP를 발견하려는 시도는 간섭을 거의 받지 않는 폐광이나 기타 장소

[12] 'weakly interacting massive particle'의 줄임말.

에서의 실험을 통해 이루어지고 있다. 그것은 태생적으로 다른 물질과는 약하게만 상호작용하기 때문에 탐지하기가 어렵지만 발견만 된다면 우리의 물질분류표에 핵심적인 항목으로 자리를 잡게 될 것이다.

그러나 잃어버린 질량의 예에서 발생한 문제들은 거의 모든 과학자들이 믿고 있는 우주의 '표준모델'의 위력을 실감케 하는 데 기여할 뿐이다. 그 모델은 우주를 구성하는 입자들과 힘들을 이제는 최종적 모습을 갖추고 있는 단일한 관계망으로 통합시킨다. 대부분의 우주가 질량 면에서 실험실에서는 결코 볼 수 없는 물질로 이루어져 있을 수 있다는 발견조차 그 모델의 기본적 정확성을 근본적으로 재고하도록 하지는 못했다. 여기에는 표준모델의 확고한 안정성이 광범위한 증거에 토대를 두고 있다는 사실도 일부 기여하고 있다. 천문학과 실험과학의 방법론은 서로를 강화시키는 결과를 가져왔다.

이 협력의 다음 단계는 장비와 야망에서 한 걸음 더 나간 변화를 수반할 것이다. 스위스와 프랑스의 지하에 건설 중인 거대강입자충돌형가속기LHC[13]는 왜 물질이 질량을 지니고 있는가를 설명해주는 힉스 보손Higgs Boson의 존재를 탐구하고자 마련되었다. 힉스 보손은 표준모델에서 예측된 입자이지만, 아직까지는 파악하기 어려운 것으로 알려져 있다. LHC 내부에 형성될 극단적인 환경은 지금까지 만들어졌던 어떤 것보다 초창기 우주의 환경에 근접하게 될 것이다.

우주배경복사의 미세한 구조를 조사하기 위해 미국의 극초단파 비등

[13] 'Large Hadron Collider'의 줄임말. 강입자hadron는 '강한 상호작용을 하는 소립자'를 말한다. 우주의 표준모델에 따르면 소립자는 크게 광자, 경입자, 중입자, 중간자 등으로 나뉘며 중입자와 중간자를 총칭하여 강입자라고 한다.

방성 탐사선인 맵MAP[14]을 포함한 관측장비들이 우주에 건설될 것이다.

MAP이 보내온 자료들은 우리에게 빅뱅 직후에 대해, 그리고 은하와 같은 거대규모의 구조가 발생하는 방식에 대해 말해줄 것이다. 우주 탐사선인 MAP뿐 아니라 새로운 세대의 지상 망원경들 또한 시간의 심연을 뚫고 들어가 우주가 채 10억 년이 안 되었을 때 생성된 물체들을 관찰할 수 있도록 해준다.

지상과 우주에 있는 새로운 망원경들(특히 우주에 있는 망원경은 허블 우주망원경의 후예로서 신세대 우주망원경으로 불린다.)은 그보다 훨씬 이전 단계인 발생 초기의 우주를 관찰할 수 있도록 해줄 것이다.

현재 우주론, 우주진화론, 물리학이 형성하고 있는 연결은 너무 공고하게 서로를 뒷받침하고 있어서 더 이상의 개선이 필요 없는 완벽한 그림을 제공하고 있다고 가정하고픈 유혹이 들 정도이다. 그러나 이 주제가 향후 몇 년 내에 모두 해결될 것이라고 믿고 싶은 사람이 있다면, 한 세기 전, 그러니까 방사선, 광전자효과, 상대성이론이 발견되기 직전에 물리학이 처했던 상황을 기억해야만 한다. 그 당시 우리의 지식이 완벽에 가까워졌다는 지나친 자신감은 큰 영향력을 지닌 뜻밖의 발견들로 우주에 대한 인식을 근본적으로 뒤바꿔놓았던 전례 없는 발견 시대의 전조에 다름 아니었다.

마틴 인스
〈타임스 고등교육지〉 부편집장

.... BIG QUESTIONS IN SCIENCE

[14] 'Microwave Anisotropy Probe' 의 줄임말.

우주는 어떻게 시작되었나?

마틴 리즈

그리니치천문대 대장, 케임브리지대학교 천문학교수

? 우리 우주에 극도로 뜨겁고 조밀한 시작이 있었다는 증거가 출현한 때는 전파천문학자들이 우주가 완전히 차갑지 않고 절대영도보다 3도가 높다는 것을 발견한 1965년으로 거슬러 올라간다.

실제로 우리 우주 전체에는 전파들이 가득한데 그것들은 상상할 수 없을 정도로 뜨겁고 밀도가 높았던 초기 상태의 잔광殘光들이다. 그 증거는 1965년 이래로 점차 확고해졌다. 그 결과 우주의 역사를 우주가 팽창을 시작한 후 몇 초 동안의 국면으로 확장하는 것은 진지하게 받아들일 만한 것이 되었다. 이것은 마치 지질학자나 고생물학자들이 지구의 초창기 역사를 들려주는 것과 같다고 할 수 있는데, 그들의 추론은 간접적이고 일반적으로 덜 정량적이다.

이와는 대조적으로 우리는 아직도 원시물질이 극도의 밀도와 압력으로 눌려 있어서 실험들이 확실한 지침을 제공하지 못하는 시기인 좀더 이른 시간, 즉 최초의 찰나에 일어났던 일에 대한 확고한 실마리를 찾고자

40

계속해서 더듬거리고 있다. 그럼에도 불구하고 우주론자들은 지난 몇 년 동안 우주가 현재 어떻게 팽창하고 있으며, 그 미래의 모습이 어떠할지에 대한 합의를 획기적으로 진전시켜왔다.

태양은 약 50억 년 후면 죽게 될 텐데 지구도 그 운명을 함께할 것이다. 그때가 되면 생명이 스스로의 진로를 개척할 수 있을지 예측할 수 없다. 어쩌면 멸종을 당할 수도 있고, 그 영향력이 은하 전체에 미칠 정도로 강력한 지배력을 갖게 될 수도 있다. 그런 추측은 과학소설의 영역이지만 말도 안 되는 소리라고 치부해버릴 수만은 없다. 무엇보다도 최초의 다세포생물이 진화를 하는 데는 10억 년(남아있는 태양 수명의 1/5에 불과한)이 채 걸리지 않았으니까.

그러나 그보다 훨씬 먼 미래에는 어떤 일이 벌어질까? 대답은 우주의 팽창속도가 얼마나 줄어들고 있느냐에 달려 있다. 계산에 따르면 모든 사물이 다른 모든 것에 대해 인력을 발휘하고 있다 하더라도 우주에 존재하는 모든 원자들이 공간 속에 균일하게 퍼져 있다면, 외부에서 힘이 가해지지 않는 한 그것들이 발휘하는 인력은 물체들의 속도를 떨어뜨릴 만큼 충분히 크지는 못할 것이다. 이것은 우주가 영속적으로 팽창한다는 것을 의미한다. 은하들은 우리 눈에 보이는 것의 몇 배에 달하는 많은 물질에서 나오는 인력을 '느낀다.' 그 대부분은 '암흑물질'이다. 그러나 암흑물질을 계산에 포함시킨다고 해도 우주의 팽창을 멈출 수 있을 만큼 충분한 힘은 존재하지 않는다. 따라서 예측은 팽창이 계속되리라는 것이다. 은하들은 지금보다 훨씬 더 서로에게서 멀리 떨어진 채 은하에 속한 별들이 연료를 모두 태우고 나면 우리의 시야에서 사라지고 말 것이다.

최근 들어 팽창이 느려지고 있는 것이 아니라 가속되고 있다는 증거가 발견되었다. 이것은 우주의 규모에서는 중력이 몇 가지 종류의 척력에 의해 압도당하고 있음을 의미한다. 그런 힘은 1917년 아인슈타인에 의해 가정되었다. 당시 천문학자들이 실제로 알고 있었던 것은 우리 은하가 전부였다. 안드로메다와 '나선형 성운'으로 알려진 별무리가 실제로는 그 각각이 우리 은하와 비교되는 별개의 은하들이라는 합의가 도출된 것은 1920년대에 들어서였다. 따라서 아인슈타인이 우주는 팽창하지도 수축하지도 않는 정상상태라고 가정한 것은 자연스러운 일이었다. 그는 외부의 어떤 힘이 중력을 상쇄시키지 않는다면 우주가 정상상태를 지속할 수 없음을 알아냈다.

에드윈 허블이 우주가 팽창한다는 것을 발견한 1929년 이후에는 그의 가설에 대한 관심이 급격히 줄어들었지만, 그 사실이 이 가설을 불명예스럽게 만든 것은 아니었다. 그와는 반대로 이제 빈 공간은 결코 단순한 것처럼 보이지 않게 되었다. 그것은 모든 종류의 입자들이 그 속에 숨어 있고, 훨씬 작은 규모에서 보면 격렬하게 요동치는 뒤섞인 끈일 수 있다. 현대적 관점에서 볼 때, 수수께끼는 우주 척력이 존재해야 하는 이유가 아니라 빈 공간에 숨어 있는 에너지와 힘이 훨씬 크지 않은 이유이다.

현재 우주를 구성하고 있는 내용물들을 측정하는 개별 방법론들 사이에서 획기적인 일치가 나타나고 있다. 원자들은 우주의 질량에너지의 4%만 차지하고 있을 뿐이며, 암흑물질이 20~30%를, 나머지는 공간에 숨어 있는 '암흑 에너지'가 차지하고 있는 것처럼 보인다. 이런 특정한 혼합에 '당연한' 것은 아무것도 없어 보인다. 그렇다면 이러한 비율은 어떻게 나타나게 되었으며, 우주는 왜 지금처럼 팽창하고 있는가?

우리 우주가 태어나서 채 몇 초가 흐르지 않은 무정형의 불덩이였을 때, 그것은 보통 원자, 암흑물질과 복사의 비율, 확장률 등 단 몇 개의 숫자로 묘사될 수 있었다. 이 단순한 조리법은 환경이 더 극단적이고 낯설었을 때인 최초의 찰나에 발생했던 것의 결과이어야 한다. 우주가 폭발하고 최초의 1조분의 1초가 지났을 때, 각 입자들은 제노바에 있는 유럽입자물리실험실 선CERN[15]의 가장 강력한 입자가속기에 의해 도달할 수 있는 것보다 많은 에너지를 운반하고 있었을 것이다. 이 극단적인 초창기에 대한 아이디어들은 여전히 불완전하지만 그럼에도 불구하고 엄청난 진전이 있었다.

가장 기본적인 수수께끼는 우리 우주는 왜 팽창하고 있으며, 왜 그렇게 광활한가 하는 것이다. 폭발에 대한 비유는 심각한 오해를 불러일으킬 수 있다. 지상에서 폭탄이 터지는 것이나 우주에서 초신성이 폭발하는 것은 내부 압력의 갑작스런 증가에 의해 분출물이 압력이 낮은 외곽으로 날아가는 것이다. 그러나 초기 우주에서는 모든 곳의 압력이 똑같았다. 외부에 빈 지역은 없었다. 가장 그럴듯한 대답들은 소위 인플레이션(팽창) 단계와 관련이 있는데, 이 단계에서 팽창은 지수함수를 나타내고 있었다. 즉, 규모가 두 배로, 다시 그 두 배로, 그리고 다시 그 두 배로 증가해 나갔다.

10^{-36}초가 지났을 때, 배아우주embryo universe가 현재 우리 눈에 보이는 모든 것을 포괄할 수 있을 정도로 충분히 팽창했을 수 있다는 주장이 제기되고 있다. 우리 우주가 미시적인 무엇인가로부터 팽창했다는 생각은 대단히 매력적이고, 또한 왜 우주가 팽창하고 있는지를 설명해준다. 마치 '공짜로 뭔가를 얻는 것' 같아 보이지만, 사실은 그렇지 않다. 그것은 어

[15] 'Conseil Europeenne pour la Recherche Nucleaire'의 줄임말로 '원자력연구를 위한 유럽회의'라는 뜻이다. 본문에 나와 있듯이 입자가속기 연구소로 유명하다. 이 연구소의 연구원 팀 버너스리가 월드와이드웹을 발명했다.

떤 의미에선 현재 광활한 우리 우주의 에너지 총량이 영(0)이기 때문이다.

모든 원자는 질량을 지니고 있기 때문에 에너지를 지니고 있다(아인슈타인의 공식 $E=mc^2$). 그러나 원자는 다른 모든 원자의 중력장 때문에 음(-)에너지도 지니고 있다. 따라서 그것은 우리 우주에 있는 질량과 에너지를 확장하는 데 그에 대한 어떤 비용도 치르지 않은 것처럼 보이는 것이다.[16]

극도로 미세한 작은 점은 지금의 가시우주로 진화하기에 충분할 정도로 커지기 전까지 팽창에 의해 잡아당겨진다. 실제로 그것은 도가 지나쳐 필요 이상으로 부풀어오른 것처럼 보일 정도다. 그런 다음 우리 우주는 '마침내 평평하게' 잡아당겨지는데, 그것은 마치 주름진 표면을 충분히 잡아당기면 그 부분이 매끈해지는 것과 같다.

많은 이론가들은 인플레이션을 훌륭한 범용적 개념으로 간주한다. 그들은 그것보다 더 완벽한 무언가가 나타날 때까지, 혹은 그럴지 모른다는 암시가 있기 전까지는 거기에 매달릴 것이다. 일반적인 3차원을 넘어서는 여분의 공간적 차원들은 우리를 또 다른 패러다임으로 이끌 수도 있지만, 구체적인 것은 '불확실한 물리학'[17] 에 달려있다.

현재 우리 우주의 몇 가지 특징을 살펴보는 것은 서로 경쟁하는 이론들의 선택에 도움을 줄 수 있다. 예를 들면 인플레이션은 하늘 전체의 배경온도에서 비非균일적으로 모습을 드러내고 은하의 배아들인 '잔물결

.... *BIG QUESTIONS IN SCIENCE*

[16] 본문 앞부분에서 우주가 팽창하는 이유를 인력과 척력에서 찾고 있는데, 이 내용도 같은 맥락으로 이해하면 된다. 원자들은 서로 다른 원자들의 중력에 의해 끌어당겨지고 있으며 수축해야 하는데 사실은 팽창하고 있다. 따라서 각 원자들은 중력장의 에너지를 기준으로 했을 때 그것을 상쇄하거나 능가하는 음(-)에너지를 지니고 있는 셈이다.

[17] '불확실한 물리학' 이란 'uncertain physics' 를 번역한 것으로, 여기서는 '양자역학' 을 뜻한다고 볼 수 있다.

들'의 기원을 암시해준다. 그것들은 현재 하늘을 가로질러 펼쳐질 정도로 크게 팽창한 미시규모에서 발생한 양자요동들이다. 이렇게 해서 우주와 미시세계 사이의 놀라운 연결이 이루어졌다. 인플레이션 우주론의 몇몇 변종들은 우리의 빅뱅이 단 하나가 아니라고 주장한다. 이것은 우리 우주의 역사를 '무수히 많은 우주들'[18]의 한 측면을 보여주는 하나의 에피소드로 변경시키고, 실재에 대한 우리의 개념을 획기적으로 확장한 추론이다. 천문학자들은 중력이 관련되어 있는 경우를 제외하곤 대개 실험 물리학의 단순한 사용자에 불과하다. 그러나 이제는 실험실에서는 확인할 수 없는 '극단의 물리학'을 탐사함으로써 고마움을 되갚을 수 있을 것이다.

점점 세지는 발견의 강도는 앞으로도 그 기세를 계속 유지해갈 것 같다. 거대 망원경을 이용하면 그 빛이 우주가 현재 나이의 1/10밖에 되지 않았을 때 출발했을 정도로 멀리 떨어진 별들을 볼 수 있다. 다른 기술들을 사용하면 빅뱅 이후 최초의 몇 초까지 거슬러 올라갈 수도 있다.

나는 10년 내에 우리가 지배적인 암흑물질, 우주의 나이 등과 같은 여타 중요한 수치들을 알아낼 것이라는 쪽에 내기를 걸고 싶다. 그렇게만 된다면 그것은 우주론을 위한 승리의 축포가 될 것이다. 즉, 최근 몇 세기에 걸쳐 지구와 태양의 크기와 형태를 알게 된 것과 마찬가지로 우주를 측정할 수 있게 될 것이다.

장기적으로는 가장 초기 단계의 특별한 물리적 상태를 소상히 밝혀내

. . . . BIG QUESTIONS IN SCIENCE

[18] '무수히 많은 우주들'이란 개념은 이 글의 저자인 마틴 리즈의 용어인데 그는 우리 우주에서 인간의 진화가 발생할 확률이 너무도 희박하다는 점에 착안하여 우리 우주를 포함한 다양한 우주상수를 지닌 대단히 많은 우주, 즉 다중우주를 고안해냈다.

야 한다. 중력과 미시세계(즉, 우주와 양자) 사이의 궁극적 통합은 여전히 과제로 남아 있다. 통일장이론이 완성될 때까지는 모든 것이 짓눌려서 양자요동이 우주 전체를 뒤흔들 수 있었던 바로 그 시원에 각인된 우리 우주의 근본적 특징들을 이해할 수 없을 것이다.

배팅은 주로 초끈들(또는 M 이론[19])을 대상으로 이루어질 것이다. 이 이론에 따르면 우리의 3차원 공간의 각 지점이란 사실은 6차 또는 7차 잉여 차원들이 철저하게 접힌 일본식 종이접기origami이다. 이 정교한 수학 이론과 우리가 측정할 수 있는 것 사이에는 여전히 연결되지 않은 간극이 존재하지만, 우주의 광대한 빈 공간에 숨어 있는 에너지의 기원 또는 본성을 이해하려면 먼저 그런 이론들이 필요할 것이다.

. . . . BIG QUESTIONS IN SCIENCE

[19] 미국 물리학자 리자 랜덜과 래먼 선드럼이 1998년에 제안한 가장 최신 우주론. 우주는 11차원으로 이루어져 있으며 우리 우주는 4차원(전후/좌우/위아래/시간)으로 이루어진 얇은 막 속에 있다는 것이 이 가설의 핵심이다.

세기 초반에 이르면, 많은 과학자들이 더 이상 신을 믿지 않게 되었다. 1916년, 미국 과학자들

대상으로 한 설문조사에서 60퍼센트가 신을 믿지 않거나 의심한다고 대답했다 – 저자가 예측

한 수치는 교육의 확대와 함께 증가할 수 있었을 것이다. 이런 점에도 불구하고, 그리고 과학이

에서 눈에 띠는 진전이 있었음에도 불구하고(특히, 창조주 신의 필요성을 제거했다고 알려진 유전학

양자역학에서), 1996년 설문조사에서도 여전히 40퍼센트의 미국 과학자들은 신을 믿고 있었다.

람이 생명 그 자체를 다룰 수 있는 능력을 보유한 이때, 신을 위한 여지가 어떻게   을 수

는가? 우주가 생명을 돌보기에 매우 적합한 환경을 펼쳐 보이고 있다는 사   음시라

신 지지자 이를 만들 수 있도록 해준다.'

시간이란 무엇인가?

? 시간이란 무엇인가? 성 아우구스티누스는 4세기에 이렇게 말했다. "아무도 묻지 않는 한 나는 알고 있다. 그러나 누군가에게 설명해야 한다면 솔직히 나는 모르고 있다." 그로부터 16세기가 흐른 뒤에도 그 질문은 여전히 파악하기 어려운 것으로 남아 있다. 왜 시간은 강물처럼 흐르는 것으로 보이는가? 그리고 그 강의 근원은 무엇인가? 미국 물리학자 존 휠러는 한때, 질문 자체만큼 애매하기는 하지만 그래도 꽤 흥미로운 대답을 한 적이 있다. '시간은 모든 일이 한꺼번에 발생하는 것을 막아주는 것' 이라는 것이다.

독일 철학자 이마누엘 칸트는 자신의 책 『순수이성비판』에서 공간의 외부나 시간의 부재 속에 존재하는 것을 인식하거나 상상할 수는 없다고 주장했다. 칸트에 따르면, 공간과 시간은 '주관적 감각조건들' 이다.

프리즘이 통과하는 빛을 그 색에 따라 분리시켜 질서정연하게 늘어놓는 것처럼, 마음도 실재를 그 시간의 축에 따라 분리해놓는다. 그렇다면 시간은 단지 환상이거나 지각의 결과일 뿐일까? 시간은 생물이 살기 이전, 따라서 인식이 없었던 오랜 옛날에는 존재하지 않았던 것일까? 오늘날 현대 물리학은 시간의 성격을 우주의 기원 바로 그 시점까지 추적하였고, 근본적인 물리법칙에서 시간이 차지하는 위치에 대해 묻고 있다.

뉴턴의 운동방정식에도 시간이 포함되어 있지만, 약간은 단조로운 방식으로 그렇다. 지구가 태양의 둘레를 영속적으로 회전하고 있기 때문에 중력은 짧은 순간마다 지구의 운동에 계산 가능한 변화를 발생시킨다. 그러나 이런 종류의 시간이란 전적으로 인위적인 계산에 불과하다.

뉴턴에게는 공간과 시간 모두 절대불변의 것이었다. 즉, 공간이란 물체들이 그 속을 통과할 수 있는 완전한 허공이며, 시간이란 쉴새없이 타점을 찍으며 배경 속으로 내달리고 있는 일종의 종이테이프라고 할 수 있다. 그후, 알베르트 아인슈타인은 시간이 물질과 에너지의 영향을 받아 늘어날 수도 뒤틀릴 수도 있음을 밝혔다.

시간의 강이 어떤 곳에서는 다른 곳보다 빨리 흘러가고 또 장애물을 통과할 때는 속도가 느려진다는 것을 알았다 해도, 그것은 여전히 시간이란 무엇이며 왜 방향성을 가지는가에 대해서는 설명하지 못한다. 그러나 우리의 경험은 시간에 방향성이 있다고 말해준다. 세탁기는 자동차와 신발이 그렇듯 오래 쓰면 닳고, 처음의 완벽한 상태로는 되돌아갈 수 없다.

산 정상은 무너져서 계곡이 되지만 결코 스스로 재결합하여 원상태로 돌아가지는 않는다. 향기는 열린 병을 빠져나와 방을 가득 채우지만 결코 그 반대로 되는 법은 없다. 이런 사실들은 시간이 일방향성, 모든 사물이 그 방향에 따라 닳고, 확산되고, 침식되고, 그런 가운데 질서가 무질서로 해체되어 가는 그런 방향성을 가지고 있음을 말해준다.

이 경향성은 또한 이론적으로 설명하기 어려운 난문제를 암시한다. 향수병, 산, 그밖에 규모가 큰 사물들의 물리적 현상은 그 원자와 분자의 작용결과에서 도출되어야 한다. 그러나 우리의 주변 세계와는 달리 원자 영역에서는 과거와 미래의 구분이 없는 것처럼 보인다. 운동하고 있는 몇개의 원자들을 대상으로 영화를 찍은 다음 거꾸로 돌려보라. 여러분은 그영화에서 이상한 것을 발견할 수 없을 것이다. 후진운동 역시 물리법칙을 만족시킬 것이기 때문이다. 그러나 흩어졌던 바위들이 기적처럼 다시 합쳐져서 험준한 산을 만드는 영화는 우리가 알고 있는 현실과 정면으로 충돌을 일으킬 것이다.

따라서 어떻게 원자 영역에서는 방향성이 없는 시간이 보다 큰 규모에서는 시간의 화살을 촉발할 수 있는가? 이것이 질문의 핵심이고, 그에 대한 대답은 두 부분으로 나뉜다. 첫 번째는 비교적 '쉽고' 1세기 이상 된 것이고, 두 번째는 비교적 어렵고 계속해서 논쟁의 대상이 되고 있는 것이다.

왜 향기는 병을 빠져나오지만 스스로 다시 병으로 들어가지는 않는가? 19세기 후반, 오스트리아의 물리학자 루드비히 볼츠만은 다음과 같이 추론했다. 먼저 수많은 향기 분자들을 비교적 균일하게 방 전체에 퍼지도록 배열할 수 있는 경우의 수를 계산한다고 가정해보자. 그 다음 같은 수의 향기 분자들을 병 속에 밀집대형을 이루도록 배열할 수 있는 경우의 수를 계산해보자. 볼츠만은 전자의 수가 후자와 비교했을 때 엄청나게 크다는 사실을 입증했다. 그것은 1 다음에 대영도서관에 있는 모든 책을 0으로 채우는 것보다 더 많은 0이 뒤따라 나올 정도로 크다.

이제 향기 분자들은 서로 부딪치면서 대부분 경우의 수에 포함된 한 배열에서 그 다음 배열로 자유롭게 날아다니고 있다. 볼츠만의 주장에 따르면 방해를 받지 않는 한 향기가 병 속에 멋지게 밀집대형을 이루고 있는 상태에서 그 외부의 분산된 상태로 갈 가능성이 커질 것이다. 이것은 전적으로 두 상황이 실현될 수 있는 경우의 수에서 엄청난 차이가 나기 때문이다.

여러분의 뜻과는 상관없이 향기의 일부가 무질서하게 배열되는 방식은 질서 있게 배열되는 방식보다 그 수에서 항상 훨씬 더 많다. 무질서는 엄청난 차이로 질서를 앞지르고, 그 결과 우주의 사물들은 낮은 단계의 혼돈상태를 향해 표류하려는 자연적 경향성을 띠게 된다. 이것이 열역학 제2법칙이다. 즉, 어떤 개별적이고 조직화된 힘이 가해지지 않는다면 사물들은 보다 큰 무질서, 또는 '엔트로피'가 더 큰 방향으로 흘러가는 경향성을 띤다.

볼츠만의 사고방식은 최초로 시간의 본성에 대한 놀라운 통찰력을 제공한다. 그의 제안은 시간에 대한 우리의 주관적 느낌이 사물들은 본질적으로 혼란스러워지고 비조직화되어야 한다는 경향성에 둘러싸여 있음을 암시하고 있기 때문이다. 위대한 독일 물리학자 에르빈 슈뢰딩거는 볼츠만을 두고 이렇게 말한 적이 있다. "개인적으로 볼 때 물리학에서 볼츠만의 인식보다 더 중요한 인식은 없었던 것 같다." 질서에서 무질서를 향한 흐름은 일방통행적인 흐름처럼 보인다. 이것이 우리가 시간 속에서 일관된 방향성을 느끼고, 깨어지지 않은 와인 잔이나 새 신발을 흩어지거나 닳은 그들의 후예보다 과거에 위치시키는 이유이다.

그러나 볼츠만의 위대한 인식은 보다 심오한 문제의 핵심에 초점을 맞출 수 있도록 했을 뿐이다. 질서가 무질서로 돌아가려는 보편적 경향성은 시간이 방향을 가진 것처럼 보이는 이유를 설명해줄 수 있다. 그러나 그 설명은 우주가 그 시작에 어떻게 질서 상태에 있을 수 있었는지를 설명할 수 있을 때에만 제대로 작용한다. 우주는 이미 방 전체에 퍼져 있는 향기처럼 어수선하고 혼란스런 상태에서 출발했을 수 있다. 그랬다면 더 큰 무질서를 향한 점진적 경향은 없었을 것이고, 시간의 방향성도 없었을 것이다. 따라서 시간의 방향을 설명하는 것은 우주의 시원에 존재했던 거대한 조직화를 설명한다는 것을 뜻한다.

이것이 많은 과학자들이 현재 관심을 가지고 있는 지점이다. 향기의 비유를 다시 사용하자면 우주의 물질들은 빅뱅 직후인 100억에서 150억 년 전쯤에는 '병 속'에 있었다. 당시의 우주에는 에너지와 물질의 분포가 이상할 정도로 균일했다. 1990년대 초반, 물리학자들은 코비COBE[20] 망원경을 이용하여 우주배경복사를 연구함으로써 우주가 얼마나 균일한지를

[20] 'Cosmic Microwave Background Explorer' (우주배경복사탐사)의 줄임말.

발견했다. 우주를 가득 채우고 있는 배경복사는 빅뱅 후 약 30만 년이 지난 시점의 우주의 모습에 대한 스냅사진을 제공한다. 연구에 따르면 그 당시에는 사물의 분포가 10만분의 1 수준으로 균일했다.

이런 발견들은 초기 우주에 대한 이론들에 강력한 제약으로 작용했다. 초기 우주의 물질들이 배열될 수 있는 방식 전체를 놓고 본다면 천문학자들의 망원경이 보여주는 균일성을 만족시키는 배열방식은 아주 극소수에 불과할 뿐이다. 따라서 세계는 놀랄 만큼 특별한 조건, 시간이 감금되어 있다가 풀려나갈 수 있도록 잘 준비된 상태에 놓여 있었다. 그렇다면 우주는 어떻게 그 길을 가게 되었을까?

잘 알려진 설명은 초기 우주가 특별한 '팽창국면'을 경험했다는 것이다. 이 짧게 지속된 국면에서 우주는 믿기 힘들 정도의 속도로 팽창했고, 그 사이에 물질분포상의 거의 모든 잔물결들은 재빨리 펴져나갔을 것이다. 인플레이션(팽창) 개념은 무엇보다도 특수한 균일성을 그렇게 특수하지 않은 것으로 만들었다. 이 개념은 1998년, 거대한 풍선에 실어 남극대륙상공에 띄운 망원경이 측정한 우주배경복사에서 그 근거를 확보했다.

이 망원경은 초기 우주의 물질분포에서 인플레이션 개념이 예측했던 것과 같은 종류의 잔물결들을 밝혀냈다.

그렇지만 모든 사람들이 이 개념을 받아들이거나 그것이 완전한 설명을 제공한다고 믿고 있는 것은 아니다. 그런 이론은 결국에는 빅크런치Big Crunch를 통해 저절로 붕괴하는 우주와 같은 기묘한 미래를 예측할 수 있기 때문이다. 빅크런치가 일어나는 동안 시간은 지금까지와는 거꾸로 흐를 텐데, 그것은 사물들이 열역학 제2법칙을 위반하면서 무질서한 상태에서 질서 상태로 변함을 뜻한다. 옥스퍼드 수학자 로저 펜로즈가 지적했듯, 거대한 별의 중력붕괴로 인해 발생하는 블랙홀은 그런 빅크런치의 소규모 버전들을 제공하면서, 결국 열역학을 온전히 지켜나가는 방식으로 작용할 것이다.

따라서 시간의 본성에 대한 우리의 직관적 경이로움은 현대 우주론에서 가장 심오한 쟁점의 초입에 다다랐다. 기원전 5세기, 그리스 철학자 파르메니데스는 시간에 대한 모든 것은 환상에 불과하며 참된 실재는 영원하고 변화하지 않는다는 의견을 강력하게 주장했다. 오늘날에도 그 주장에 동의하는 물리학자와 철학자들이 있을지 모르겠다. 그렇지만 환상이든 아니든, 시간의 심오한 비밀은 아직 그 정체를 드러내고 있지 않다.

마크 뷰캐넌
물리학자, 과학저술가

시간이란 무엇인가?

존 배로

케임브리지대학교 수학 연구교수

20세기 초반만 해도 시간은 모든 활동이 그것을 기준으로 삼을 만큼 일정하게 째깍거리는 시계처럼 보였다. 어떤 것도 시간의 규칙적인 진행을 변화시킬 수 없고, 그 변화속도는 모든 사람, 모든 곳에서 똑같은 것 같았다. '현재'란 애매하지 않은 개념으로 보편적으로 공유되고 있었고, 시간의 속도에서 감지되는 변화들은 헨리 트웰스가 노래한 것처럼 주관적인 것으로 간주되었다.

아기였던 내가 울고 잠자는 동안
시간은 기어갔다.
소년이었던 내가 웃고 말하는 동안
시간은 걸어갔다.
그 후 세월이 흘러 내가 한 남자가 되자
시간은 뛰어갔다.

그러나 내가 늙어가자
시간은 날아갔다.

알베르트 아인슈타인은 어떤 소설가가 상상했던 것보다도 엄청나게 복잡하고 신비로운 공간과 시간 개념을 밝혀냈다. 시간의 흐름은 그 내부의 질량과 에너지에 의해 결정된다. 그 결과 절대적 시간, 서로 다른 관찰자들 사이의 애매함을 없애주는 '현재'라는 개념, 서로 다른 관찰자들이 사건들이 일어난 시간에 대해 동의할 가능성 등은 사라졌다. 놀라운 결론들이 도출되었다. 시간은 강력한 중력장이나 움직이는 관찰자에게는 더 느리게 작용한다. 서로 다른 우주여행을 떠난 쌍둥이들은 다시 돌아왔을 때 서로의 나이가 다르다는 것을 알게 될 것이다. 모든 직관에 반하는 이러한 시간 효과들은 우주에서는 일상적으로 관찰되고 있고, 자체 모순이 없는 '대칭법칙의 태피스트리'(색색이 실로 수놓은 벽걸이나 실내장식용 비단) 속에 촘촘하게 엮여져 있다.[21]

그러나 시간은 정말로 근본적인 것인가? 시간은 양자적 실재의 고전적 한계인 낮은 에너지와 낮은 온도의 환경에서만 출현하는 근사적 개념일 수 있다. 그런 차가운 환경은 원자, 분자, 그리고 당신과 내가 존재하는 데 반드시 필요한 조건이다. 하지만 에너지와 온도가 상상할 수 없을 정도로 컸을 때인 빅뱅의 첫 순간에는 과거와 미래 사이에 근본적으로 다른

[21] 물리학은 자연세계의 대칭성을 밝힌 것으로 유명하다. 예를 들면, 물질matter이 있으면 그 반대편에 반물질antimatter이 있고, 양(+)에너지가 있으면 그 반대편에 음(-)에너지가 있다는 식이다. 실제로 이런 통찰력은 물리학의 발전에 많은 도움을 주었다. 이런 관점에서 보면 우주란 자체 모순이 없는 대칭법칙의 장場이라 할 수 있을 것이다.

관계가 존재할 수 있었을 것이고, 그 속에서 시간은 공간과 좀더 비슷했을 것이다.

우리는 날, 달, 해같이 천문학적이지만 그 기원상 인간중심적인 것에 불과한 단위들로 시간을 잰다. 물론 자연법칙과 상수에 의해서만 규정되는 초인간적인 시간 단위도 있기는 하다. 그것은 놀라울 정도로 짧은 단위로 지속기간이 10^{-43}초에 불과하다. 이 초인적 시계에 의하면 우리 우주의 나이는 약 10^{60} '똑딱'이다. 놀랍게도 복잡성과 생명에 필수적인 화학 원소들의 생성에는 최소한 10^{59}의 나이가 필요하다. 우리가 시간의 본질에 전혀 생소한 양자적 뭔가가 일어났을지 모른다고 의심하는 것은 이런 시간 단위로 수차례의 똑딱거림이 있고 난 바로 그때였다. 그것은 중력, 상대성, 양자적 불확실성이 우주를 생성하는 동등한 동반자로서 융합된 세계이다.

이런 동반관계를 설명해주는 첫 번째 후보는 M(미스터리) 이론으로 알려진 '끈이론'이다. 이 이론은 공간과 시간에는 우리가 알고 있는 3차원보다 더 많은 공간과 시간의 차원들이 존재한다고 예측한다. 물리학자들은 대체로 이런 모든 여분의 차원들은 공간과 같고, 3차원을 넘는 모든 차원들은 인식이 불가능할 정도로 작아서 그 효과를 측정하기 어렵게 만든다고 가정해왔다. 그러나 여분의 차원들이 모두 공간과 같지 않다면 어떻게 될까? 일부는 여분의 시간 차원들일 수도 있다. 그것은 무엇을 뜻하는 것일까? 그것은 어떤 현상들을 허용할 것인가? 그것은 입자들을 너무 빠르게 붕괴시키거나, 아니면 '관찰자들'이 존재하는 것조차 막는 것은 아닐까?

여분의 공간 차원들은 변화불가능한 것을 변화시키는 문을 연다. 우리는 물리적 실재의 구조에 닻을 내리고 있는 시간을 초월한 독특한 기본요소들이 있다고 믿는다. 우리는 그런 기본요소들을 '자연의 상수들'이라고 부르고, 그것들을 엄청나게 정밀하게 측정하고자 하며, 그것들이 왜 그런 특정한 수치를 지니게 되었는지를 설명하고자 한다.

전자를 추구함에 있어서는 대체로 성공을 거둔 셈이지만, 후자의 경우는 완전히 공백상태이다. 기본적인 자연의 상수들이 어떻게 현재 그 수치를 지니게 되었는지는 아무도 알지 못하지만, 그것들 대부분에 아주 작은 변화라도 생겼다면 우리는 물론 어떤 고등생물도 여기에 존재하지 않을 것이며, 그 수치에 대해서 말할 수도 없을 것임은 잘 알고 있다. 그러나 3차원 이상의 차원이 있다면 참된 자연의 상수들은 그런 차원들 속에서 규정될 것이다. 따라서 우리가 3차원 실험실에서 보고 있는 그것들의 '그림자들'은 나머지 차원에서 크기에 변화가 생긴다면 마찬가지로 변화를 겪게 될 것이다.

이미 관찰된 일부의 '상수들'을 실험적 정확성의 극단에서 자세히 조사해보면 일정하지 않을 수 있다는 곤혹스런 암시들이 존재하고 있다. 미래에는 이런 자연의 상수들과 그것들이 시간의 영향에 저항하는 방법에 특별한 관심이 쏠릴 것이다. 실험은 지상에 있는 고정밀 전자시계를 몇 년간 측정하거나 원거리 천체의 세밀한 원자 스펙트럼을 지구에 있는 같은 원자의 스펙트럼과 비교하는 방식으로 수행될 수 있다. 원거리 퀘이사quasar 주변의 물질에 있는 원자 전이에서 나온 빛이 우리의 망원경에 도달하기까지는 거의 130억 년이 걸린다. 이것은 우리에게 그 스펙트럼 빛이 우주를 가로질러 여행을 시작했을 당시인 130억 년 전, 130억 광년만큼 멀리 떨어진 곳의 물리적 상태가 어떤가를 말해주는 타임캡슐이다.

시간은 몇 살일까? 1970년대 중반까지, 우주론자들은 한때 시간이 없었다는 강력한 증거를 확보했다고 믿고 있었다. 이론물리학자 스티븐 호킹과 수학자 로저 펜로즈가 개발한 강력한 수학적 정리에 따르면 잡아당기는 중력의 성질은 과거가 유한해야 함을 의미한다.

1980년, 모든 것이 변하기 시작했다. 입자물리학자들은 자신들의 새로운 이론들이 장력(척력인 것처럼 작용하여 물질들 스스로 상호작용하도록 만든다.)을 보유한 물질들의 가능한 형태들로 가득 차 있음을 발견했다. 갑자기 시간의 기원에 대한 증명은 수학적 관심사로 떨어져버렸다. 이 이론들이 근거한 가정들이 과거에도 잘 지켜지고 있었다고 믿을 이유는 없었다.

우리는 중력적으로 반발하는 이런 형태의 물질들이 매력적인 힘을 지니고 있음을 알게 되었다. 그것들은 팽창의 최초 순간에 우주를 매우 빠른 속도로 가속시킬 수 있었고, 따라서 어떻게 해서 (은하와 별의 원재료를 제공해줬던 드문드문 떨어져 있는 울퉁불퉁한 덩어리들이 전부였던) 우주가 이처럼 크고, 이렇게 나이가 많고, 이렇게 균일한 상태에 이르게 되었는지를 설명해줄 수 있다. 현재까지 이 '인플레이션' 우주론의 구체적인 예측들은 관찰된 우주배경복사의 패턴들에 잘 들어맞고 있다. 이 이론을 전례 없는 정확성으로 시험하는 것이 2001년 6월에 발사된 나사의 우주선 MAP의 목적이다.

불행하게도 그 이론의 환상적인 부산물들은 MAP의 위력 너머에 있다. 그것은 시간에 대한 우리의 그림을 무한대로 복잡하게 만든다. 그것에 따르면 우주의 작은 부분들의 가속화된 팽창은 시작도 끝도 필요치 않은 자기 재생산과정을 통해 영원히 계속될 것이다. 빠른 팽창의 발작들의 일부는 우리의 가시우주와 같이 관찰 가능한 지역들을 창출하는 반면, 또 다른 발작들은 우리의 지평선을 넘는 환경을 창출할 텐데, 그곳에서는 공간과 시간의 차원조차 다를 수 있다.

시간여행은 가능한가? 아인슈타인은 오스트리아 태생의 미국 철학자

이자 수학자인 쿠르트 괴델이 공간, 시간, 중력에 대한 자신의 이론이 시간여행을 가능케 한다는 것을 발견해냈을 때 큰 충격을 받았다. 결국 우주는 역사가들에게는 안전한 곳이 아니었다. 그러나 원리상으로 시간여행이 가능하다고 해서 반드시 실제로 시간여행이 가능하다는 뜻은 아니다. 물리 법칙에 따르면 깨진 유리파편들이 다시 합쳐져서 아름다운 와인잔을 만드는 것이 불가능한 것은 아니지만, 그에 상응하는 유리파편들의 움직임이 실현된다는 것은 그 가능성이 너무도 희박한 일이기 때문에 우리가 실제로 그런 일을 보게 될 경우는 결코 없다. 마찬가지로 시간여행은 심지어 미시세계에서조차 실현될 가능성이 거의 없는 비현실적인 조건들을 충족시켜야만 할 것이다. 우리의 최대 희망은 측정 가능한 양자현상을 발견하는 것이 될 텐데, 그 실험성과는 시간여행을 하는 정보전송통로의 존재에 현저하게 좌우될 것이다. 반면에 만약 시간여행이 가능하다면 왜 우리는 그 증거를 보지 못할까? 어쩌면 시간여행은 항상 치명적인 결과를 낳거나 아니면 자기 파괴, 우주로부터의 파국적 충격에 따른 고통, 기술개발에 필요한 자원의 고갈 등의 이유로 어떤 문명도 성취할 수 없을 만큼 높고 정교한 기술수준을 요구하고 있기 때문인지도 모른다. 그것도 아니면 단순히 너무 비싸기 때문일 수도 있다. 만약 비용이 싸진다면 시간여행의 현재적 가능성을 둘러싼 가장 흥미로운 논쟁은 금융시장의 이자율에 관한 것이다. 시간여행자들이 차익거래에 참여하여 막대한 이익을 보는 불상사가 생기지 않으려면 금융시장의 이자율이 0이어야만 한다. 그리고 만약 시간여행자들이 그런 이익을 얻는다면, 그들의 존재는 이자율을 0으로 떨어지게 할 것이다!

시간에 미래가 있을까? 우주론자들의 현안은 우주에 얼마나 많은 물질들이 있는지를 확정하고, 우주의 팽창이 관찰결과가 보여주고 있는 것처럼 최근에 가속되기 시작했는지를 결정하는 것이다. 이런 관찰들이 높아진 정확성으로 정교화되면, 그 결과들은 다른 시간대에 태어난 우리의 자손들이 얼마나 오랫동안 생존할 수 있는지를 보여주게 될 것이다. 우리 우주는 수축하여 빅크런치로 되돌아갈 정도로 충분히 느리게 팽창하는 것 같지는 않다. 오히려 우리 우주는 영원히 팽창을 계속할 운명인 것 같다. 그러나 우주가 영원히 전진해 나간다 해도 그 구성물들의 기대수명은 보다 제한적이다. 행성들과 별들은 결국 해체되어 죽음을 맞이할 것이다.

물질은 붕괴될 것이다. 블랙홀은 파편들을 게걸스럽게 먹고는 서서히 자취를 감추면서 복사와 단순한 기초입자들로 가득한 어둡고 고독한 미래를 낳게 될 것이다. 생명이 어떤 모습이나 형태로든 생존하고자 한다면 그 스스로를 개혁해야만 할 텐데, 아마도 형태는 보다 무형적으로 변하고, 육체에서 분리되고, 나노 크기를 띠게 될 것이다. 그러나 만약 우주가 최근에 와서 끝이 없는 가속팽창의 단계에 들어섰다면, 이런 추상화된 '생명' 조차도 그 미래가 제한적일 수밖에 없을 것이다. 유물론자에게는 과거를 향한 시간여행의 성공만이 유일한 희망이 될 것이다. 시간은 끔찍할 정도로 인내심이 강하다.

세기 초반에 이르면, 많은 과학자들이 더 이상 신을 믿지 않게 되었다. 1916년, 미국 과학자들

대상으로 한 설문조사에서 60퍼센트가 신을 믿지 않거나 의심한다고 대답했다 – 저자가 예측

던 수치는 교육의 확대와 함께 증가할 수 있었을 것이다. 이런 점에도 불구하고, 그리고 과학이

에서 눈에 띠는 진전이 있었음에도 불구하고(특히, 창조주 신의 필요성을 제거했다고 알려진 유전학

양자역학에서), 1996년 설문조사에서도 여전히 40퍼센트의 미국 과학자들이 신을 믿고 있었다.

람이 생명 그 자체를 다룰 수 있는 능력을 보유한 이상, 신을 위한 여지가 어떻게   을 수

는가? 우주가 생명을 돌보기에 매우 적합한 환경을 펼쳐 보이고 있다는 사   라

, 신 지지자 이를 만들 수 있도록 해준다.'

의식이란 무엇인가?

? 전임 미국대통령 조지 부시에 의해 '뇌연구 10년Decade of the Brain[22]으로 명명된 바 있는 1990년대 내내, 의식에 대한 과학이론은 통상적으로 지식의 마지막 남은 도전, '최후의 프런티어'로 불렸다. 갑자기 의식은 거의 1세기에 가까운 금지령 후에 다시 학술의제로 돌아왔다. 철학자 존 설에 따르면, 이 금지령은 과학적 심리학이라면 그 연구범위를 주관적 심리상태보다는 관찰 가능한 현상으로 제한해야 한다고 주장했던 행동주의의 유산이었다. 그 기간 동안 인지과학에 관한 논의에서 의식을 주제로 삼는 것은 대학원 학생들이 '천장을 향해 눈을 굴리면서 가벼운 멸시의 표현들을 내보일 정도'의 악취미로 간주되었다. 그렇다면 1990년대 들어서서 이렇게 큰 변화가 일어난 이유는 무엇일까?

일부는 노벨상 수상자 프랜시스 크릭과 제럴드 에들먼이 1980년대에 이 분야에서 일하기 시작하면서 의식에 관한 연구가 학술적 지위를 되찾게 되었다고 주장한다. 그러나 인지신경과학의 선두주자인 런던대학교의 세미르 제키는 그렇지 않다고 주장한다. 그는 심리학자들에게 화려한 테크니컬러로 의식의 신경상관현상을 연구할 수 있도록 해준 뇌영상기술의 발달을 원인으로 꼽는다. 이 기술을 몇 십 년 전부터 이용할 수 있었음에도 불구하고 공포의 대상이었던 C-단어[23]가 금지되고 있었던 것은 바로 행동주의의 목조르기와 직접적으로 관찰 가능한 것 외에는 아무것도 인

[22] 1990년, 뇌연구의 일대 전기를 위해 미국에서 마련한 뇌연구 촉진법으로 막대한 연구비가 투자되었다. 유럽은 1991년에 '유럽 뇌연구 10년'을 선포했으며, 일본도 21세기를 '뇌의 세기'로 명명하고 일본 이화학연구소의 뇌과학연구소를 중심으로 여러 대학과 연구소를 연결하는 네트워크를 구축했다.

[23] '의식'은 영어 'consciousness'의 번역어이다. 따라서 여기서 C-단어란 바로 '의식'을 뜻한다.

정하지 않는 행동주의의 완고함 때문이었다. 어쩌면 사회학이 의식의 르네상스를 더 잘 설명해줄 수도 있다. 무엇보다도 1960년대에 교육을 받았던 학생들(이들 중 다수가 의식의 변화된 상태에 개인적인 관심을 가지고 있었다.)이 인지과학 분야에서 고찰의 자리를 차지하기 시작한 것이다.

통상적으로 의식의 문제에 있어서는 차원이 다른 세 가지 문제와 그것들의 중첩 정도에 대한 다양한 관점들이 있다. 의식의 첫 번째 문제는 호주의 철학자 데이비드 찰머스가 '어려운 문제'라고 표현했던 것으로, 전문 용어로는 '발생 문제'이다. 이는 의식적 경험이 어떻게 물질적 배열 또는 과정으로부터 발생하는가와 관련되어 있다. 1866년, 생물학자 헉슬리는 이 문제를 다음과 같이 표현했다. "신경조직을 흥분시킨 결과로서 의식 상태와 같이 획기적인 것이 발생한다는 사실은, 알라딘이 램프를 문지르면 지니가 모습을 드러내는 것만큼이나 설명하기 어려운 일이다."

철학자 제리 포더에 따르면, 우리는 그 이후로 거의 앞으로 나아가지 못하고 있다. "물질적인 것이 어떻게 의식적인 것이 될 수 있는지에 대해서는 그 누구도 알지 못하고 있다. 심지어 물질적인 것이 어떻게 의식적인 것이 되는지에 대해서 아는 것이 무엇과 같을 것인지에 대해서도 전혀 모르고 있다. 의식철학의 경우에도 사정은 크게 다르지 않다."

그렇지만 그 문제에 더 이상 시간을 허비할 필요가 없다는 결론을 내는 철학자들은 거의 없다. 럿거스대학교에 있는 포더의 동료 콜린 맥긴도 그것이 원리상 해결불가능하다는 것에는 동의하지만 아직도 그 연구에 대부분의 시간을 보내고 있다. 옥스퍼드 수학자 로저 펜로즈나 토론토대학교의 철학자 빌 시거 등과 같은 '미스터리론자들'은 '최소 미스터리 원리'(양자역학도 미스터리이고, 의식도 미스터리이다. 따라서 그것들은 서로 같은 하나의 미스터리일 수 있다.)를 통해 그 문제를 풀기 위해 '관념론'(마음만이 실재한다는 이론)과 '범신론' (모든 것은 심적 특성을 지닌다는 교리)까지 도입하는 등 점차 가망 없는 수단에 매달리고 있다.

의식이 미스터리라는 사실은 포더가 MIT의 심리학자이며 『마음은 어떻게 움직이는가』의 저자인 스티브 핑커와 유일하게 일치하는 것이다. 하지만 진화론의 또 다른 탁월한 주창자인 터프스대학교의 대니얼 데넷의 생각은 다르다. 데넷은 만약 우리가 기능적이고, 신경학적이며, 진화론적인 용어로 인지능력을 적절히 설명할 수 있다면, '더 이상' 의식의 문제란 존재하지 않는다고 주장한다.

캘리포니아대학의 신경철학자 폴 처칠랜드와 페트리샤 처칠랜드 부부는 이 관점을 전폭적으로 지지하면서, 후대의 눈에는 '의식의 문제'가 '생명의 문제'와 다르지 않게 보일 것이라고 주장하고 있다. 그들은 의식 미스터리론자들을 현대판 생기론자들(생명은 비물질적인 내적 활력에 의존하기 때문에 화학과 물리학의 원리를 적용하는 것만으로는 생명을 설명할 수 없다고 주장했던 사람들)이라고 말한다.

어쩌면 이 논쟁을 해결할 수 있는 가장 큰 기회는, 의식의 발생문제는 르네 데카르트에 의해 주창된 '물리적 속성에서 분리되고 구분되는 것으로서의 마음(정신)'이라는 이분법적 개념의 산물이라고 주장하는 일군의 학자들에게 주어져 있을 수 있다. 런던정경대학의 자연과학 및 사회과학 철학센터의 선임연구원인 니콜라스 험프리는 자각awareness을 순전히 신경계의 활동으로 본다. 그에게 있어 감각은 단지 그런 활동의 진화된 형태로서, 지각되기보다는 발현되는 어떤 것이다. 따라서 그것의 원시적 기원은 단세포생물의 꿈틀거림에서도 관찰이 가능하다.

다른 저자들은 1인칭 관점에서 의식을 연구하는 대륙철학의 전통인 현상학에서 도출된 이론들과 유사한 입장에 서 있다. 프랑스 국립연구센터인 CNRS의 인지신경과학자 프란시스코 바렐라는 의식의 문제를 깨기 위해서는 신경과학과 현상학, 행동주의과학이 통합되어야 한다고 주장한다. 한편, 또 다른 일군의 저자들인 캘리포니아대학교의 신경생물학자 월터 프리먼, 워싱턴대학교 출신의 철학자 앤디 클라크 등은 마음/몸 문제를 해결하기 위해서 창발성 및 카오스 이론의 개념들을 끌어들인다. 이 이론들에 따르면 의식의 특성들은 그것을 구성하는 요소들 내부의 순간적 요동에 의해 출현하기 때문에 본질적으로 그 구성요소들로부터는 예측해낼 수 없다.

의식의 두 번째 문제는 자아의 문제이다. 이 문제에 대한 현대적 논쟁은 대부분 17세기와 18세기의 철학자인 존 로크와 데이비드 흄의 통찰력에 기대고 있지만 여전히 두 고대학파에서 그 맥락을 찾을 수 있다. 고대 그리스 철학자 아리스토텔레스에 따르면, '나'는 체화體化된 내 존재와 긴밀하게 결합되어 있다. 영혼(정신)과 몸(육체)은 일체이며, 영혼은 운동에서부터 철학적 명상까지 생명기능들을 포함한다. 대립적 관점을 취했던 피타고라스주의자들과 플라톤주의자들은 영혼과 몸을 분리했는데, 데카르트의 육체에서 분리된 자아이론은 이 관점에서 직접적인 영향을 받았다.

로크는 『인간오성론』에서 개인의 정체성 문제를 다루면서, 시간에 대한 자아의 연속성을 보장하는 메커니즘으로 기억을 제시했다. 흄이 '자아'로 관심을 돌렸을 때 그가 발견한 것이라곤 자아가 존재한다는 내관적內觀的 증거가 없는 한 묶음의 인상들이 전부였다. 따라서 그는 자아를 상상이 꾸며낸 허구로 치부해버렸다.

근대의 심리철학은 이 관찰을 세련화하는 것 이상을 뛰어넘지 못했다. 철학자 앤서니 케니는 자아란 '재귀대명사의 오해에 존재하고 있는 철학자들의 난센스의 한 단편'이라고 주장하는 반면, 역시 철학자인 로버트

노직은 자아가 '성찰적(반성적) 자기준거의 행위 속에서 합성된다.'는 데 동의한다. 다시 말해 자아란 전적으로 성찰의 산물인 것이다.

'서사적 무게중심'으로서의 자아라는 데넷의 관점은 '분할 뇌' 환자들에 대한 연구에 의해 지지받고 있다. 다트머스대학의 인지 신경과학자 마이클 가재니거는 이런 환자들에 대한 연구를 통해 자아라는 관념이 어떻게 대뇌좌반구에 위치한 '해석자' 메커니즘에 의해 구성되는가를 보여주고 있다. 이 메커니즘은 뇌손상을 입은 환자인 경우에 종종 해리될 수 있는데, 그런 경우에도 그것은 안정된 자아의 개념을 유지하기에 충분할 정도로 일관된 가상의 이야기를 구성해낸다. 사회심리학자들과 인류학자들 또한 자아의 개념이 문화에 따라 엄청나게 다르며, 자아가 사회적 상호작용의 영역에서 구성된다는 것을 보여 왔다. 사회에 거울이 없다면 마음에도 거울은 있을 수 없다.

제임스 오스틴의 『선禪과 뇌』를 비롯한 최근의 출판물들은 자아의 관념을 둘러싼 철학적 회의론을 동양의 명상수행에서 얻은 통찰력, 인지신경과학에서 획득한 경험적 결과들과 통합하려 노력해왔다. "의식은 자아가 해체될 때 진화한다."는 오스틴의 말은 미국의 신경과학자 앤디 뉴버그로 하여금 전통적으로 명상수행, 종교적 신비주의에서 말하는 자아해체의 감각과 관련된 뇌의 메커니즘을 규명할 수 있도록 힘을 북돋아주었다.

의식의 세 번째 문제는 자아의 문제와 밀접하게 관련된 것으로, 작인 agency의 문제이다. 만약 자아가 서사적 허구라면 의식적인 의지행위의 저자는 누구인가? 그리고 더욱 중요한 문제는 자유의지에 대한 우리의 느낌과 행위자는 반드시 (결정론적) 물리법칙의 지배를 받는다는 명백한 증거를 조정하는 것이 어떻게 가능한가 하는 점이다.

세 가지 의식문제들 사이의 중첩도에 대해서는 거의 동의가 이루어져 있지 않다. 찰머스에게 감각은 모든 기능시스템들(온도조절장치를 포함하여)의 영역일 수 있는 반면, 자아와 자유행동은 언어를 수반한 정교한 시스템들에 의해 제약받는다. 이와는 대조적으로 설은 의식이 고등생물계의 자연적 성질이라고 논하면서 실제적인 설명의 갭은 의지와 자유행위의 영역에 있다고 주장한다. 반면에 데넷은 결정론과 자유의지 사이의 추정된 갈등은 우리가 진화적 설계의 함축들을 제대로 파악하지 못할 때 발생하는 또 다른 유형의 잘못된 이분법에 불과하다고 본다. 카오스 진영에 속하는 프리먼과 그의 후계자들은 이것들 모두는 '인과'의 개념이 인간 심리학의 구성체라는 흄의 주장을 거부하는 데서 비롯된 가짜 문제들이라고 주장한다.

'뇌의 10년'이 출범된 이래 지난 10년 동안 어쩌면 의식연구 분야에서 개념적 명료함이 약간 생겨났다고 주장할 수도 있겠지만, 과학이해의 최종 프런티어는 아직도 멀어 보인다.

키스 서덜랜드
〈의식연구 저널〉 편집주간

의식이란 무엇인가?

수잔 블랙모어

웨스트오브잉글랜드대학교 심리학과 교수

? 나는 왜 여기에 있는가? 도대체 나는 누구인가? 왜 모든 것이 이처럼 느껴지고, 보이고, 상처를 주는가? 나는 오래 전부터 줄곧 이런 문제들에 의문을 던져왔다(또는 그것들이 나에게 물어왔다.). 오랜 시간 동안 나는 과학적으로 알 수 없는 것—그런 것이 있다고 해도 무익한 임무—을 추구함으로서 찾을 수 있으리라 생각했다. 이제 그 질문들은 다음과 같은 하나의 큰 질문으로 수렴되는 것 같다. 의식이란 무엇인가?

의식의 문제는 실제적이고, 심오하며, 여타의 문제들과는 완전히 다르다. 나는 어제 갈매기가 머리 위에서 울고 있는 데번의 절벽 위를 걸으며 행복하게 그 문제에 빠졌었다. 내 부츠를 쓸고 지나가는 풀은 그야말로 무성했다. 그것들은 초록색으로 싱싱하게 반짝거리면서 걸음을 떼어놓을 때마다 순간순간 모습을 바꿨다. 그 풀의 무성함은 나의 경험이다. 나는 단지 바로 그 관점으로부터 그 광경을 보았을 뿐이었다. 그렇지만 나는 그 절벽 위에 진짜로 초록색 풀들이 무성하게 자라고 있으며, 빛을 받아들이는 진짜 눈을 객관적으로 지니고 있으며, 시각능력을 제공해주는 뇌세포들이 머릿속에 객관적으로 존재한다고 믿고 있다(문제는 바로 여기에 있다.). 그러나 어떻게 이런 일이 벌어질 수 있는가? 뇌세포 같은 객관적인 사물이 어떻게 '내'가 풀을 헤치며 걷고 있다는 느낌 같은 주관적 경험을 발생시킬 수 있을까?

이 간극이 바로 데이비드 찰머스가 '어려운 문제'라고 했던 그것이다. 빅토리아 시대의 사상가들은 이것을 '커다란 틈' 또는 '끝 모를 심연'이라고 했다. 이것은 고대의 정신/몸 문제의 현대판이다. 그러나 우리가 뇌에 대해서 더 많은 것을 알아내면 알아낼수록 사태가 호전되기는커녕 더욱 악화되는 것 같다. 신경과학은 빠른 속도로 뇌가 어떻게 색을 구분하고, 문제를 풀며, 행동을 조직하는가를 설명하고 있다. 그러나 '어려운 문제'는 여전히 남아 있다. 저 밖에 있는 객관적 세계와 이 안에 있는 주관적 경험은 완전히 다른 것처럼 보인다. 어떻게 하나가 다른 하나에서 발생하는가를 묻는 것은 난센스에 불과한 것 같다.

이것이 의식의 문제를 한편으로는 매우 흥미로우면서도 매우 고통스럽게 만드는 이유이다. 그것이 고통스러운 이유를 못 찾겠다면(여러분에게 그것을 권했다고 사과할 생각은 없다.), 커피 잔이든 펜이든 아무 물건이나 집어서 그냥 바라보기 바란다. 여러분은 실제 컵이 그곳에 있다고 믿는가? 여러분은 그 컵에 대한 개인적이고 주관적 경험을 가지고 있지는 않은가? 이것은 어떻게 존재할 수 있는가? 나를 마조히스트라고 불러도 좋지만 나는 하루에도 몇 번씩 이런 종류의 질문을 던지기를 즐긴다.

나에게는 이 문제의 추적불가능성이 우리가 의식에 대해 생각하는 방식에 기본적인 문제가 있음을 말해주는 것으로 보인다. 어쩌면 그 문제가 처음 제기될 때는 옳았을지 모른다. 그렇다면 그 시작은 어디인가? 고전적 가치를 지닌 『심리학 원리』의 저자 윌리엄 제임스의 경우, 그 시작은 부정할 수 없는 '의식의 흐름', 즉 우리 삶을 구성하고 있는 사상, 인식, 느낌, 감정 등의 단절 없는 변화의 흐름에 대한 우리의 경험이다. 이런 생각들과 느낌들은 흐르고, 그것들이 내 앞을 지나갈 때 '나'는 그것들을 경험한다. 이 '흐름'에 대해 설명이 필요할 것 같다.

그러나 그렇지 않다면 어찌될 것인가? 그런 흐름이 없다면 어찌될 것인가? 우리가 그 가능성을 인식할 수 있을까? 최근의 몇몇 실험결과들은 우리가 그래야만 한다고 말하고 있는 것 같다. 그런 실험들은 소위 '변화맹change blindness'을 드러내준다. 예를 들어 지금 여러분의 집 창문에서 바라다보는 거리처럼 복잡한 광경을 보고 있다고 상상해보자. 여러분은 자신의 의식의 흐름 속에서 나무와 자동차, 사람들, 건물 외부 등의 풍부하고 구체적인 모습(표상)을 상상해볼 수 있을 것이다. 여러분이 여러 번에 걸쳐 눈을 움직이거나 깜빡였지만 그 광경은 그곳에 그대로 있는 것 같다. 여러분은 뭔가 변한 것이 있다면 금방 그 차이를 알아차릴 수 있다고 생각할지 모르겠다. 하지만 여러분이 틀렸을 수도 있다.

변화맹 실험에서는 먼저 사람들에게 길거리 장면과 같은 것을 제시한 다음, 정밀한 눈 추적장치 또는 다른 기술들을 사용하여 피실험자들이 눈을 깜박이는 바로 그 순간, 장면의 일부에 변화를 준다. 예를 들면 나무가 사라질 수도 있고, 도로 위에 연인이 등장할 수도 있고, 소형차가 밴으로 바뀔 수도 있다. 내가 했던 실험들과 또 다른 실험에서 보면 사람들은 대체로 그 변화를 감지해내지 못했다.

이것은 매우 기이하다. 눈이 움직이지 않는 상태에서 변화가 일어나면, 사람들은 즉시 그 변화를 알아차린다. 이는 우리 뇌 속에 움직이는 물체를 인지하고, 그것에 주목하도록 설계된 특별한 감지장치가 있기 때문이다. 그러나 이런 감지장치는 눈 전체가 움직일 때는 작동할 수 없다. 만약 계속 주목하고 있는 사물에 변화가 일어난다면 눈이 그것을 알아차리겠지만, 주목하고 있지 않은 경우에는 아무 일도 일어나지 않은 것 같다.

　이 특이한 결과를 실험실이라는 특정한 조건에서 발생한 것이라고 치부해버릴 수는 없다. 하버드대학교의 대니얼 사이먼스는 보다 복잡한 일상적인 상황에서도 똑같은 결과가 일어남을 증명해보였다. 한 실험자가 캠퍼스에 있는 학생에게 다가가서 방향을 묻는다. 두 사람이 말을 주고받는 동안, 문을 든 다른 두 사람이 대화를 나누는 두 사람 사이로 지나간다. 이 과정에서 문 뒤에 몸을 낮추고 숨어있던 두 번째 실험자가 순간적으로 첫 번째 실험자와 자리를 바꾼다. 이제 불쌍한 그 학생은 완전히 다른 사람과 이야기를 하고 있는 셈이다. 그런데 놀랍게도 대부분의 경우, 학생들은 사람이 바뀐 것을 알아차리지 못한 채 이전처럼 방향을 가르쳐주는 데 여념이 없었다.

　결론은 이런 것 같다. 우리의 머릿속에는 세상에 대한 풍부하고, 안정적이며 구체적인 시각적 이미지가 들어 있는 것이 결코 아니다. 우리는 언제나 우리가 주목하고 있는 작은 영역만을 자세히 보고 있을 뿐이다. 우리가 눈을 움직이면 그 구체적인 것은 모두 날아가 버리고, 그 장면에 대한 개략적인 기억만 남는다. 설령 우리가 뭔가를 잊었다고 해도 다시 보기만 하면 그것이 거기에 있다는 것을 알 수 있기 때문에 우리는 그 기억이 우리의 의식의 흐름 속에 있는 모든 것이라고 생각한다. 다시 말해 외부 세계를 기억으로 사용할 수 있기 때문에 우리 뇌가 그 세부적인 것을 모두 유지할 필요가 없는 것이다. 이런 식으로 우리는 세부적인 것들이 항상 거기에 있다는 환상을 갖는다. 이것만으로도 의식의 흐름에 관한 우리의 인식에 문제가 있음을 알 수 있다.

이것은 거대환상이론Grand Illusion theory으로 불려왔는데, 그렇다면 우리는 왜 그런 환상으로 고통을 받아야만 하는가? 그 대답은 간단하다. 세상에는 뇌가 그 속에 담아두기에는 너무도 많은 정보가 있기 때문이다. 단순한 그림 하나를 화면에 띄우는 데 얼마나 많은 컴퓨터 기억용량이 필요한가를 생각해보라. 환상은 그보다 훨씬 더 심오한 것이다.

이런 일을 경험해본 적이 있을 것이다. 전화벨이나 괘종소리를 알아차렸을 때는 이미 소리가 여러 번 울린 뒤였다. 그 시점에서 여러분은 그 종소리가 처음부터 몇 번 울렸는지—여러분이 의식하면서 듣지 않았던 종소리까지—를 정확하게 알아낼 수 있다. 이런 것은 또 어떤가? 너무도 익숙한 도로를 따라 차를 몰아 목적지에 도착했는데 어디에서 멈췄었는지, 사람들은 어떻게 피했는지, 어떤 결정을 내렸는지 아무 생각도 남아있지 않다. 분명 여러분의 운전은 대단히 지적인 행동을 요구하는 것이었지만 (그렇지 않았다면 여러분은 죽었을지 모른다.) 어떤 점에서 '여러분'은 다른 곳에 가 있었다. 어쩌면 라디오를 듣고 있었거나 일행과 말을 하고 있었을 것이다.

이 여행의 어느 시점에선가, 여러분은 갑자기 깨어나서는 지난 몇 분간을 완벽하게 기억해낼 수도 있을 것이다. 이상한 경우란 이런 일이 일어나지 않고, 여러분이 그 공백이 얼마나 오랫동안이었는지를 깨닫게 되는 때이다. 내가 보기에, 이것은 우리가 일종의 멍한 상태에서 일상적인 삶을 살고 있음을 암시하는 것 같다. 때때로 뭔가가 우리를 깨운다. 깨어나는 그 순간에 뇌는 기억에서 우리가 방금 전에 경험한 것에 대한 지나간 이야기를 꾸며낸다. 의식의 흐름과 그것을 관찰하는 자아는 한꺼번에 모습을 나타낸다. 그러나 그 둘은 모두 착각illusion이다.

착각은 적절한 단어이다. 착각은 존재하지만 보이는 것과는 같지 않은 어떤 것이다. 따라서 이 세상을 끊임없이 경험하고 있는 것처럼 보이는 '내' 가 아무것도 아닌 것은 아니지만, 그렇다고 해서 의식과 자유의지(그렇게 보이는 것처럼)를 지닌 완벽한 관찰자 또한 아니다.

어떻게 나는 '나' 는 착각이라고 말할 수 있는가? 확실히, 나 수잔 블랙모어는 여러분처럼 자아를 지니고 있는 것일까? 글쎄, 긍정과 부정 모두 가능하다. 의식에 대해 생각하기 시작한 수십 년 후, 재미있는 일들이 자아의 느낌에서 일어났다. 나는 이런 실험결과들과 고투하기도 했고, 자유의지 없이 습관적으로 살아왔을 뿐만 아니라, 아주 많은 시간을 가만히 앉아서 보내왔다. 사물을 관찰하고 있는 자아를 더 열심히 찾을수록 그 존재는 더 불분명해진다. 실제로 자아와 타자가 전혀 분리되지 않는 상태가 일어날 수도 있다. 그것을 묘사하기는 힘들지만, 그것이 일어날 때는 명확해진다.

나는 우리가 이런 착각들을 꿰뚫어보기 위해 가야할 길이 아직 멀지만, 우리가 해야 할 일이라고 생각한다. 우리는 신중한 실험들을 수행하고, 경험 그 자체의 본질을 결정적으로 파악하기 위해 노력할 필요가 있다. 아마도 그렇게 되면 우리는 의식의 흐름과 그것을 경험하는 자아를 보지는 못하겠지만 사물들이 실제로 어떻게 존재하는가는 볼 수 있을 것이다. 오직 그때에만 어려운 문제가 사라지고 끝 모를 심연도 닫혀질 것이다.

세기 초반에 이르면, 많은 과학자들이 더 이상 신을 믿지 않게 되었다. 1916년, 미국 과학자들

대상으로 한 설문조사에서 60퍼센트가 신을 믿지 않거나 의심한다고 대답했다 – 저자가 예측

련 수치는 교육의 확대와 함께 증가할 수 있었을 것이다. 이런 점에도 불구하고, 그리고 과학이

에서 눈에 띠는 진전이 있었음에도 불구하고(특히, 창조주 신의 필요성을 제거했다고 알려진 유전학

양자역학에서), 1996년 설문조사에서도 여전히 40퍼센트의 미국 과학자들은 신을 믿고 있었다.

닮이 생명 그 자체를 다룰 수 있는 능력을 보유한 이상, 신을 위한 여지가 어떻게   을 수

는가? 우주가 생명을 돌보기에 매우 적합한 환경을 펼쳐 보이고 있다는 사   시라

신 지지자 이를 만들 수 있도록 해준다.'

사고란 무엇인가?

르네 데카르트는 "나는 생각한다, 고로 존재한다."라고 선언함으로써 사고를 과학이 미칠 수 없는 받침대 위에 올려놓았다. 그가 우주를 양분한 이후 모든 물질적인 것들은 길이를 재고, 무게를 측정하고, 수를 세는 일이 가능해진 반면, 사고는 양$_{\pm}$으로 나타낼 수 있는 시간과 공간의 영역 너머로 넘어가버렸다. 그리하여 해부학의 발전과 의사 윌리엄 하비가 이룬 피의 순환 발견을 포함하며 과학의 황금기로 불린 17세기[24]에는 인간 생물학human biology과 사고과정을 연결하기 위한 어떤 시도도 이루어지지 않았다. 그런 금기는 그후 300년 가까이 계속되었다.

정신/뇌의 상관관계에 대한 연구는 철학적 편견뿐 아니라 기술적인 문제로도 방해를 받았다. 생각하는 뇌를 어떻게 실험할 수 있을까? 획기적인 돌파구는 1860년대와 1870년대에 찾아왔다. 그 당시 검시보고서는 언어장애를 좌뇌의 일정 부위에 발생한 손상과 연결 짓고 있었다. 그때부터 줄곧, 사고에 의해서든 질병에 의해서든 선택적 뇌손상을 지닌 환자들에 대한 연구는 뇌과학자들이 중요한 증거를 확보하는 원천이 되었다.

생리학자들이 죽은 사람의 두뇌를 실험하는 동안, '실험심리학의 아버지' 빌헤름 분트는 내면관찰법을 사용해서 살아 있는 사람들의 심리 속을 파고들어 갔다. 예를 들면 그는 눈이나 귀에 도달한 감각이 의식적 사고로 등록되는 데 걸리는 시간을 측정하기 위해 피실험자들에게 불빛을 보거나 버저 소리를 듣고 보고하도록 한 다음 그 속도를 척도로 삼았다. 또 다른 일련의 실험에서는 실험대상자들에게 자기가 생각하는 내용을

[24] 17세기를 과학의 황금기라고 표현한 것은 그때가 '과학혁명기'이기 때문이다. 우리가 잘 알고 있는 갈릴레오 갈릴레이, 르네 데카르트, 아이작 뉴턴 등이 모두 이 시기의 주인공들이다.

자세히 말하도록 요구하였다. 분트가 가정하고 있었던 것은 인간에게는 기초적인 심리감각 세트가 있고, 그것이 다양한 방식으로 결합하여 사고와 감정의 전영역을 창조한다는 것이다. 연구의 목적은 화학의 원소주기 율표와 같은 것을 만드는 것이었다. 즉, 통합된 의식적 경험으로 나타나는 복잡한 심리상태의 저변에 있는 심리적 '원소들'을 일관되게 배열하는 것이었다.

이 프로젝트는 처음에는 과학적 엄격성을 띤 것처럼 보였기 때문에 유명세를 탔지만 실험대상자들 사이의 보고 불일치와 분트 추종자들의 공공연한 불화 등으로 그 명성이 땅에 떨어지고 말았다. 이에 대한 격렬한 반동으로 심리학의 추는 정반대편에 있는 행동주의를 포용하게 되었다.

행동주의란 외적으로 관찰 가능한 행위만이 사람의 마음속에서 일어나고 있는 일을 과학적으로 측정할 수 있는 유일한 것이라는 학설이다. 그것은 제1차 세계대전이 끝난 후부터 50여 년 동안 심리학을 지배하는 학설로 남아 있었다.

다행스럽게도 심리학이 사고에 관한 연구를 거부하는 동안 생리학에서 괄목할 만한 연구가 시작되었다. 놀라운 일처럼 들리지만, 뇌에는 통증감각 신경들이 없기 때문에 부분마취를 한 다음 두개골을 열어서 환자가 깨어 있는 동안 대뇌피질(에르퀼 푸와로의 '작은 회색 세포들')을 조작하는 것이 가능하다. 1930년대 초반부터 캐나다의 뇌외과 의사 와일더 펜필드는 이 사실을 탐구하기 위해 수술을 하는 동안 자신의 환자들(그의 누이도 그 속에 포함되어 있었다.)과 대화를 나눴다. 특히 흥미로운 것은 그의 독특한 간질 치료법이었다. 펜필드는 가능성이 높은 곳을 가벼운 전기충격으로 자극함으로써 발작의 원인이라고 의심되는 대뇌피질의 위치를 특정하고자 했다. 탐침이 대뇌피질의 각 부분을 자극할 때마다 환자는 통제되지 않은 사고들을 떠올리게 되는데, 환자가 보고하는 생각과 예전에 그 환자가 발작을 일으킬 때 떠올랐던 생각을 일치시키는 방식으로 그 위치를 찾을 수 있었던 것이다. 이 작업의 부산물로서, 그는 대뇌피질의 일정 영역이 특정한 종류의 사고 및 정서와 연결되어 있다는 수많은 증거들을 수집하기 시작했다.

오늘날에는 첨단 두뇌스캐너를 사용하여 뇌를 덜 손상시키는 방법으로 자발적 피실험자가 다양한 정신적 임무를 수행하는 동안 뇌가 무엇을 하는지를 관찰할 수 있다. 이런 기계들은 컴퓨터 영상으로 뇌의 서로 다른 부분들에 '불이 켜지는' 것을 보여주는데, 그것은 마치 우리가 이제는 '사람들이 생각하는 것을 볼' 수 있게 된 것처럼 느끼도록 한다. 그러나 그것은 착각이다. 스캐너가 우리에게 제공하는 것은 간접적인 증거에 불과하다. 스캐너가 실제로 반영하는 것은 뇌의 각 지점을 흐르는 혈액의 상대적인 속도이고, 대뇌피질의 활성도는 그로부터 추론되는 것에 불과하기 때문이다. 그럼에도 불구하고 동물에 대한 좀더 직접적인 연구와 실험생리학에 적용되는 이런 최첨단기술들은 소위 인지과학으로 불리는 사고에 관한 과학적 연구에 기여하고 있다.

대부분의 인지과학자들이 사용하는 기본적 사고모형에 따르면 뇌는 일종의 정보처리장치information processor이다. 비디오카메라가 광파와 공기압력의 패턴들을 포착하고, 시청각 테이프 레코딩을 위해 전기장치로 이 정보를 결합시키고 변환시키는 것처럼, (비슷하지만 훨씬 복잡한 방식으로) 감각이 외부 세계에서 정보를 포착하면 뇌가 이 정보들을 우리가 사고라고 부르는 정신 상태로 결합, 변환한다고 가정되고 있다. 좀더 정확히 말하면 컴퓨터가 일정한 입력들에 일정한 방식으로 작용할 수 있도록 프로그램 처리되어 있는 것처럼, 뇌의 신경세포인 뉴런은 감각기관에서 온 입력신호에 반응함으로써(또는 자극함으로써) 정보를 계속해서 전달한다.

1940년대 초반, 뉴런들이 컴퓨터 회로와 같이 움직인다는 최초의 제안이 있은 후 뇌의 시스템이 얼마나 복잡해야 하는지가 인식되었다. 엄청난 수의 세포들로 이루어진 방대한 네트워크가 있고, 따라서 자극을 받은 하나의 뉴런은 다른 수천 개의 뉴런에 영향을 미친다. 순환 고리feedback loop의 존재가 의미하는 바는 뉴런 A가 뉴런 B를 자극할 때, 이 신호가 한 번에 그치지 않고 여러 번 반복됨으로써 최초의 자극 신호를 폭발적으로 강화(증폭)하는 효과를 불러올 수 있다는 것이다. 증폭작용이 뒷받침되지 않는 다른 신호들은 이 과정에서 사라져갈 것이다. 다른 입력에 다르게 반응하는 세포 점화의 패턴들은 인지과학의 중요한 연구주제로 떠오르고 있다. 뉴런 다발들은 '접속이 고정된 hard-wired' 상태로 항상 일정하게 작용하는 것일까? 아니면 '가변성'이 있어서 같은 입력에 대해서도 사고나 행동의 차이를 만들어낼 수 있는 것일까? 혹시 학습은 일정한 네트워크를 형성하고 유지하는 것으로 이루어져 있는 것은 아닐까? 이러한 질문에 대한 대답 속에 사고, 기억, 인지를 포함한 정신세계 전체의 비밀이 담겨 있다.

인지과학은 자기 이름에 대해 말하는 것을 자제하는 연구영역으로 남아 있음으로써 지난 십 년 동안에 커다란 시류가 될 수 있었다. 한편 이 영역은 DNA 연구로 유명한 노벨상 수상자 프랜시스 크릭처럼 연구영역이 다른 유명 인사들의 관심을 끌었다. 또 한편, 이 영역은 수잔 그린필드와 같은 무명의 신경과학자들을 베스트셀러 작가이자 매체의 유명인사로 등장시키기도 했다. 결국 그린필드의 경우에는 영국 상원의원까지 되었다.

새로 발견된 대중성과 겉으로 드러난 자신감에도 불구하고, 인지과학은 아직도 질문들은 길게 늘어서 있는 반면 합의된 대답들은 매우 짧은 영역이다. 기억을 예로 들어보자. 1960년대에는 '다중 저장소multi-store' 기억모델이 개발되고 대중화되었다. 모든 정보들은 감각저장소에 잠시 들른 다음, 곧바로 단기저장소로 들어갔다가 적절한 곳에서 장기저장소로 들어간다. 그러나 이 모델은 10년이 채 되기도 전에 지나치게 단순화된 것으로 비쳐졌다. 그리하여 단기저장소는 작업기억working memory으로 대체되었고, 장기기억은 명확히 구분되는 두 종류의 기억 즉, 일화적 기억과 의미 기억[25]으로 나뉘었다. 그럼에도 이 산뜻한 구별에서 벗어난 예외적 존재들이 있음이 밝혀졌고, 이로 인해 새로운 문제들이 추가로 발생되었다. 또 다른 영역은 어떻게 자신의 이름은 잊어버리지만 '나는 내 이름을 잊었다.'는 문장을 구축하는 방법은 기억할 수 있는가와 같은 문제들과 관련이 있다. '암시적' 기억과 '명시적' 기억을 구별하는 제안은 그럴듯해 보이고 폭넓게 받아들여져 왔지만, 실제로는 아무것도 설명하지 못한다.[26]

　한편 수학자 로저 펜로즈와 심리철학자 존 설 등 여러 분야의 학자들은 정신/뇌를 컴퓨터의 정보처리과정으로 보는 구도 자체를 계속해서 문제삼고 있다.

　설은 심리상태는 독자성을 지니고 뇌상태로 '환원될' 수 없다는 주장과 물리주의('뇌는 마음의 원인이다'가 그의 슬로건이다.)를 결합시킴으로써 독특한 위치를 차지하고 있다. 이로 인해 그는 심리상태를 물리적 뇌상태와 동일시하는 사람들은 물론 심리상태는 물리적 시스템의 구성요소들

．．．．．．．．．．．．．．．．．．．．．．．．．．．．．BIG QUESTIONS IN SCIENCE

[25] 일화적 기억은 개인의 경험에 대한 기억이고, 의미 기억은 사실, 개념, 기술 등에 관한 기억이다.

[26] 암시적 기억은 의도적으로 기억하지 않는데도 과거 경험의 효과가 행동에 영향을 미치는 기억이고, 명시적 기억은 과거의 경험에 대한 의식적인 기억이다. 따라서 이 두 기억은 기억주체의 의식적 인식 여부에 따른 구분이라 할 수 있다.

사이의 패턴 또는 관계 속에 배태되어 있다고 보는 철학자 제리 포더와 같은 기능주의자들과 대척점에 놓이게 되었다. 기능주의자들의 입장에서 보면 시스템을 구성하는 물질과 그것이 뒷받침하고 있는 심리상태는 아무 관련이 없다. 인간의 두뇌세포, 컴퓨터 칩, 또는 오래된 깡통 등이 모두 구성요소가 될 수 있으며 그것들이 제자리에 제대로 연결되어 있기만 하다면 정보는 그것을 제대로 통과할 수 있다. 설과 펜로즈는 서로 다른 입장에서 서로 다른 논증을 사용하여, 이런 식의 단순한 조직화(전문용어로 '구문론')로는 의식적인 사고과정의 본질인 의미나 이해를 전달할 수 없다고 주장한다.

이것은 우주가 어떻게 의식적 사고를 발생시켰는가와 같은 정말로 큰 문제—데이비드 찰머스의 '어려운 문제'—를 야기한다. 만약 의식이 시간 속에서 진화했다면 그 수용능력은 태초부터 우주에 존재했어야만 한다. 이것은 찰머스를 포함한 일부 학자들에게 일종의 범신론—물리적 사물 그 자체(아원자 입자들의 수준에서도 완전히 들어맞는)가 의식의 잠재성을 지니고 있다는 믿음—을 받아들이도록 했다. 이런 결론을 피하기 위해 부부 신경철학자인 폴과 패트리샤 처칠랜드를 비롯한 몇몇 학자들은 정반대편 방향으로 비약해서 심리상태의 실체 그 자체를 부정해버렸다. 아직까지는 거의 없는 경향이지만, 최후의 가능성은 데카르트로 돌아가서 의식적 사고를 물리적 세계와는 완전히 구분된 영역에 위치시키는 것일 수 있다.

앤서니 프리먼
〈의식연구 저널〉 편집간사

사고란 무엇인가?

수잔 그린필드

옥스퍼드대학교 약리학 교수, 왕립연구소 소장

? 이 질문은 처음에는 난공불락처럼 보인다. 그러나 그것은 단지 친숙한 과정—동사—을 애매한 것—명사—으로 바꿔놓는 특별한 표현 때문이 아닌가 싶다. 우리 신경학자들이 뇌 속을 뒤져서 대체로 심리과정과 동일한, 거대하고 독자적인 단일구조들을 찾을 수 없다는 조건 하에서, 나는 '사고a thought'라는 말보다는 '사고하는 과정the process of think-ing'이라는 표현을 더 좋아한다.

한 가지 확실한 것은 이처럼 정교하고 놀라운 심리과정이 '나는 별생각 없이 그것을 했다.'는 말에서 볼 수 있는 것처럼 정교하지 않은 의식에서 분리될 수 있다는 것이다. 예를 들면 사람들은 번지점프를 하는 동안 생각을 할까? 그보다는 훨씬 덜 과격한 활동인 춤추기에 몰두해 있었을 때를 돌이켜보건대 나는 내 감각에 취해서 문자 그대로 감각적인 시간을 보냈으며, 그동안 나는 음악과 박자의 수동적 수용자에 불과했던 것 같다. 더욱이 여러분은 엄마의 품에 안겨 젖을 빨고 있는 아기, 입을 뻐끔

대면서 여러분을 무심하게 쳐다보고 있는 어항 속의 금붕어를 본 적이 있 ·
을 텐데, 아기와 금붕어 모두, 일종의 의식 상태를 경험하고 있다는 가정
이 가능함에도 불구하고 그들이 생각을 하고 있다고 보기는 힘들다는 결
론을 내릴 수밖에 없을 것이다.

그렇다고 해서 너무 조급하게 인간이 아닌 동물들에게서 모든 형태의
생각하기 및 계획 짜기의 권리를 빼앗아서는 안 된다. 심리학자들은 실험
실 쥐들의 재간과 인지능력에 기초하여 쥐들의 삶을 재구성했고, 후속연
구들은 동물들이 목표를 달성하기 위해 전략을 고안할 수 있음을 보여주
었다. 원숭이와 침팬지는 몇 시간 뒤의 일을 계획할 수 있다(며칠 뒤의 일
도 가능하다고 주장하는 연구자들도 있다.). 이것은 단지 우리의 영장류 사촌
들이 우리처럼 장기적인 계획을 세울 수 없을 뿐임을 말해준다. 그들은
생각을 끝까지 밀어붙일 수 없고, 자신의 종말에 대해 심사숙고할 수 없
을 뿐이다. 따라서 우리는 생각하기가 인간에게만 있는 배타적인 어떤 것
이라고 말할 수 없을 뿐더러 그로부터 앞으로 나아갈 수도 없다.

그럼에도 여전히 인간과 동물에서 서로 다른 정도로 발생하고 있고,
진짜 생각하기를 탐구하는 영역에서 분명하게 해야 할(보편 의식을 넘어서
는) 몇 가지 특수한 형태의 심리적 기능들이 있다. 예를 들면 기쁜 경험과
불쾌한 경험을 특정한 사물이나 사람 또는 활동과 단순히 연결시키는 것
은 별다른 노력 없이도 저절로 일어나는 수동적 과정이다. 이와는 또 다
른 맥락에서, 체스게임을 하는 컴퓨터의 단조롭고, 단계적이고, 무정한
추론—컴퓨터들에게는 정말로 일반적인—은 우리들 대부분이 사고를
묘사할 때 포착하고자 하는 것과는 거의 일치하지 않는다. 원자물리학자
닐스 보어는 한 학생에게 이렇게 충고한 적이 있다. "너는 생각하는 것이
아니라, 단지 논리적인 것이다." 우리 모두는 사고는 알고리즘의 최종 산

물 이상이며 보다 독창적인 것이라고 생각하는 경향이 있다. 그렇다면 이 경이로운 과정이 어떻게 뇌에서 발생할 수 있을까?

거의 대부분 창조적이고 능동적인 '생각하기', 즉 인지에 대해 생각할 때, 대뇌피질에 주목할 것이다. 이것은 나무를 감싸고 있는 나무껍질처럼 뇌의 외부표면을 둘러싸고 있는 영역으로서 이름도 나무껍질을 뜻하는 라틴어에서 유래되었다. 대뇌피질은 반무의식적인 감각과정과 자동항법 형태의 운동조정과정을 넘어선 여러 '고등' 기능들의 저장소이다. 뇌의 얇은 껍데기에 불과한 대뇌피질에 대부분의 정교한 기능들이 몰려 있는 이유는 간단하다. 이 외부표면영역은 진화과정에서 불균형적으로 확장되었다. 영장류의 뇌는 두개골이라는 한정된 공간 속에서 커져만 가는 표면적을 수용하기 위해 대뇌피질이 심하게 주름져 있는 반면, 쥐나 토끼의 대뇌피질은 표면이 완전히 미끈하다. 임신 기간 중 마지막 3개월이 되면, 인간의 대뇌피질은 완전히 미끈한 구조에서 호두 알갱이처럼 쭈글쭈글한 구조로 바뀌는데, 이는 그 시기에 일어나는 엄청난 세포증식 때문이다. 이 시기의 세포증식은 무려 분당 25만 개에 이를 정도다.

대뇌피질이 종의 정교화와 함께 확장되었다는 사실—실제로 대뇌피질에 가해진 손상은 심각한 정신장애를 초래할 수 있다—에도 불구하고 우리는 여전히 대뇌피질을 사고를 '위한' 중심으로 간주하는 함정을 피해야 할 필요가 있다.

접시 위에 놓여 있는 대뇌피질이 지적인 인상을 주지는 않을 것이다. 핵심적 쟁점은 바로 뇌조직 전체의 작동과 관련된 대뇌피질의 역할이다.

현재로서는 우리 과학자들은 다른 곳보다 '생각하기'에 보다 더 관련이 깊어 보이는 대뇌피질의 일정한 부위들을 특정할 수 있고, 대뇌피질의 어떤 부분과 하위부분들이 대단히 활동적이라는 특정한 인지 시나리오에 초점을 맞출 수 있다. 그러나 내 동료들 중 어느 누구라도 적극적이고, 창조적인 사고과정과 관련하여 뉴런들의 요지경 속에서 실제로 무슨 일이 일어나고 있는가를 묘사한다면 나는 즉시 문제를 제기할 것이다. 대뇌피질은 뇌의 일부로서 필요조건일 뿐 충분조건은 아니다. 다시 말해 대뇌피질의 미시구조와 내생적 작동방식은 기본적 질문을 추구해나가는 데 있어서 거의 아무런 통찰력도 불러일으키지 않는다.

종이 창조적일수록 뇌가 경험으로부터 더 많이 배울 수 있게 하기 때문에 분별없는 유전자의 지시 아래에 놓이기보다는 경험에 대해 '생각해' 볼 수 있는 가능성이 커질 것이다. 셀레라 지노믹스사社의 사장 크레이그 벤터조차 우리 몸에 있는 3만개의 유전자들로는 결코 우리 몸과 두뇌의 모든 특성을 다 설명할 수 없다는 점을 인정했다. 이 괴리는 두뇌에서 특히 현저한데, 대뇌피질에 있는 연결들을 1초에 하나씩 센다면 전부 다 계산하는 데 무려 3,200만 년이 걸릴 것이다. 더욱이 대뇌피질의 연결들은 경험을 반영할 수 있기 때문에 여러분이 삶 속에서 개별적 경험을 많이 하면 할수록, 여러분은 더욱 개별적 존재로 발전하게 될 것이다.

이러한 뇌의 '가소성plasticity'은 런던의 모든 거리를 기억하고 주행할 수 있는 '지식'을 보유해야 하는 런던의 택시기사들을 대상으로 한 흥미진진한 연구에서 극명하게 밝혀졌다. 이 실험에서 스캐너로 택시기사들의 두뇌를 조사하자 기억과 관련된 특정 영역의 얼개가 비슷한 연령대의 보통 사람들의 뇌와 다르다는 것이 밝혀졌다. 또 다른 연구에 의하면 피아노를 치면 수數와 관련된 뇌의 영역이 변화될 수 있음이 밝혀졌는데, 더욱 놀라운 것은 단순히 머리로만 연습을 해도 비슷한 효과를 불러올 수 있다는 것이다.

뇌는 어떤 기능과 활동을 변화시킬 수 있을 뿐만 아니라 뇌졸중(스트로크) 후에 손상을 회복하고, 보다 단조로운 일상적 토대 위에서 경험에 비추어 행위와 태도를 변화시킬 수 있는 놀라운 능력을 지니고 있다. 따라서 우리는 해부학적이고, 엄격하게 구획된 거시수준의 뇌 영역이나, 특정한 단백질을 제조하기 위해 단순히 스위치를 켰다 껐다 하는 미시수준의 유전자를 볼 것이 아니라 역동적인 중간수준을 봐야 한다. 즉, 결합되어 있기도 하고 해체되어 있기도 한 뇌세포 네트워크들 사이의 연결을 봐야 한다. 아마도 사고를 위한 가장 적절한 인프라구조를 찾을 수 있는 곳은 바로 여기, 쉼 없이 활발하게 반응하는 뇌세포의 회로 내부에 있을 것이다.

내 견해는 서서히 발생하여 인간 뇌의 생애가 끝날 때까지 역동적으로 남아 있는 뉴런의 네트워크들이 우리들 각자가 세상에 대해 포착하는 자신만의 것을 뒷받침한다는 것이다. 그것들은 우리가 마주치는 모든 과정, 사람, 사물 등을 특별한 개인적 '의미'로 물들인다. 우리의 '심리' 개념과 가장 잘 들어맞는 것은 바로 뇌의 개인화라는 것이 내 생각이다. 우리는 일상 언어에서 '뇌'와 대립되는 것으로 '심리mind'라는 용어를 선택적으로 사용한다. 이는 생生의학의 비참함과 대비되는 무형의 공상적인 인문학적 방종이기 때문이 아니라 '통이 큰broad-minded', '생각을 바꿔라 change your mind', '신경 쓰지 않는다don't mind' 등과 같은 구절들 모두가 우리 자신의 개인적 관점을 강조하는 것이기 때문이다.

이번에는 '정신을 잃다losing my mind', '냉정함을 잃다blowing your mind', '자제력을 잃다letting yourself go' 등을 고려해보도록 하자. 이런 시나리오에서 '생각하기'란 우리가 우리 감각을 수동적으로 받아들이는 존재로 환원되는 것처럼 사소할 뿐 아니라 어린아이나 심지어 금붕어의 '왁자지껄한 혼란'을 재현케 한다는 것이다. '순수한' 감정과 제로 사고의 본성적이고 거친 느낌의 이런 상태들은 의식의 기초성분들이고, 따라서 사고과정 없이도 발생할 수 있다.

하지만 우리는 대부분의 시간을 오르가슴에 빠져있지 않고, 길 위의 격노를 경험하지 않으며, 번지점프를 갈망하지 않고, 순도 높은 프랑스 와인의 관능적인 맛을 탐닉하지 않으며, 고동치는 음악의 비트에 몸을 맡기지도 않는다. 그 대신에 우리는 세상을 평가하고, 그에 따라 세상과 상호작용하고 있다. 이런 경우들에 있어서 우리의 은밀하고 특이한 연결들이 작동하면서, 우리가 만나는 것에게마다 우리의 태도를 색칠하고, '잠재의식'의 토대를 형성하게 될 것이다.

그러나 우리는 여전히 창조적이고 독창적인 사고의 과정을 동경하고 있다. '나에게 생각이 있다 I have just had a thought'는 '알고 있다having a idea'와 동의어이다. 이 경우, 내 제안이자 질문에 대한 대답이란 이전에는 독자적이었던 연결의 중심들이 뉴런의 네트워크들이 그랬던 것처럼 서로를 끌어당긴다는 것이다. 이 결합으로 새롭고 어쩌면 특이한 병렬적 연합이 만들어진다. 한 가지 극단적인 사례로는 물리학의 원리들을 화학결합이라는 그의 대표적 개념과 함께 화학에 도입했던 미국 이론화학자이자 생물학자인 라이너스 폴링, 또는 다윈 진화론과 면역체계 사이의 유사성을 봤던 호주 면역학자 맥파레인 버넷의 사고를 들 수 있을 것이다. 인간 정신의 참된 신격화와 가장 정밀한 수준의 사고란 하나의 시나리오와 다른 시나리오 사이의, 한 분과와 다른 분과 사이의 놀라운 도약이다.

세기 초반에 이르면, 많은 과학자들이 더 이상 신을 믿지 않게 되었다. 1916년, 미국 과학자들 대상으로 한 설문조사에서 60퍼센트가 신을 믿지 않거나 의심한다고 대답했다 – 저자가 예측 던 수치는 교육의 확대와 함께 증가할 수 있었을 것이다. 이런 점에도 불구하고, 그리고 과학이 에서 눈에 띠는 진전이 있었음에도 불구하고(특히, 창조주 신의 필요성을 제거했다고 알려진 유전학 양자역학에서), 1996년 설문조사에서도 여전히 40퍼센트의 미국 과학자들이 신을 믿고 있었다. 람이 생명 그 자체를 다룰 수 있는 능력을 보유한 ○○, 신을 위한 여지가 어떻○○○ 을 수 는가? 우주가 생명을 돌보기에 매우 적합한 환경을 펼쳐 보이고 있다는 사○○○○시라 , 신 지지자 이를 만들 수 있도록 해준다.'

꿈이란 무엇인가?

? 꿈은 우리를 매혹시킨다. 그것이 악몽을 재현하든 길조의 초현실적 이미지를 재현하든, 우리는 꿈이 뜻하는 바를 간절히 알고싶어 한다. 만약 꿈을 해석할 수만 있다면 우리는 깊숙이 감춰진 우리의 인격을 들여다볼 수 있고, 사실은 우리가 얼마나 흥미로운 사람들인가를 세상에 보여줄 수 있다고 믿는다.

꿈은 또한 문학, 철학, 종교 등에서 엄청난 역할을 함으로써 다른 시대와 문화도 매혹시켰다. 꿈에 대한 최초의 기록은 기원전 3100년 경 메소포타미아의 수메르인들에게로 거슬러 올라간다. 아리스토텔레스는 꿈이 외부적 자극이 없는 상태에서 내부감각의 자각을 고양시킬 수 있다고 생각했다. 2세기, 첫 번째『꿈의 해석』의 저자 아르테미도루스는 꿈을 전조적 꿈과 현실적 꿈, 달리 말해 현재의 관심사를 다룬 꿈과 꿈꾸는 사람의 마음과 몸의 상태에 의해 영향을 받은 꿈으로 분류했다. 수메르인들과 고대 그리스인들에서부터 현대의 심리치료에 이르기까지, 사람들은 꿈을 신적 메시지, 창조적 영감, 예언, 숨겨진 욕망의 열쇠 등 의사소통의 고양된 형태로 봐왔다. 그렇지만 꿈을 난센스라고 무시했던 사람들도 많았다.

프랜시스 베이컨은 1625년 자신의『에세이』에서 이렇게 썼다. "꿈과 점성술의 예언은…… 겨울철 난로 옆에서 하는 잡담에나 사용돼야 한다."

꿈이 신비롭고 문학적인 영역에서 과학의 세계로 옮겨온 것은 비교적 최근의 일에 불과하다. 인터넷의 수많은 꿈 교환 사이트들은 신비적인 것이 아직도 지배력을 행사하고 있음을 잘 보여주고 있다. 지그문트 프로이트는 1900년 즈음에 꿈의 과학에 도전하고 있었다. 그는 자신의 책『꿈의 해석』에서, 꿈을 '무의식에 이르는 왕도'로 그렸는데 이때 무의식이란 깨어 있는 사고에 의해 차단되었거나 억눌렸던 욕망(주로 성적인)에 다름 아니다. 프로이트는 환자에게 자신이 꾼 꿈에 대해 말하게 함으로써 의식적 사고와 무의식적 사고 사이의 긴장관계를 밝혔으며, 억압의 결과를 정신병과 연결시켰다. 그의 책은 정신이 어떻게 작동하는가에 대해 체계적이고 과학적으로 접근한 최초의 연구였다.

처음에 프로이트는 무의식에 다다르기 위한 수단으로 최면술을 사용했다. 최면술은 환자를 꿈꾸는 것과 같은 상태로 유도한다. 그런 다음 후일 '자유연상법'으로 알려진 방법으로 나아갔는데, 이 방법은 환자에게 자신의 머릿속에 제일 먼저 떠오르는 것을 말하도록 하고, 거기에서부터 느슨하게 생각들을 연결하는 것이다. 환자들의 의식적 의지에서 비롯된 저항에 직면하기는 했지만, 이것은 그들의 무의식적인 정신을 들여다볼 수 있는 통찰력을 제공해주었다. 이로부터, 프로이트는 본능적 사고에 적용되는 이드id, 체계화된 현실적 사고에 적용되는 자아ego, 도덕으로 무장한 비판적 기능으로 뒤덮여 있는 초자아superego로 나누어진 삼차원 심리이론을 개발했다.

오늘날에는 그 이론의 일부가 낡았거나 주관적인 것처럼 비치기도 하지만, 프로이트의 연구는 정체성, 창의력, 정신건강 등의 관념에 엄청난 영향력을 미쳤다. 예를 들어 그의 연구는 초현실주의 문학운동에서 중요한 역할을 했는데, 그 추종자들은 무의식에 대한 그의 사상을 글쓰기에 대한 실험에 이용했다. 많은 작가들이 자동기술법으로 알려진 글쓰기를 실행에 옮겼는데, 이것은 무의식에서 직접 기원한, 봉쇄당하지 않은 욕구를 드러낸다고 여겨졌다.

하지만 프로이트가 20세기로 넘어오는 시기에 꿈에 관심을 보였던 유일한 과학자는 아니었다. 독일의 정신과의사이자 소설가인 프레데리크 판 에덴도 오늘날까지 영향을 미치는 꿈 이론(비록 그의 결론중 많은 것들이 모순된 것이기는 했지만)을 개발했다. 그는 꿈꾸고 있음을 알고 있는 꿈이라는 의미인 '자각몽lucid dreaming'이라는 용어의 창시자이기도 하다. 판 에덴은 1896년부터 꿈 연구를 시작했으며 흥미로운 점들을 일기에 기록해두었다. 1898년, 그는 특정한 형태의 꿈, 나중에 자각몽이라 이름 붙여진 꿈을 기록하기 시작했다. 1913년 출간된 『꿈 연구』에서 그는 꿈을 시작몽initial dream과 병리몽pathological dream에서 자각몽과 상징몽symbolical dream에 이르기까지 아홉 개의 서로 다른 형태로 구분했다. 그는 꿈이 완전히 임의적이지는 않으며, 그 이면에는 일정한 과학적 질서가 있음에 틀림없다고 믿었다. 그는 "거부하는 것은 받아들이는 것만큼 위험하고 잘못된 것일 수 있다."고 말했다.

꿈 이론의 관점에서 프로이트의 가장 위대한 라이벌은 동시대인이었던 칼 융이었다. 처음에는 프로이트의 열렬한 추종자였던 융은 유럽을 집어삼키고 문명의 파괴를 불러온 '파괴적 홍수'에 대한 1913년의 환영을 비롯하여 수시로 찾아온 환영과 몇 차례의 자각몽을 꾼 것으로 알려져 있다. 융 역시 판 에덴처럼 자신의 꿈과 환영을 꼼꼼하게 기록하고, 그 속에 나타났던 다양한 원형적 형상을 기술했다. 융의 이론에 따르면, 정신은 세 부분으로 이루어져 있다. 자아 또는 의식적 정신, 개인적 무의식, 집단적 무의식이 그것인데, 개인적 무의식은 여러 가지 이유로 억압되어온 것은 물론 쉽게 떠오르는 기억들을 포함한다. 반면 집단적 무의식은 모든 인간 행위, 특히 정서적 행위에 영향을 미치고, 몇 가지 핵심적 상징과 신화에 대한 인식을 포함하고 있는 일종의 인간 경험의 저장소이다. 프로이트와 마찬가지로 융에게 있어서도 꿈은 정신의 숨겨진 영역을 드러내고, 정서적인 문제를 비롯한 여타 문제들을 해결하는 도구였다.

형태치료법gestalt therapy의 창시자 프리츠 펄스와 같은 후발 연구자들은 현상학적이고 주관적인 선상에서 꿈에 대한 융과 프로이트의 연구를 발전시켰다. 펄스도 융과 마찬가지로 감정에 관심이 있었지만, 꿈을 억압된 기억에 연결하는 대신, 환자의 현재적 상황에 초점을 맞추었다. 그의 목적은 불편한 사고, 감각, 감정 등으로 분열되어 있다고 판단되는 사람들에게 총체성을 회복시켜주는 것이었다. 그는 환자들의 꿈을 직접 행동으로 나타내도록 한 다음, 그렇게 하는 동안 그들의 감정에 대해 논평했다.

꿈꾼 사람과 그들이 표현해내는 꿈 대상 사이에서 계속 대화를 나누는 것은 환자의 자기 발견을 방해하는 장벽을 허물어뜨리기 위한 것이었다.

또 다른 20세기의 중요 인물로는 심리학자 캘빈 홀을 들 수 있다. 그는 1940년대부터 1985년 숨을 거둘 때까지 5만 건에 달하는 꿈을 수집했다.

그는 꿈 내용의 패턴들을 조사하여 정량적인 코딩시스템을 개발했으며, 그런 시스템을 이용하여 꿈들을 배경, 등장인물, 감정, 대상 등에 따라 분류했다. 이는 심리학에 대한 인지적 접근이라는 이후의 경향성을 보여주는 것이었다. 그의 이론에 따르면, 꿈은 자아, 가족, 친구들, 사회적 환경의 '개념화'를 표현하고, 어떤 요소의 등장빈도수는 꿈꾸는 이의 현실적 관심을 반영한다. 전세계 사람들을 대상으로 한 그의 연구는 꿈들 사이에 상당한 정도로 유사성이 있음을 보여주었고, 환자들의 꿈을 장기간 추적하는 과정에서 꿈 내용이 매우 일관적이라는 점을 밝혀낼 수 있었다. 예를 들어 꿈 내용의 변화는 깨어 있는 삶의 변화를 반영하고 있었다.

꿈 내용과 깨어 있는 생각 사이의 이 연속성이 너무나 뚜렷했기 때문에 홀은 꿈의 내용을 분석하면 꿈꾼 사람의 습성과 생활양식을 예측할 수 있다고 느꼈다.

1960년대에는 심리치료사 유진 젠들린과 융 학파의 심리학자 아놀드 민델 등과 같은 과학자들의 연구와 더불어 꿈 이론에 대한 관심이 재차 떠오르게 되었다. 민델의 드림보디Dreambody 이론은 꿈, 몸, 명상 등을 아우르는 것이었다. 민델은 '모든 신체문제, 모든 신체증상들은 몸을 통해 발현하려는 꿈들' 이고, '정확하게 자연의 방식을 따르는 것' 과 꿈에서 나온 신호들을 증폭하는 것은 고통스럽고 억압적일 수 있는 것들을 포함하여 우리의 삶을 구축하고 있는 패턴들에 대한 자각을 불러온다고 주장한다.

최근에는 연구의 중심이 보다 생리학적인 것으로 기울어져 있다. 수면연구소들이 성장함에 따라 환자들을 통제한 상태에서 꿈을 살펴볼 수 있게 되었고, 어떻게 몸이 깨어 있을 때와 똑같은 화학반응이 꿈 이미지에 의해서 일어나는지 살펴보기 위한 실험이 시도되었다. 또 다른 발전으로는 뇌영상기술을 들 수 있는데, 이 기술을 통해 뇌는 깨어 있을 때와 마찬가지로 자고 있을 때도 활동적이라는 사실이 밝혀졌다.

1950년대에 시카고대학교에서는 꿈과 다양한 수면단계 사이의 관계를 보여주는 급속안구수면REM[27]에 대한 일련의 연구가 진행되었다. 이 연구에서는 잠자는 사람의 눈이 눈꺼풀 아래서 빠르게 움직이고 있을 때 꾼 꿈을 가장 많이 기억해낼 수 있다는 것을 발견했다.

그때부터 성gender과 감정이 꿈에 미치는 영향 등을 포함하여, 꿈의 내용에 대한 많은 연구들이 있어 왔지만 강조점은 꿈꾸는 과정 쪽으로 좀더 옮겨갔다. 컴퓨터가 보다 대중화되자 REM 수면이 컴퓨터의 디스크 검사와 마찬가지로 다음 날을 위해 뇌를 준비시키거나 그날의 사건을 기억 데이터베이스에 저장하기에 앞서 처리하는 기능을 한다는 주장이 제기되었다. 생물학자인 프랜시스 크릭과 그램 미치슨은 1983년, 〈네이처〉지에 "우리는 잊기 위해 꿈을 꾼다."고 말하여 큰 반향을 불러일으킨 바 있다.

.... BIG QUESTIONS IN SCIENCE

27 'rapid eye movement' 의 줄임말.

그들의 관점은 꿈이란 일상에서 과부하가 걸린 불필요하고 유해한 파편들이고, REM 수면은 그것들을 처리하는 일종의 마음 청소부이다.

최근에 컬럼비아장로교의료센터 안과학의 안생리학ocular physiology 교수 데이비드 모리스는 REM 수면의 기능이 그날의 사건을 기억 처리하는 데 도움을 주기보다는 잠자는 동안 각막에 산소를 공급하기 위한 것임을 보여주는 연구결과를 발표했다. 유전적 역할을 주장하는 사람들도 있다. 꿈 연구학회 회원인 컴퓨터 프로그래머 브래들리 바솔로뮤는 REM 수면이 의식을 각성시키는 특수한 기능을 위해 뇌의 뉴런들을 프로그램 처리하는 유전자의 행동을 촉발한다고 믿고 있다.

비非REM 수면에 대한 관심 역시 커지고 있다. 꿈연구학회의 전직 회장 에르네스트 하르트만은 REM 수면을 둘러싼 조사들이 의미하는 바는 이제 꿈을 위한 최고의 조건을 제공해주는 기초상태의 생물학을 이해할 수 있게 되었다는 것이지만, 우리는 여전히 꿈이 무엇인지에 대해서 아는 바가 없음을 강조한다. 그에 따르면 꿈은 감정의 안내를 받아 자동연상방식으로 뇌의 외부 구역에서 기능하고 있는 반면, 의식적 사고는 일반적인 정보의 투입 또는 산출과 관련된 보다 제한된 영역에서 작동한다. 하르트만은 정신적으로 외상을 입은 환자들에 대한 연구에 기초하여, 꿈의 역할은 새로운 경험을 기억과 엮어 사건들 사이의 연관성을 높이는 것이라고 주장한다. 이는 아이들이 연결을 만들어내기에 충분한 기억을 모아두는 걸음마 단계에서 악몽이 시작된다는 것을 보여주는 그의 연구와 잘 들어맞는다.

의식과학에서는 또 다른 발전이 꿈을 중심 위치로 올려놓고 있다. 예를 들면, 스티븐 라베르즈의 자각몽연구소Lucidity Institute에서 진행되고 있는 의식적 꿈꾸기 기법에 대한 연구는 심리연구에 새로운 통찰력을 제공해주고 있다. 이곳에서는 통제된 임상 연구를 통해 사람들이 잠자는 동안에도 의식을 유지할 수 있는 능력을 보유하고 있음을 보여주었다. 이 연구의 목적은 이 능력을 개인의 개발을 위해 사용하는 것이고, 따라서 고전적 꿈 이론의 몇 가지 요소들을 과학적 실험에 기반한 생물학적 접근과 결합하는 것이다.

하지만 우리는 정신의 수수께끼를 이해하기에는 아직도 먼 곳에 머물러 있다. 꿈연구학회의 또 다른 전직회장 패트리샤 가필드는 이렇게 말한다. "비록 우리가 금세기에 꿈의 메커니즘에 대해 많은 것—꿈을 꾸는 패턴과 꿈의 생리학적 구성요소들—을 배웠지만, 우리는 꿈의 의미를 이해하는 데 있어서는 조금도 앞으로 나아가지 못했다." 매혹은 계속된다.

맨디 가너
〈타임스 고등교육지〉 전문기자

꿈이란 무엇인가?

스티븐 라베르즈

자각몽연구소 소장

? 매일 밤 우리는 또 다른 세계, 즉 꿈의 세계로 들어간다. 꿈을 꾸고 있는 동안 우리는 대개 별다른 생각 없이 우리가 깨어 있다고 믿는다. 꿈의 정신적 세계는 그야말로 진짜이기 때문에 우리는 그것을 다른 사람과 공유하는 '외부 세계'로 착각하곤 한다. 어떻게 이런 일이 가능할까? 왜 이런 일이 일어날까? 우리의 낮 생활과 밤 생활에는 어떤 관계가 있을까? 마지막으로, 꿈의 기원과 기능은 무엇인가? 과학이 생물의 보다 복잡한 활동들을 이해하고 있는 이 시대에 이런 문제들에 대해 과학적으로 합의가 이루어진 대답이 거의 없다는 것은 실로 믿기 어려운 일이다.

『옥스퍼드 영어사전』은 꿈을 '잠자는 동안 마음속에서 일어나는 일련의 사고, 이미지, 환상'으로 정의한다. 그러나 이런 정의로는 현실 속에서 살아 움직이고, 경험에 바탕을 둔 꿈의 진면목을 파악할 수 없다. 나는 꿈을 경험, 즉 개인적으로 마주치는 의식적 사건들로 묘사할 때 훨씬 정확해질 수 있다고 생각한다. 꿈을 의식적 경험이라고 말하는 것이 이상해 보일지 모르지만, 의식의 본질적 기준이 보고가능성reportability이고 우리가 가끔 꿈을 기억할 수 있다는 사실을 고려할 때, 꿈은 무의식적인 심리과정이라기보다는 의식적 심리과정이라고 하는 것이 더 타당하다는 것을 알 수 있다. 우리는 깨어 있는 삶 못지않게 꿈속에서 살고 있는 것이다. 이런 관점에서 꿈은 의식의 특수한 조직화이다.

물론 그것은 의식이란 무엇인가에 대한 대답을 요구하고 있다. 내 견해로는 의식이란 일어나고 있는 것의 꿈이다.

깨어 있든 자고 있든, 우리의 의식은 이용 가능한 최고의 정보원에 기초하여 우리의 뇌에 의해 구성된 우리 자신과 세계의 단순화된 모형으로 기능한다. 그 모형은 깨어 있는 동안에는 외부의 감각적 투입에서 도출된다. 이 투입은 내부의 맥락적, 역사적, 동기부여적 정보와 결합하여 현재 환경에 대한 가장 최신 정보를 제공한다. 그러나 잠자는 동안에는 외부에서의 투입이 거의 없고, 충분히 기능하는 뇌만 주어져 있으므로 그 모형은 내적 편향들에 기초하여 구성된다. 이런 편향은 프로이트가 관찰했듯 소망이나 공포처럼, 과거의 경험과 동기부여에서 유래한 기대가 될 것이다.

그렇게 해서 나온 경험들이 우리가 꿈이라 부르는 것인데, 그 내용은 주로 우리가 두려워하는 것, 바라는 것, 기대하는 것에 의해 결정된다. 이런 관점에서 보면 꿈꾸는 것은 외부의 감각적 투입이라는 제약이 없는 지각의 특수한 경우라고 할 수 있으며, 역으로 지각은 감각적 투입에 의해 제한된 꿈의 특수한 경우라고 할 수 있을 것이다.

수면에는 두 종류가 있다. 성장, 회복과 복구, 이완된 몸, 쉬고 있는 뇌와 관련된 정수면QS: Quiet Sleep으로 알려진 수면상태와 동적 수면, REM 수

면 또는 역설수면PS: Paradoxical Sleep[28]등 다양한 이름으로 불리는 수면상태
가 그것이다. 후자는 급속안구운동, 근육의 비틀림, 마비된 몸, 매우 고
양된 뇌와 꿈 등과 관련되어 있다. 역설수면은 사람들이 꿈을 꿀 수 있는
유일한 수면상태는 아니지만, 스위치가 꺼진 몸에 스위치가 켜진 뇌라는
상태는 생생한 꿈을 위한 최적의 조건을 제공해준다.

깨어 있을 때와 꿈꾸고 있을 때의 경험은 종종 완전히 별개인 것으로
가정된다. 예를 들면 꿈은 성찰의 부재, 관심에 대한 통제력의 부재, 의도
적 행동능력의 부재로 여겨진다. 그러나 몇 가지 증거는 꿈을 이렇게 결
정론적이고, 비성찰적으로 특징화하는 것을 완전히 부정한다. 깨어 있을
때의 보고와 꿈꾸고 있을 때의 보고를 직접 비교한 최근 연구에서, 나와
동료들인 트레이시 칸, 린 레비틴, 필 짐바르도는 깨어 있을 때의 경험들
과 비교했을 때, 꿈꾸고 있을 때의 경험에는 공적 자의식과 감정이 좀더
자주 포함되고, 신중한 선택은 약간 덜 포함된다는 것을 발견했다. 하지
만 여타의 인지적 활동에서는 꿈꾸는 것과 깨어 있는 것 사이에 어떤 의
미 있는 차이를 발견할 수는 없었고, 측정된 인지적 기능들 중에서 꿈에
만 없거나 드문 것도 존재하지 않았다. 특히, 두 상태 모두에서 거의 동일
한 수준의 성찰이 보고되었다.

꿈에는 꿈꾸는 사람이 거의 주목하지 않는 갑작스런 등장인물과 배경
의 전환들이 있다는 사실이 가끔은 꿈의 인지적 결핍에 대한 증거로 인용
되고 있다. 여기서 가정하고 있는 것은 이런 일이 깨어 있을 때 발생한다
면, 그 사람은 즉시 그 사실을 알아차리고 그 단절을 이해하기 위해 노력

[28] REM 수면상태에서는 분명 잠들어 있음에도 불구하고 뇌파가 깨어 있을 때와 동일하게
나타난다. 이것은 대단히 역설적 상황이므로 '역설수면' 이라고도 한다.

하리라는 점이다. 하지만 그러한 가정은 입증되지 않았다. '변화맹'에 대한 최근 연구는 사람들이 당연하게 여기고 있는 것보다 환경변화를 감지하는 데 훨씬 둔감하다는 것을 보여주고 있다.

물론 꿈과 깨어 있는 경험 사이에 아무런 차이가 없다고 말하는 것은 아니다. 예를 들면 꿈이 외부 구조—물질적 실재—의 안정성을 결여하고 있는 까닭에 꿈의 세계는 현실 세계보다 훨씬 불안정하다. 마찬가지로 꿈 속에서는 물리적 법칙과 사회적 법칙을 위반하고도 현실에서와 같은 제재를 받지 않는다. 그러나 근본적 차이는 감각적 구속의 결여뿐이다. 꿈을 꾸고 있다거나 여전히 꿈이라는 것을 알 수도, 알지 못할 수도 있다.

그러나 그 차이가 무엇이든 간에 나는 차이보다는 유사성이 더 크다고 믿고 있다. 20세기 초반, 영국의 의사이자 작가인 해블록 엘리스는 이렇게 말했다. "꿈은 지속되는 한 현실이다. 우리는 더 많은 삶에 대해 말할 수 있을까?"

하지만 역설수면은 꿈보다는 더 근본적인 목적들을 위해 진화했을 가능성이 크다. 철학, 시, 음악, 추상 수학 등이 자연선택을 통해 나타났던 범용언어의 몇 가지 특징들의 부수효과일 가능성이 큰 것처럼, 꿈은 인간이 실행하고 가치를 추출해내기는 하지만 직접 진화한 것은 아닌 어떤 것일 수 있다.

발생과정과 밤의 여정에서 나타나는 역설수면의 분포는 이 수면의 가장 중요한 기능들에 대한 단서를 제공해준다. PS는 분만 전후와 뇌가 엄청난 뉴런회로의 네트워크를 형성하는 태아단계의 마지막 몇 주에 최고조에 달한다. PS가 유전프로그래밍의 전개를 위한 내생적 상태로 기능한다는 호소력 있는 아이디어가 프랑스 수면연구자 미셸 주베와 스탠퍼드 대학교 정신과의사 윌리엄 데먼트, 그외 다른 사람들에 의해 제시되었다.

PS의 비율은 어린 시절 내내 완만한 하강곡선을 그리지만 어른이 되어 뇌 성장이 끝난 후에도 완전히 사라지지 않는데, 이것은 PS가 또 다른 기능을 수행하고 있음을 암시한다. PS가 밤에 점차 증가하다가 깨기 직전에 최고조에 달한다는 사실은 우리 두뇌가 이것으로 잠에서 깰 준비를 할 수 있음을 암시해준다. 말하자면 일종의 뇌 예행연습brain tune-up인 것이다. 밤새 90여분마다 재현되는 이런 활성화는 새로운 학습을 공고히 하는 데 도움을 줄 수도 있을 것이다.

꿈의 가장 두드러진 특징으로는 그 내용을 기억해내는 일의 어려움을 꼽을 수 있다. 평균적으로 사람은 하룻밤에 최소한 6번은 꿈을 꾸지만, 1주일에 1번꼴로 기억할 수 있을 뿐이다. 꿈이 대체로 그렇게 빨리 잊혀지는 이유에 대한 설명은 다시 한번 진화론을 끌어들이게 한다. 우리는 다른 인간들과 대화를 함으로써 꿈이 여타의 경험들과 확연히 다르다는 것을 배운다. 그러나 말을 할 수 없는 동물들은 꿈이 현실과 어떻게 다른지를 대화를 통해 나눌 길이 없다. 따라서 명시적 꿈의 회상은 동물들에게 잠재적으로 치명적인 혼란을 야기할 수 있을 것이다. 따라서 PS의 목적은 명시적 꿈의 회상, 즉 꿈 해석과는 어떤 관계도 있을 수 없었을 것이다. 그러나 인간은 꿈과 깨어 있는 현실 사이의 차이를 말할 수 있기 때문에 꿈을 기억하는 것은 전혀 해가 되지 않을 뿐더러 꿈에 맞춰 우리의 현실을 새롭게 만들도록 자신을 자극할 수 있다.

꿈에 특별한 생물학적 기능은 없을지라도, 꿈 그 자체는 특수한 역할을 맡을 수도 있다. 예를 들면 꿈은 신경계에 변이가능성을 증가시킬 수 있다. 다윈적 진화를 위해서는 변화가능한 모집단, 선택압력, 성공적 변이의 재생산 수단 등이 필수적이다. 꿈은 환경변화에 알맞은 적응을 위한 선택의 원천으로서, 지각과 행동을 안내하는 광범위한 행동의 도식schema

또는 원본script을 생산한다고 볼 수 있다. 설령 그렇다 해도 우리가 꿈꾸는 이유에 대한 대답을 그렇게 좁은 틀 속에 가둬둘 필요는 없다. 일부 사람들에게 있어 그 대답은 이렇다. 우리는 꿈꾸는 이유를 찾고자 꿈을 꾼다.

개인적으로 나는 이 대답을 선호한다. 나는 꿈꾸는 나 너머에 있는 나를 찾기 위해 꿈을 꾼다.

세계 모델world model로서의 꿈이라는 관점은 메시지로서의 꿈에 대한 전통적 관념(신에게서 왔든, 무의식세계에서 왔든)과는 거리가 멀다. 그럼에도 불구하고 꿈의 해석은 개성의 노출 그 자체일 수 있고, 보상행위일 수 있다. 만약 사람들이 잉크 얼룩에서 본 것이 그들의 개인적 관심과 개성에 대해 뭔가를 말해줄 수 있다면 꿈은 얼마나 많은 것을 드러내줄 것인가. 꿈이란 바로 우리 자신이 우리 마음의 내용으로부터 창조해낸 세계니까 말이다. 꿈은 메시지가 아니라 우리 자신의 가장 내밀한 개인적 창조물일 것이다. 늘 그런 것처럼 그것들은 의심할 여지없이 우리가 되거나 될 수 있는 사람 및 사물에 의해 채색된 것이다.

우리의 꿈은 너무도 생생하기 때문에 그것이 심리적 경험으로 인식되는 것은 대체로 잠에서 깨어났을 때뿐이다. 이것은 우리가 일반적으로 꿈을 어떻게 경험하는가 하는 것이지만 중요한 예외가 있다. 우리는 때때로 꿈을 꾸는 동안에 우리가 꿈을 꾸고 있다는 사실을 의식적으로 알아차린다. 이런 명약관화한 의식 상태를 자각몽이라 한다.

자각몽을 꾸는 동안에는 분명하게 추론할 수도 있고 깨어 있는 생활의 환경을 기억할 수도 있으며 꿈속에서 자발적으로 반응하거나 잠자기 전에 수립한 계획에 따를 수도 있다. 완전한 숙면상태에서 놀라울 정도로 진짜처럼 펼쳐지는 꿈의 세계를 경험할 수 있다.

최근까지, 연구자들은 꿈꾸는 뇌가 그런 높은 수준의 정신적 기능과 의식을 갖출 수 있을까를 의심하고 있었다. 1970년대 후반, 스탠퍼드대학교의 우리 실험실에서 실시된 연구를 통해 자각몽이 수면 동안에 발생한다는 사실이 명백하게 밝혀졌다. 우리는 일부 PS의 안구운동이 꿈꾸는 사람의 시선방향과 일치한다는 사실을 보여주는 초기 연구에 기초하여, 자각몽을 꾸는 사람에게 자신이 꿈을 꾸고 있다는 것을 알게 되었을 때 자발적 안구운동의 특정한 패턴을 실행해보라고 요구했다. 간섭받지 않은 상태의 역설수면 중에 예정된 안구운동 신호가 기록지에 모습을 나타냈는데, 이로서 실험대상자가 잠자는 동안 자각몽을 꾼다는 사실이 밝혀졌다.

그후 동료들과 나는 꿈꾸는 마음에 대한 새로운 연구를 시작했는데, 그것은 자각몽을 꾸는 사람에게 꿈속에서 실험을 수행하도록 함으로써 가능할 수 있었다. 우리는 꿈 활동 시 뇌와 몸의 생리적 효과들이 깨어있는 현실생활에서 경험하는 효과와 거의 동일하다는 것을 알게 되었다.

예를 들면 우리는 자각몽에서 측정한 시간이 실제 시간과 거의 일치하고, 꿈에서 숨쉬는 것은 실제 호흡에 해당하며, 꿈속의 운동이 해당 근육 활동을 유발하며, 몽정은 실제 성행위와 유사한 생리적 반응을 보인다는 사실을 알아냈다.

자각몽은 꿈 의식과 마음/몸 관계의 과학적 탐구를 수행할 수 있는 효과적 방법을 제공할 뿐더러 여타의 다양한 응용 가능성을 지니고 있다.

그런 잠재력으로는 자기개발촉진, 자신감 향상, 악몽 극복, 정신건강 증진, 창조적 문제풀이 촉진뿐 아니라 천 년 이상을 수행해온 티베트의 꿈 요가가 보여주듯 마음을 보다 높은 발전의 가능성에 열어두기 등을 들 수 있다. 자각몽의 가장 폭넓은 호소력은 상상할 수 있는 모든 경험을 포괄하는 '환상을 현실로 만들기'에 의해 실현될 가능성이 높다.

현재 자각몽을 꾸는 사람들의 수가 늘어가고는 있지만 여전히 소수에 제한된 까닭은 자각몽을 꾸는 것은 학습 가능한 기술이지만 그러기 위해서는 시간과 노력이 요구되기 때문이다. 따라서 우리 연구의 주요 방향은 자각몽을 보다 쉽게 접근할 수 있도록 해주는 기법과 기술을 개발하는 것이다. 이런 '꿈 기술'의 '모델 A' (첫 번째 모델)가 노바드리머NovaDreamer인데, 이것은 사용자가 PS에 머물러 있는 동안 자신이 꿈꾸고 있다는 단서를 제공해주는 생체자기제어장치이다. 새롭고 보다 강력한 자각몽 유도 장치가 현재 개발 중에 있으므로 만인을 위한 개인세계 시뮬레이션이라는 꿈에 좀더 다가서게 해줄 것이다.

　꿈은 오랫동안 문학에서 과학, 공학, 미술, 음악, 스포츠 등에 이르기까지 인간 행위의 거의 모든 분야에서 영감의 원천으로 간주되어 왔다.

　하나만 예로 든다면, 아우구스트 케쿨레의 자기 꼬리를 무는 뱀 꿈은 그가 전에는 전혀 예상할 수 없었던 벤젠의 고리구조를 발견하는 데 영감을 불어넣었다.[29] 과거에는 창조적 꿈의 발생에 대한 통제가 거의 또는 전혀 이루어지지 못했다. 그러나 이제는 환상적인 그래서 지금까지는 제어하기 힘든 꿈 상태의 창조성을 자각몽을 통해 의식적으로 통제하는 것이 가능해보인다. 케쿨레가 1890년의 과학모임에서 자신의 꿈 영감을 발표했을 때 동료들에게 주장했던 것처럼 "꿈에 대해 배워보도록 합시다……."

[29] 이 사건은 화학의 역사에서 매우 유명한 것으로, 벤젠(C6H6)의 구조를 결정하는 문제와 관련이 있다. '자기 꼬리를 무는 뱀' 꿈은 벤젠이 육각형 고리로 이루어져 있을 수 있다는 영감을 불러일으켰고, 마침내 벤젠의 구조를 밝히는 돌파구가 되었다.

세기 초반에 이르면, 많은 과학자들이 더 이상 신을 믿지 않게 되었다. 1916년, 미국 과학자들

대상으로 한 설문조사에서 60퍼센트가 신을 믿지 않거나 의심한다고 대답했다 – 저자가 예측

런 수치는 교육의 확대와 함께 증가할 수 있었을 것이다. 이런 점에도 불구하고, 그리고 과학이

에서 눈에 띄는 진전이 있었음에도 불구하고(특히, 창조주 신의 필요성을 제거했다고 알려진 유전학

양자역학에서), 1996년 설문조사에서도 여전히 40퍼센트의 미국 과학자들은 신을 믿고 있었다.

람이 생명 그 자체를 다룰 수 있는 능력을 보유한 이상, 신을 위한 여지가 어떻게   을 수

는? 우주가 생명을 돌보기에 매우 적합한 환경을 펼쳐 보이고 있다는 사   시라

신 지지자 이를 만들 수 있도록 해준다.'

지능이란 무엇인가?

? 지능은 전통적으로 심리와 관련된 자질로서 격렬한 정서적 반응을 불러일으킨다. 지능이란 무엇이며, 그것을 어떻게 파악할 것인가, 지능은 얼마만큼 유전되고 얼마만큼 획득되는가 등이 오늘날 과학자들 사이에서 가장 치열하게 전개되고 있는 논쟁들이다. 이 문제들은 우리 자신을 어떻게 볼 것인가에 대해서뿐만 아니라 우리 자식들을 어떻게 키울 것인가에 대해서도 암시해준다. 부모들은 자기 자식들에게 장래의 성공에 더 큰 열쇠가 될 자질을 확보해주기 위해 식단을 바꾸거나 뱃속의 태아에게 모차르트를 들려주는 것 같은 조언의 바다에 빠져 있다.

지능에서 양육이 담당하는 역할에 관한 논쟁은 플라톤 이래로 계속되어 왔다. 플라톤은 정신능력이 낮은 자에게는 학습이 아무런 필요가 없다고 주장했다. 이러한 논쟁은 찰스 다윈이 『종의 기원』을 출간한 이후 다시 전면에 부각되었다. 1869년, 과학자이자 다윈의 사촌인 프랜시스 골턴은 『유전적 천재』를 출판했는데, 그 책에서 그는 유명한 가문들의 역사를 분석하여 유명한 사람이 유명한 친척을 둘 확률이 높다는 사실을 지적했다. 그리고 이러한 사실에 근거해서 지적 능력은 유전된다는 결론을 내렸다. 이 결론은 지적인 부모들이 자식들에게 보다 자극적인 환경을 제공할 가능성이 높다는 사실을 과소평가한 것이다. 그는 선택적 교배가 인간의 인지능력을 향상시킬 수 있다고 믿었다.

골턴은 간단한 인지적 퍼즐에 대한 반응시간을 기준으로 지능을 검사했다. 특정한 정신적 기능을 측정하는 현재의 지능검사는 20세기 초반, 프랑스 심리학자 알프레드 비네에게서 시작되었다. 프랑스에서 학교 교육이 막 의무화되었을 때, 비네에게 특별히 보충교육을 받지 않으면 진도가 뒤떨어지기 쉬운 아이들을 판별하는 법을 개발해달라는 요청이 떨어졌다. 그는 기억, 언어능력, 창조성 등을 포함한 정신적 기능을 측정하기 위해 동전 세기, 목록 기억하기처럼 일상생활과 관련된 일련의 정신적 임무를 끌어들였다. 어린이들은 각 활동에서 얻은 점수의 합으로 평가받았다.

비네는 또한 그 연령의 보통 아이가 특정한 임무를 달성할 수 있는 정도를 기준으로 정신연령이라는 개념을 개발했다.

비네는 자신의 검사가 어른을 대상으로 하거나 보통의 지적능력을 지닌 어린이들을 세분하기 위해 고안된 것이 아니라고 주장했다. 그것은 단지 장래의 학업 성취를 예상하는 지표일 뿐이라고 가정되었다. 그러나 비네는 지능 연구에서 두 가지 커다란 논쟁이 불붙는 데 중요한 역할을 했다. 첫째, 그는 단일하고 측정가능한 성질을 가진 '보편지능general intelligence'이라는 논란의 여지가 많은 개념을 고안했다. 둘째, 그는 각 개인의 지능에 유전자가 미치는 영향의 정도인 '지능의 유전율'에 대한 논쟁에 직접 뛰어들었다.

비네의 연구는 곧바로 도용되었다. 스탠퍼드대학교의 인지심리학자 루이스 터먼은 스탠퍼드-비네 검사로 알려지게 된 지능검사법을 개발했다. 이것은 학습능력이 떨어지는 학생들을 파악하기 위한 것이라기보다는 '고등능력'에 대한 검사법이었다. 이 검사를 통해 각 개인에게는 지능지수IQ가 부여되었는데, 이 지수는 현재 나이를 검사를 통해 파악한 정신연령으로 나눈 다음 100을 곱하는 방식으로 정해졌다.

단일하고 보편적이며 측정가능한 형태의 지능이란 개념은 일반적으로 'g'로 지칭되었으며, 20세기의 시작과 더불어 심리학자 찰스 스피어만에 의해 최초로 확립되었다. 이 개념의 지지자들은 지능지수는 학업성취의 유용한 예언적 지표로서 평생 동안 비교적 일정하며, 하나의 인지능력 검사에서 높은 점수를 받은 사람은 대개 다른 능력검사에서도 높은 점수를 받는다고 주장한다.

1980년대에 독일 태생의 런던대학교 심리학자 한스 아이젱크는 g의 증거로 IQ와 반응시간 사이의 높은 상관관계를 제시했다. 예를 들면 불이 들어오는 것을 보자마자 버튼을 누르라는 요구에 대해 대체로 IQ가 높은 사람이 IQ가 낮은 사람보다 반응하는 속도가 빨랐다. 그런 간단한 검사에는 문화적, 환경적, 교육적 영향이 제거된 것처럼 보였는데 g의 비판자들은 이런 것들이 여타 지능검사를 의심하게 만든다고 주장한다.

g를 믿는 사람들은 그것이 본질적으로 유전가능한 것이라고 믿는다. 골턴은 개인의 지능이 환경과 유전에 의해 얼마나 달라지는가를 측정하기 위해 쌍둥이를 대상으로 연구한 다음, 유전적 요인이 지배적이라고 결론을 내린 최초의 인물이다. 그때부터 서로 다른 환경에서 자란 일란성, 이란성 쌍둥이와 형제자매들에 대한 많은 검사들이 이루어졌지만 결론은 제각각이었다. 최근에는 로버트 플로민을 포함한 일군의 연구자들이 인지적 능력의 유전율[30]에 관계하는 몇 가지 특정 유전자들을 파악하는 작업을 하고 있다. 플로민 자신은 이런 종류의 연구는 단 하나의 유전자보다는 많은 유전자를 조사하는 것과 관련되어 있다고 강조하지만, 이 개념은 윤리적 함의에 관심이 많은 사회과학자들을 혼란스럽게 만들었다.

그러나 모든 과학자들이 다 지능이 태생적이라고 믿지는 않는다. IQ 유전율의 추정치는 아직도 40%에서 80%의 범위에 있다. 영국의 생물학자 스티븐 로즈는 유전적 요소와 환경적 요소를 분리하는 것이 너무도 어렵기 때문에 유전 가능성을 계산하는 것은 신빙성이 없다고 말한다. 그는

30 유전율은 개인차에 대한 유전적 기여도를 가늠하는 통계적 척도로, 해당 모집단에서 개인차로 나타나는 편차 중 얼마만큼이 유전자에 의한 것인가를 설명해준다.

IQ 점수가 전체적으로 오르고 있고, 모집단들 간의 점수 차이는 줄어들고 있다는 것을 보여주는 최근의 증거들은 환경적 요소가 중요할 수밖에 없음을 말해준다고 주장한다. 마찬가지로 미국 심리학자 리언 카민도 지능은 유전자 속에 있으며 IQ가 지능의 유용한 척도라는 생각을 신랄하게 비판한다. 그는 영국의 교육심리학자 시릴 버트가 지능의 약 80%가 유전된다는 자신의 이론을 입증하기 위해 쌍둥이 연구에서 얻은 데이터를 조작했다고 주장한 최초의 사람이었다.

지능 논쟁에는 사기 외에도 몇 가지 불유쾌하고 근거 없는 주장들이 개입되었다. 특히 인종주의에 대한 비난은 비네가 자신의 검사를 고안한 직후부터 이 논쟁을 지배했다. '정신지체아' 를 위한 학교를 대상으로 한 연구를 이끌었던 고다르는 20세기 초반에 행한 실험에서, 뉴욕의 엘리스 섬에 도착한 헝가리, 이탈리아, 러시아 이민자들의 4/5는 평균 지능보다 낮은 지능의 소유자라는 결론을 내렸다. 그는 이민자들을 '저능아' 라고 부르며 그들이 자식을 낳는 것을 금지해야 한다고 주장했다. 제1차 세계대전 중에 미 육군에 입대한 사람들을 대상으로 한 로버트 여키스의 검사도 이민자들의 IQ 지수가 비교적 낮고, 미국 흑인들은 바닥이라는 것을 보여줌으로써 가혹한 새 이민법의 제정에 일조했다.[31]

1969년, 아서 젠센은 〈하버드교육비평〉에 장문의 논문을 실었다. 그 논

[31] 1924년의 단종법과 1929년의 이민제한법은 그 당시 미국에서 우생학이 얼마나 큰 영향을 미쳤는지를 잘 보여준다. 단종법은 알코올중독자, 신체부자유자, 정신지체자 등 유전적으로 열등한 사람이 후손을 가질 수 없도록 거세하는 것을 합법화한 법으로, 미국 27개 주에서 실시되었다. 캘리포니아주의 경우에는 10년 동안 1만 명에 가까운 사람을 대상으로 시술이 이루어졌다고 한다. 이민제한법은 각종 이민요건을 강화하여 동유럽 등 낙후된 지역으로부터의 이민을 제한한 것으로 기본적으로 우생학의 토대 위에 만들어진 법률이었다.

문이 주장하는 바는 미국 흑인들의 IQ 지수가 백인들보다 평균 15% 낮다는 사실에는 사회적, 환경적 요인들 못지않게 유전적 요인도 작용한다는 것이었다. 곧바로 격렬한 항의를 불러일으켰던 이 관점은 심리학자 리처드 헌스타인과 사회과학자 찰스 머레이의 『종곡선: 미국인의 삶에 나타난 지능과 계급구조』에 받아들여지고 있다. 이 책은 경제적, 사회적 권력은 g에 의해 결정되고, 대부분의 사회문제들은 낮은 지능에서 기인된다. 흑인과 백인의 IQ 차이는 유전적 차이에서 비롯되며 이것이 하층계급에 흑인들이 지나치게 많은 이유를 설명해준다고 주장한다.

인종주의 논쟁은 지금도 계속되는데, 『종곡선』의 관점에 반대하는 사람들은 인종적 차이는 주로 지능검사의 문화적 편향과 사회화 과정의 차이에 의한 것이라고 주장한다. 흥미로운 것은 남성의 뇌와 여성의 뇌 사이의 분명한 구조적 차이에도 불구하고 IQ의 성차性差에 대해서는 인종차이와 같은 논쟁이 없었다는 사실이다. IQ 검사에서 성을 통제할 수 있는데, 남성과 여성은 대체로 비슷한 양상을 보인다. 비록 남성이 상위와 하위 그룹에 상대적으로 많고, 남성은 공간문제에 대한 수행력이 높은 반면 여성은 언어적 수행력이 높다는 정도의 차이는 있지만 말이다.

과제유형에 따른 이런 차이들은 단 하나의 보편지능이 아니라 여러 가지 지능이 있다고 주장하는 g 개념 비판자들에게는 더욱 두드러진 의미를 가진다. 이런 관점을 최초로 제시한 사람들 중에는 20세기 중반에 활동한 전기공학자이자 심리학자인 루이스 서스톤이 있다. 그는 개인의 생존과 성공에 필요한 기초적인 정신능력 몇 가지를 찾아냈다. 보다 최근에는 하버드대학 교육과 교수이자 신경심리학자인 하워드 가드너가 일곱 가지 서로 다른 유형의 다중 지능을 제시했다.[32] 그는 장애를 지닌 사람들에 대한 연구를 통해 특정 임무를 수행하는 데 필요한 뇌의 영역들, 이를

테면 음악적, 수학적, 언어적 기능 등 일곱 가지 기능과 관련된 뇌의 영역을 찾아냈다. 미국 심리학자 로버트 스턴버그는 이런 다중 지능을 분석적 지능, 창의적 지능, 실천적 지능 등 세 개의 영역으로 재분류해서 그 범위를 좁혔다. 그는 심리측정 검사로는 분석적 지능만 측정할 수 있을 뿐이라고 주장한다.

이 분야의 연구자들은 지난 몇 년 동안 또 다른 종류의 지능을 연구해왔다. 인공지능이 그것인데 영국의 인공두뇌학 교수인 케빈 워윅은 이렇게 주장했다. "기계가 곧 우리를 초월할 수 없는 인간 지능의 고유한 영역(지능이 인간이 되는 것과 전적으로 관련되어 있다는 점까지 포함하여)을 찾아내기란 쉽지 않다." 케임브리지 물리학자 스티븐 호킹도 언젠가는 기계가 지능을 개발하여 세계를 점령할 수 있음을 경고했다. 그는 인간은 지능의 향상을 위해 유전적으로 조작되어야 하며, 그렇게 해서 불행을 막아야 한다고 주장한다.

그러나 현재로서는 기계들이 최소한 한 가지 형태의 지능을 얻는 것도 요원해 보인다. 1995년에 출판된 『감정지능』에서, 저널리스트이자 전직 학자인 대니얼 골먼은 높은 IQ가 세속적인 성공을 보장해주지는 않는다고 주장했다. 실제로 매우 높은 IQ를 지닌 사람들이 감정적 약점 때문에 종종 뒤쳐지곤 한다. 그의 주장에 따르면 삶의 도구로서 보다 유용한 것은 감정지능인데, 그는 이것을 동기부여, 감정이입, 감정과 대인관계를

. . . . BIG QUESTIONS IN SCIENCE

32 '다중지능'은 하워드 가드너의 『마음의 틀』에서 최초로 사용되었다. 이 책에서 가드너는 언어지능(시인 엘리어트), 음악지능(모차르트), 논리수학지능(아인슈타인), 공간지능(레오나르도 다 빈치), 신체운동지능(마이클 조던), 대인지능(간디 등 사회운동가), 대내지능(신앙인처럼 자신을 엄격하게 통제하는 능력이 탁월한 사람) 등 모두 일곱 개의 지능을 제시했다.

관리할 수 있는 능력의 혼합체로 정의했다. 그의 아이디어는 일반대중과 사업가들로부터 대단한 관심을 불러일으켰지만 학계에서는 비과학적이라는 이유로 거부당하는 경향이 있다. 이런 이론들 중 어느 것이 보다 타당한가는 지능에 대한 여러분의 정의에 달려 있을 것이다.

해리엇 스웨인
〈타임스 고등교육지〉 대표 전문기자

지능이란 무엇인가?

로버트 플로민

런던대학교 킹스칼리지 정신병연구소,
사회·유전·발생 정신병 연구센터, 의료연구원 연구교수

지능이란 말은 매우 다양한 뜻으로 쓰이기 때문에 혼선을 피하기
위해서는 다른 용어를 사용하는 것이 최선이다. 내가 지능이라는
말로 나타내고자 하는 것은 서로 다른 인지과정 사이에 존재하는 본질적
인 중첩을 가리키는 '보편적 인지능력' 또는 g이다. 이 중첩은 지난 세기
에 이루어진 인지능력의 개인차에 대한 연구 성과들 중에서 가장 일관되
게 나타난 것이다. 그것은 공통점이라곤 거의 없을 것 같은 과정들을 대
상으로 한 검사에서도 발견된다.

예를 들면 일반적 추리력은 레이븐의 점진적 행렬과 같은 검사를 통해
평가되는데, 그 검사에서 시험대상자는 기하 형태로 이루어진 일련의 행
렬 속에서 논리적 진행과정을 탐지해내야 한다.

공간적 능력은 미로문제를 해결하고, 보다 복잡한 형태에 가려져 있는
단순한 기하 구조물을 찾아내고, 그 구조물이 다른 것의 회전된 버전인가
아닌가를 판단해내는 작업을 통해 평가된다. 어휘검사는 예전의 학습성

과를 평가하고, 기억검사는 주로 수나 그림을 제시하고 나서 그것을 얼마나 잘 기억하고 있는가를 측정한다.

검사들이 이렇게 다양한데도 불구하고, 한 검사에서 높은 평가를 받은 개인들은 다른 검사에서도 높은 평가를 받는 경향이 있다. 종류가 다른 수백 가지 인지검사가 사용된 322개의 연구를 대상으로 1993년에 이루어진 존 캐롤의 메타 분석에서 평균상관계수는 약 0.30으로 나타났는데, 이 결과는 그 유의미성이 매우 큰 것이다. 이런 중첩은 앞에서 언급했던 것과 같은 공간능력, 언어능력, 기억능력, 추리력 등에 대한 전통적 측정에서 뿐만 아니라 학습속도와 반응시간에 의존하는 정보처리 임무에서도 나타난다.

심리학자 찰스 스피어먼은 거의 한 세기 전에 인지능력에서의 중첩을 알고 있었다. 그는 지능이란 말에 담긴 수많은 암시를 피하기 위해 중립적이며 보편적인 인지능력의 기표를 만들고자 그것에 g라는 이름을 붙였다. 이 g는 주성분 분석이라 불리는 통계기법에 의해 가장 잘 평가되는데 이 기법을 통해 다양한 인지능력 측정에 공통으로 포함되어 있는 복합차원[33]을 식별해낼 수 있다.

그 분석에 따르면 g는 사람들의 인지능력검사 수행력에서 총분산의 약 40%를 설명해준다. 나머지는 공간능력, 언어능력, 기억능력 등과 같은 요소들과 각 검사의 고유분산에 의해 설명된다. 검사가 복잡할수록 g 요

[33] '복합차원'은 'composite dimension'을 번역한 것이다. 이렇게 번역한 것은 '복합기'를 염두에 두었기 때문이다. 복합기란 여러 기능을 수행할 수 있는 능력을 지닌 기계를 말한다. 같은 기계가 필요에 따라 이런저런 기능을 수행할 수 있으려면, 요구되는 기능의 공통성을 중심으로 부수적인 차이점들을 첨가하는 방식으로 기계를 설계해야 할 것이다. 이런 공통적인 부분이 각 기능에 따라 그 역할을 달리할 수 있다는 점에서 '복합적' 기능의 '다차원적' 적용이라는 의미로 '복합차원'을 이해할 수 있을 것이다.

소의 중요성이 크게 나타난다. 예를 들어 g는 레이븐의 점진적 행렬에서 분산의 상당량을 설명하지만, 단순한 기억, 반응 또는 처리속도 검사에서는 그 중요성이 줄어든다.

그러나 g는 단순히 통계적 추상화가 아니다. 인지능력 측정 사이의 상관계수들은 IQ 검사가 그렇듯 다양한 인지능력들 모두가 강력하게 중첩되어 있음을 보여준다. 실제로 g는 행동영역에서 가장 신뢰할 수 있고 타당성이 높은 특성에 속한다. g는 어린 시절 이후 다른 어떤 특성보다 장기적 안정성이 클 뿐 아니라 교육수준이나 직업수준과 같은 중요한 사회적 성과를 예측하는 데 뛰어나며 인지 연령에서 핵심요소로 작용한다. 물론 운동능력과 같은 중요한 많은 비인지적 능력들이 있고, g가 학교나 직장에서 성공을 보장해주는 것은 결코 아니다. 성취를 위해서는 개성, 동기부여, 대인관계 기술 등 지금은 '감정지능'이라고 불리는 것도 함께 요구된다. 그러나 '다중지능'의 대중적 개념이 그렇듯, 그런 모든 능력들을 뭉쳐놓음으로써 얻어지는 것은 별로 없어 보인다. 나로서는 g란 지능이 의미하는 바이다.

인간 종에서 g를 지지하는 증거가 폭넓게 수용되고는 있지만 보편적이지는 않다. g에 대해서는 g가 지배문화에 의해 우연히 가치 지워진 지식과 기능을 반영하는 것에 불과하다는 다분히 이데올로기적인 반대와 과학의 본질적 특성과 관련된 반대가 있다. 여기에는 무용 같은 비인지적 능력을 포함한 특수한 능력을 주창하는 하워드 가드너의 다중지능이론, 인지능력의 토대가 되는 인지과정을 식별하는 로버트 스턴버그의 인지적 처리과정의 '성분적' 이론처럼 특별한 능력들에 초점을 맞추는 이론들이 포함되어 있다. 그렇지만 이런 이론들이 경험적인 검증을 거치는 과정에서 g의 진가가 나타난다. 예를 들어 스턴버그의 결론은 이렇다. "우리는 몇 가지 증거들이 인간의 지능에 보편적 요소가 있음을 압도적으로 뒷받침한다고 해석한다. 실제로 이러한 관점을 부정할 만한 증거를 전혀 찾을 수 없다."

작업 기억과 같은 개념들은 전통적 인지능력의 측정을 통해 이제 막 평가되기 시작했을 뿐이지만 아직까지는 그 개념들도 마찬가지인 것으로 보인다. 물론 g가 이야기의 전부는 아니다(특수한 능력을 나타내는 요소들도 중요하다.). 그러나 g를 빼놓고 인지능력에 대해 말하는 것은 줄거리에서 완전히 벗어나는 것이다.

g의 존재는 인지과정을 특수하고 독자적인 것으로 설정하는 현행 인지신경과학[34]의 조류와는 역행하는 것처럼 보인다. 인지신경과학의 연구는 평균 수행력, 예를 들면 특수한 임무가 수행되고 있을 때 신경영상기법에 의해 뇌의 어느 부분에 불이 켜지는가와 같은 문제에 초점을 맞추는 반면 g는 평균 수행력에 대한 것이 아니다. g는 수행능력의 개인차에 대한 것이고, 어떤 임무를 잘 수행하는 개인들이 대부분의 임무도 잘 수행하는 경향이 크다는 사실에 대한 것이다. 이런 종류의 분석에서 데이터는 분명하게 g를 뒷받침하고 있다.

그러나 g가 존재한다는 사실이 곧 g가 뉴런 수상돌기의 복잡성이나 뉴런의 축색돌기를 감싸고 있는 수초의 범위처럼 단일하고 보편적인 물리적 과정에 그 기원을 두고 있어야 한다는 의미는 아니다.[35] 또한 g의 원천은 시냅스의 가소성 또는 신경전도 속도를 비롯한 생리학적인 것만도 아

[34] 인지신경과학이란 인지과학의 중요한 한 분야로서, 뇌를 구성하는 요소들로부터 의식이나 인지과정이 발현하는 메커니즘을 탐구하는 것을 목적으로 한다. 이를 위해 생리심리학, 신경과학, 인지심리학, 신경심리학 등에 기초한 간학문적(통합학문적) 성격을 띠고 있다.

니다. 물론 g는 작업 기억과 같은 단일한 심리학적 과정으로도 환원될 수 없다. 그 대신 g는 그런 물리적, 생리적, 심리적 과정의 연쇄로서, 그 모두가 함께 기능하는 것이다. 비유를 들자면 운동능력은 동기부여와 심리적 과정, 산소 전달과 같은 생리학적 과정, 골격과 같은 물리적 과정 등에 좌우된다. 그러나 운동능력은 이것들 중 어느 하나가 아니라 그 모두이다.

유전자 연구는 g가 본질적으로 유전 가능하다는 점에서 상당히 중요하다. g의 유전을 다루는 연구는 다른 어떤 인간적 특성에 대한 것보다 많다. 8,000건의 부모자식 쌍, 25,000건의 형제자매 쌍, 10,000건의 쌍둥이 쌍, 수백 건의 입양 가족을 대상으로 한 연구들이 공통적으로 보여주고 있는 것은 유전요소들이 본질적으로 g에 기여한다는 사실이다. 유전율에 대한 추정치는 연구에 따라 40~80%로 각각 다르지만 전체 자료를 대상으로 했을 때는 추정치가 약 50%에 이른다. 이것은 유전적 변이가 g에서 분산의 약 절반을 설명한다는 것을 보여준다. 이제 연구는 이런 유전가능성을 떠맡고 있는 특정 유전자를 그 대상으로 삼기 시작했다. 인간유전체 염기배열 초안이 발표된 현재, 이 연구가 가속화될 가능성은 매우 높아졌다.

유전자 연구는 단순히 g가 유전 가능하다는 것을 보여주는 것 이상으로 진전되었다. 유전형질들의 유전적, 환경적 공분산의 출처를 분석하는

[35] 신경세포(뉴런)는 크게 수상돌기, 신경세포체, 축색돌기로 이루어져 있다. 신호는 수상돌기가 다른 축색돌기에서 받아 축색돌기로 보내고, 이것은 다른 신경세포의 수상돌기로 이어지는 방식을 취한다. 이렇게 다른 신경세포와 신경을 주고받는 것은 수상돌기와 축색돌기가 서로 다른 신경세포와 시냅스를 형성하고 있기 때문이다. 여기서 물리적 과정으로 '수상돌기의 복잡성'과 '축색돌기 수초의 범위'를 든 것은 수상돌기가 다른 신경세포의 축색돌기와 시냅스를 많이 형성할수록, 축색돌기 수초가 보다 강력하게 다른 수상돌기에 신호를 전달할 수 있을수록 신경세포가 효율적이라고 볼 수 있고, 따라서 강력한 인지능력을 발휘할 것이라고 예상할 수 있기 때문이다. 생리적 과정도 마찬가지 원리로 이해할 수 있다.

다변량 유전자 연구에서 얻은 중요한 성과는 유전적 작용이 벌어지는 곳이 바로 g란 사실이다. 인지능력검사에서는 총 분산의 약 40%를 g가 설명하는 데 반해, 다변량 유전자 연구는 g가 인지능력검사의 거의 모든 유전적 분산을 설명한다는 것을 시사한다. 이것은 곧, 인지능력들 사이에서 공통성을 보이는 것은 그 출처가 거의 완전하게 유전적임을 말해준다. 다시 말해 모든 인지능력검사에서 높은 점수를 받을 가능성은 주로 유전적 요인에 기인하는 반면, 어떤 특정한 검사에서 더 높은 점수를 받는 것은 주로 환경적 요인에 기인한다는 것이다. 이것은 진화에 의해 효과적인 문제풀이가 마음의 모듈에 장착될 수 있도록 인지 과정들 사이의 유전적 연결들이 버려졌을 수 있음을 암시하고 있다.

유전자 연구는 (검사 또는 성적으로 평가되는) 학업성취와 g 사이에 강력한 유전적 상관관계가 존재함을 보여주기도 한다. 달리 말해 g에서 개인적 차이들을 불러일으키는 유전적 요소들은 학업성취에서도 많은 개인적 차이를 발생시킨다. 역으로 성취와 능력의 차이는 주로 환경적 요소들에 기인한다. 이런 발견은 g를 감안한 '보정된' 성취도 평가에 의해 유전적 영향을 우회할 수 있음을 보여주는데, 여기에는 선별교육, 교육평가 및 학교에서의 부가가치 등에 대한 광범위한 논란이 동반될 것이다.

또 다른 놀라운 발견은 g에 대한 유전적 영향의 강도가 유년기, 아동기, 청소년기를 거치는 동안 증가한다는 사실이다. 이것은 나이를 먹을수록 환경의 영향이 커진다는 일반적인 통념에 반하는 것이다. 이러한 연구 결과는 아이들은 자신들이 가진 유전적 기질의 발전에 유리한 환경을 적극적으로 선택하고, 바꾸고, 심지어 창조한다는 것을 암시해주는 것 같다. 이런 의미에서 나는 g를 타고난 능력이라기보다는 끈질긴 갈구라고 생각한다. 다시 말해 아이들은 쉽게 배울 수 있는 것을 배울 가능성이 크다는 것이다. 그러나 여기에는 더 많은 것들이 영향을 미치고 있는 것 같다. 유전자가 학습과정에 영향을 미칠 때 따르는 메커니즘은 뇌의 고정된 연결만큼이나 동기부여와 밀접하게 관련되어 있을 것이다.

세기 초반에 이르면, 많은 과학자들이 더 이상 신을 믿지 않게 되었다. 1916년, 미국 과학자들

대상으로 한 설문조사에서 60퍼센트가 신을 믿지 않거나 의심한다고 대답했다 – 저자가 예측

던 수치는 교육의 확대와 함께 증가할 수 있었을 것이다. 이런 점에도 불구하고, 그리고 과학이

에서 눈에 띠는 진전이 있었음에도 불구하고(특히, 창조주 신의 필요성을 제거했다고 알려진 유전학

양자역학에서), 1996년 설문조사에서도 여전히 40퍼센트의 미국 과학자들은 신을 믿고 있었다.

람이 생명 그 자체를 다룰 수 있는 능력을 보유한 이제, 신을 위한 여지가 어떻게   을 수

는가? 우주가 생명을 돌보기에 매우 적합한 환경을 펼쳐 보이고 있다는 사   시라

, 신 지지자 이를 만들 수 있도록 해준다.'

언어는 어떻게
진화했는가?

? 우리는 왜 서로에게 말을 하기 시작했을까? 우리는 인간 진화의 어느 시점에서 으르렁거리기, 어깨를 으쓱하기, 손으로 표현하기를 뛰어넘어 언어를 통해 표현할 필요를 느꼈을까? 그리고 각각의 새로운 세대는 어떻게 대화에 참여할 수 있었을까? 언어는 우리의 사고방식, 자신에 대한 사고방식, 서로에 대한 이해방식에 너무 깊게 엮여 있기 때문에 철학자들과 과학자들은 수세기 동안 언어를 인간 정체성의 초석들 중 하나라고 여겨왔다.

그리스, 노르웨이, 인도의 신화는 언어를 너무도 특별한 것으로 본 나머지 그 기원을 신에게 돌린다. 성서의 「창세기」에 따르면, 최초의 인간 아담은 신으로부터 에덴동산에 있는 사물들을 명명할 수 있는 자격을 부여받았다. 그러나 언어의 기원에 대한 최초의 엄격한 사고는 플라톤에게서 찾아볼 수 있을 것이다. 언어에 대한 소크라테스식 논쟁인 『크라틸루스』에서 그는 단어가 발음되는 것과 단어가 표상하고 있는 것 사이에 유기적인 연결이 있는지, 아니면 단어란 사물에 붙인 자의적인 딱지에 불과한지를 살펴본다. 언어의 기원에 대한 이후의 많은 연구들 역시 이런 분절을 다뤄왔다. 문제는 인간의 언어가 태생적인 것이기는 하되 본능에서는 한 걸음 떨어져있다는 점이다. 발화speech는 인간의 생리적 발전에서 파생된 동물적 소음인 동시에 소음 이상의 것이기도 하다.

어휘가 자연적 뿌리를 지니고 있고, 단어의 소리가 그 뜻과 결합되어 있다는 생각은 수세기 동안 지속되었다. 19세기에는 많은 이론들이 언어를 본능적 소리의 정교화로 보면서 인간의 발화와 자연세계의 소리를 연결시켜주는 다리를 찾기 위해 노력했다. 그런 이론들로는 언어가 동물의 소리를 흉내 내는 것에서 유래됐다는 '멍멍설bow-wow theory', 단어가 분노나 행복을 느낄 때 저절로 나오는 태생적인 소리로부터 비롯되었다는

122

'푸푸설pooh-pooh theory', '마마' 같은 단어는 사실은 젖을 찾는 어린아이의 입에서 만들어진 소리라고 주장하는 '딩동설ding-dong theory', 언어를 공동체 작업에 사용되었던 일종의 노래와 후렴의 산물로 보는 '야호설yohe-ho theory' 등이 있다. 1866년, 마침내 당시에 가장 중요한 언어학 포럼이었던 파리 언어학회Linguistic Society of Paris는 그 정도면 충분하다고 판단했다.

언어의 기원은 결코 증명될 수 없고, 너무도 많은 희한한 이론들이 그 주제를 조롱거리로 만들고 있으므로 언어의 기원에 대해서는 더 이상의 논쟁을 벌여서는 안 된다고 결정한 것이다.

그렇다고 해서 그 주제가 관심에서 멀어진 것은 아니었다. 그 대신 진화생물학, 언어학, 유전학, 인류학 등 여러 분야에서 도출된 비판적이고 과학적인 도구들이 언어 역학과 언어가 최초로 획득되었을 방식에 관한 사유에 적용되었다.

19세기말, 스위스 언어학자 페르디낭 드 소쉬르가 언어는 임의적 부호체계라고 주장함으로써 구조주의 언어학의 토대가 놓이게 되었다. 그는 단어가 지니고 있는 의미는 사회로부터 부여된 것일 뿐이라고 주장했다.

이런 관점에 따르면 언어의 개별 단위를 이해할 수 있는 유일한 길은 그 언어의 다른 부분들과의 관계를 살펴보는 것이다. 이것은 모든 어휘들은 어디서 발생했느냐와 관계없이 문화적 현상에 불과할 뿐 선천적인 것이 아님을 의미한다. 비록 소쉬르가 그 특징을 달리하는 각각의 언어들이 어디에서 기원했는지를 다루지는 않았지만 말이다.

겉으로는 달라 보이는 언어들 사이에 많은 연결고리들이 존재하며, 영어, 이탈리아어, 웨일스어, 스웨덴어, 산스크리트어 등 다양한 인도 · 유럽어들은 공통의 뿌리에서 파생된 것이며 서로 연결되어있다는 데 대한 합의는 18세기까지 거슬러 올라간다. 그러나 1950년대부터 시작된 MIT의

교수 노엄 촘스키의 연구는 여기서 훨씬 더 나아가서, 모든 언어들을 관통하고 있는 구조들을 분석하고 '보편 문법universal grammar'을 식별해냈다.

그는 모든 어린이는 문화나 지역에 상관없이 언어를 흉내 내고 습득할 수 있는 능력을 공유하고 있다는 사실을 밝혀냈다. 프랑스 어린이는 프랑스어를 하고 일본 어린이는 일본어를 하지만 두 경우 모두 동일한 기초 원리와 동일한 제약이 언어발생에 관계된 적소에 위치하고 있다. 촘스키는 언어가 저절로 출현하는 것은 아니지만—인간과 접촉하지 않은 어린 아이는 말을 하지 못한다.—문화적 속성이라기보다는 물리적 속성으로서 각자는 언어를 습득할 수 있는 고유한 능력을 지니고 있다고 봤다.

이것은 언어의 기원을 언어 자체에서 뿐만 아니라 말하는 주체의 생물적 역사에서도 살펴볼 수 있는 문을 열었다. 따라서 MIT 심리학 교수 스티븐 핑커 같은 언어학자들은 언어를 생리적 변화와 함께 발달하고, 가계도를 통해 그 과거를 추적할 수 있는 인간 진화의 한 측면으로 보기 시작했다. 이 입장은 언어를 별개의 문화적 속성으로 간주하는 대신, 인간 진화의 '아프리카 기원론'의 범주에 위치시켰다. 이 이론에 따르면 언어는 10만 년에서 15만 년 전 사이에 동부 아프리카에서 기원했으며, 그것은 다시 그로부터 10만 년 전부터 사용되었을 '공통 조어祖語'에서 진화해왔다. 그러나 음성은 화석을 남기지 않기 때문에 그 연대를 결정하는 것은 언어습득을 촉진할 수 있었을 여러 요소들의 규명에 달려 있다.

옥스퍼드대학교 언어 및 커뮤니케이션학과 교수 진 에이치슨은 서로 다른 몇 가지 상황들이 결합되어 언어의 필요성과 언어적 수단을 제공하였을 것이라고 말한다. 우선 기후변화로 건조한 사바나 지역에 남겨지게 된 우리 조상들은 그런 환경적 압력 아래서 생존을 위해 협력할 필요를 느꼈을 것이다. 또 초목이 귀해짐에 따라 점차 고기를 더 많이 먹게 되었고 그로 인해 머리가 커졌으며, 두 다리로 직립하게 됨으로써 좀더 다양한 소리를 낼 수 있었을 뿐 아니라 커진 뇌의 힘으로 입술, 혀 등 말을 하는 데 필요한 근육들을 통제할 수 있게 되었다. 다른 사람의 관점을 고려하기, 속일 수 있는 능력, 사물에 이름을 붙이고 그것을 인식할 수 있는 능력 등 언어를 위한 지적 전제조건들도 기여를 했다.

에이치슨 교수는 일단 언어가 출현하자 그것은 인간 조상들이 아프리카를 떠나 이동할 때 핵심적인 생존도구가 되었을 것이라고 말한다. 초기 인류는 아마도 집단에 따라 서로 다른 말을 사용했을 테지만, 사투리와 어휘는 그들의 진화론적 권력투쟁에 복속되었을 것이고, 따라서 보다 강한 집단이 약한 집단에게 자신들의 언어 형태를 강요하게 되었을 것이다.

어쩌면 보다 발전된 형태의 언어를 지닌 인간들이 조직화할 수 있는 강점을 사용하여 기초적 대화에 머물러 있는 사람들을 지배했을 수도 있다.

이런 사건 모형은 언어를 번갯불처럼 단숨에 일어난 지적 진전이 아니라, 다른 유인원들로부터 점진적으로 분리된 것으로 본다. 인간의 음성과 비인간의 소리의 간극은 인간의 후두가 낮아진 것과 같은 육체적 변화에 의해 더 벌어졌을 것이다. 이로 인해 인간은 질식의 위험에 처할 가능성이 많아졌지만, 그에 따른 진화적 보상으로 더욱 분화된 발음을 더욱 쉽게 낼 수 있게 되었다.

언어발생의 초기단계에서 완전한 발전에 이르기까지 인간의 언어가 어떤 속도로 변화되어 왔는지는 아직도 불명확한 채로 남아 있다. 케임브리지대학의 생물언어학자 존 로크는 사람들이 '소규모의 단어 레퍼토리'만을 지녔을 때인 언어의 초기단계와 풍부한 어휘와 문법구조의 발전 사이에는 시간적으로 긴 간격이 있을 수 있다고 말한다. 10만 년 전 충분히 발전된 언어의 출현과 필기의 형태로 언어를 사용했다는 최초의 명확한 징후 사이에는 결정적인 증거라고는 거의 없는 거대한 추론의 영역이 놓여 있다. 인간 사회가 농업과 같은 활동을 할 수 있을 정도로 충분히 조직화되었을 때 언어가 더욱 발전했을 가능성이 높지만, 언어의 다각화 수준이 알려지지 않은 몇 만 년의 시간은 그대로 남겨져 있다. 로크는 부모를 지칭하는 마마mama와 다다dada형 혈족 언어들이 언어의 경계들을 넘나드는 방법 등 설명되지 않은 것에 호기심을 보내기도 한다. 비록 그것이 호칭의 자의성에 대한 모든 기대에 어긋나는 것이지만 말이다.

언어의 기원에 있어 완전히 설명되지 않은 또 다른 측면은 왼손잡이나 오른손잡이가 되는 성향과 발화 사이의 연계와 관련되어 있다. 대부분의 사람들은 일반적으로 뇌의 좌반구에 특화된 언어 기능들이 있지만 왼손잡이의 경우에는 대체로 우뇌에 그런 기능들이 자리 잡고 있는 것으로 나타나고 있다. 옥스퍼드대학교의 음성학실험실 책임자 존 콜먼은 주로 사용하는 손이 결정되는 발달 과정을 살펴보는 것이 언어의 뿌리를 탐구하는 한 방법이 될 수 있다고 말한다. 오클랜드대학교 심리학과 교수인 마이클 코발리스는 손과 발화 사이의 연계를 탐구한 결과 인간 언어의 선도자는 음성이 아니라 손의 제스처에 기반을 둔 기호언어의 형태를 취하고 있었다고 주장한다.

유전학도 언어의 진화를 살펴볼 수 있는 방법을 제시하고 있다. 옥스퍼드 인간유전학 웰컴트러스트센터는 인간유전체사업의 정보를 이용해서 발화와 관련된 유전자들을 지배하는 단백질을 생산하는 특정 유전자를 식별하고자 한다. 이 연구의 다음 단계는 언어의 유전적 기원을 분리해내기 위해 특정 유전자코드와 유인원들의 관련 유전자코드 사이의 유사점과 차이점들을 찾는 것이 될 것이다.

옥스퍼드대학교 정신병학과장 팀 크로는 인간 조상의 Y 염색체에서 일어난 유전자의 변이가 언어습득의 과정을 촉발시킬 수 있었을 것이라고 주장해왔다. 그의 이론에 따르면 이 변이를 물려받은 인간들은 뛰어난 언어능력을 지니게 되었을 것이고, 이런 능력은 상대적인 진화적 강점을 제공해줌으로써 언어를 사용하는 사람들의 우월성을 빠르게 이끌어낼 수 있었을 것이다.

제프리 밀러는 『메이팅 마인드Mating mind』에서 언어적 재능이 성적 파트너를 유인하는 수단이 될 수 있기 때문에 천부적인 언어능력을 가진 사람일수록 자신들의 유전자를 보다 성공적으로 퍼뜨릴 수 있었을 것이라고 주장한다.

이 주장은 언어를 사회적 도구로 보는 다른 연구에 기초하여 세워졌는데, 여기에는 언어가 유인원들 사이에서 공통적으로 발견되는 몸단장의 일종이라기보다는 거대집단 사이에서 효과적으로 관계를 맺는 방식으로 발달했다는 이론이 포함되어 있다.

겐트대학의 미생물학자이자 〈저널 오브 미미틱스〉의 편집자 마리오 바네슈트는 '음악적 유인원musical primate' 이론을 내놓기도 했다. 이 이론은 언어가 노래와 음악성에서 발달해왔다고 주장하는데, 여기에는 점차 복잡한 상징체계와 의미체계로 발전한 음성패턴들을 흉내낼 수 있는 능력이 함께 했다. 그러나 예일대학교 언어학 명예교수 스튜더트 케네디는 언어의 기원에 대한 탐구는 인간 경험에서 언어가 차지하는 독보적인 위치를 항상 염두에 두어야할 것이라고 말한다. 언어는 주관적이고 화자와 청자 모두의 지각에 좌우된다. 우리가 언어를 분석하고자 할 때 사용해야 할 도구 역시 언어 그 자체이다. 스튜더트 케네디에 따르면 언어는 단지 생각을 교환하는 한 가지 방식에 불과한 것이 아니라 우리의 사고방식을 표현하고 그것을 형성하는 사고의 도구이다.

션 코플란
자유기고가

언어는 어떻게 진화했는가?

제프리 밀러
뉴멕시코대학 진화심리학자

? 우리는 말할 수 있지만 침팬지는 그럴 수 없다. 왜 그런가? 언어를 설명하는 것은 인간 진화에서 풀어야 할 큰 문제이고, 내가 전공하는 진화심리학 분야에서도 핵심적인 문제이다. 동물의 의사소통에 대해 더 많은 것을 알게 될수록 인간의 언어는 더욱 불가사의한 것으로 다가오는 것 같다.

25년 전만해도 언어는 한결 설명이 쉬워 보였다. 1960년대 후반 존 페이퍼는 『인간의 출현』에서 언어는 '후기 구석기혁명'—4만 년 전 유럽에서 있었던 동굴 예술, 조각상, 매장의식, 보다 복잡한 도구 등의 갑작스런 등장—과 함께 진화했음이 틀림없다고 주장했다. 1970년대 초반, 언어과학과 교수인 필립 리버만은 목을 해부한 화석 증거에 비춰봤을 때 네안데르탈인은 말을 할 수 없었을 것이라고 주장했다. 또한 콘라트 로렌츠 같은 동물행태연구자들은 많은 동물들이 세계에 대한 유용한 정보를 공유하기 위해 의사소통을 한다는 고지식한 관점을 계속 유지하고 있었다.

이런 것들이 함께 결합하여 꽤 그럴듯한 이야기를 만들었다. 즉, 언어는 인간과 닮은 어떤 유인원 종에서도 진화하지 않았다. 언어는 오직 우리 종에서만 4만 년 전에 발달되었으며, 집단 내부에서 지식을 공유하기 위해 진화했다. 언어가 일단 진화되자 우리는 재빨리 문화와 문명을 발명했다.

문제는 새로운 증거들에 비춰봤을 때 이런 주장들 중 어느 하나도 맞아떨어지지 않는다는 것이다. 만약 언어가 4만 년 전에 유럽에서 진화했다면, 아프리카인들과 호주 원주민들이 최소한 4만 년 이전에 유럽인에서 분화되어 나왔다는 유전적 증거가 확실한 상태에서 그들이 말을 할 수 있다는 사실을 어떻게 설명할 수 있을까? 심리학자 스티븐 핑커는 『언어본능』에서 언어는 인간본성의 보편적 일부이며, 인간이 최소한 10만 년 전에 아프리카에서 진화했으므로 언어도 최소한 그 정도로 오래 전부터 존재했어야 함을 보여주었다. 고생물학자들 역시 벙어리 네안데르탈인에 대한 리버만의 주장을 뒤집었다. 화석들은 기껏해야 그들이 현생인류처럼 모든 영역의 모음 소리를 내지는 못했을지 모른다고 암시해주고 있다. 그러나 그런 사실이 곧 그들이 말을 할 수 없었음을 뜻하는 것은 아니다.

가장 중요한 것으로는 영국의 동물학자인 리처드 도킨스와 존 크레브스가 1978년에 동물 커뮤니케이션 연구에 혁명을 일으켰다는 점을 들 수 있다. 그들은 동물들이 진화적 경쟁자들에게 유용한 정보를 나누어주는 방식으로 진화한다는 것은 매우 이상한 일이라고 주장했다. 커뮤니케이션은 이타적이라 할 수 있고, 이타적 행위가 진화하는 것은 매우 어렵기 때문이다.

도킨스-크레브스 혁명 이래로 생물학자들은 동물들이 서로에게 보내는 대부분의 신호는 세계에 관한 메시지가 아니라 신호원 자신에 대한 메시지라는 점을 발견했다. 많은 경우 동물의 신호에는 신호원 자신의 종, 성, 연령 또는 위치 등이 담겨 있을 뿐이다. 어린 새들이 입을 열어 자신들의 배고픔을 알리고자 하는 것처럼 신호원의 욕구를 담고 있는 신호들도 있다. 모든 신호들에서 가장 공통적으로 나타나는 것은 포식자의 추격 의지와 경쟁자의 싸움의지를 꺾고, 훌륭한 짝을 찾는 성적 파트너를 유인하기 위해 신호원 자신의 적합성—건강, 에너지 상태, 좋은 두뇌 또는 훌륭한 유전자—을 드러내는 것들이다. 새의 노래에서 고래의 노래까지, 초파리의 춤에서 전기뱀장어의 전압서지[36]까지 동물의 신호들은 대부분 '나 여기에 있어. 나는 수컷이고, 나는 건강해. 나랑 성교하자.' 이상은 아니다. 신호의 형태는 복잡할 수 있지만 그 메시지는 간단하다. 벌과 같은 몇몇 사회성 곤충들은 동족에게 먹이의 출처에 대한 정보를 전달하고, 몇몇 포유류들은 친척들에게 포식자의 위험을 경고한다. 그러나 먹이와 포식자에 대한 이런 신호들조차 단순하고, 정형화되어 있으며, 나태하다. 그들은 자기 혈족의 생존을 근근이 도울 정도의 최소한의 노력만을 기울인다. 그밖의 동물들은 대부분 이기적이게도 세상에 관한 지식을 혼자만 간직한다.

다윈적 견지에서 보면 인간 언어는 수수께끼처럼 보인다. 왜 우리는 우리와 밀접한 관련이 없는 사람에게 사실이나 흥미, 관련성과는 거리가 먼 어떤 것을 말하는 수고를 하는가? 우리는 이 질문에 답함에 있어 진화의 규칙을 따라야 한다. 우리는 단지 언어가 집단이나 종에게 유용하다고만 말할 수 없다. 다른 어떤 종에도 친척이 아닌 집단구성원들에게 이익

[36] 전압서지란 번개가 칠 때처럼 잠깐 동안 지속되는 강력한 전압을 말한다. 전기뱀장어가 번개치듯 강력한 전압을 일으키는 장면을 연상하면 된다.

이 되는 것처럼 보이는 특질은 없다. 또한 우리는 언어가 단 한 번의 커다란 돌연변이에서 그냥 튀어나왔다고 말할 수도 없다. 말하기가 이타적이라면 말하기를 가능케 했던 그런 돌연변이는 자연선택에 의해 매우 빨리 제거되었을 것이다.

심리학, 언어학, 유전학 등에서 나온 증거는 인간 언어가 복잡한 생물적 적응의 산물임을 보여주는데, 적응은 수천 세대에 걸쳐 점진적으로만 이루어질 수 있다. 세대를 거듭하면서 진화가 가능한 것은 진화적 이익이 계속해서 그 비용을 상쇄하기 때문이다. 언어의 진화적 비용은 친척이 아닌 타인에게 유용한 정보를 제공해주는 것인데, 그것은 자신의 유전자를 희생시켜 타인의 유전자를 번성시키는 것이다. 그렇다면 말하기의 생존적 또는 재생산적 이익은 무엇이었을까?

언어를 다루고 있는 대부분의 유명한 책들은 이타주의 문제를 무시하고, 말하기에 내포된 어떤 특정한 진화적 이익도 규명하지 않는다. 이것이 스티븐 핑커의 『언어 본능』, 진 에이치슨의 『발화의 씨앗』, 데릭 비커튼의 『언어와 인간행동』, 테렌스 디컨의 『상징적 종』 등의 약점이다. 이것은 또한 소위 '원숭이 언어연구'의 약점이기도 하다. 침팬지들은 수 새 비지럼보 같은 인간 실험자들이 먹이를 주면서 그렇게 하도록 꼬드길 때에만 시각상징들을 배운다. 20만 년 전 아프리카 사바나에서 우리 조상들에게 말을 하면 보상을 줬던 자애로운 실험자들은 어디에 있었을까?

영국 진화심리학자 로빈 던바는 이타주의 문제를 해결한 소수의 이론들 중 하나를 발전시켰다. 『몸단장하기, 잡담, 그리고 언어의 진화』에서, 그는 언어가 유인원의 몸단장 행위의 확장으로 진화했다고 주장한다. 사회생활을 하는 유인원들은 조직의 다른 구성원들과 관계를 유지하는 수단으로 하루에 몇 시간씩 서로의 몸을 손질해준다. 던바는 인간이 진화하는 과정에서 집단의 크기가 커짐에 따라 몸단장하는 데 소요되는 시간이 감당할 수 없는 수준으로 증가했을 것이라고 주장한다. 아마도 언어, 특히 사회적 잡담은 서로의 관계를 돈독히 하는 효율적인 수단으로 진화했을 수 있다. 원시사회집단에서 사회적 이익은 원만한 관계에 따른 생존 및 재생산 이익으로 번역되었을 것이다.

문제는 던바의 이론이 언어가 내용을 가지게 된 이유를 설명하는 데 실패했다는 점이다. 왜 우리는 돌고래의 '신호 휘파람', 또는 유인원의 '접촉신호'처럼 무의미한 가락이 관계발전에 기여하도록 할 수 없었던 것일까? 던바는 농담조로 자신의 이론이 왜 대부분의 잡담이 그렇게 공허하게 들리는가를 설명해준다고 말한다('날씨 좋네요', '게리가 얼마나 살을 많이 뺐는지 봤어요?' 등처럼). 그렇지만 우리가 진부하다고 느끼는 것을 다른 종들은 그 의미가 놀라울 정도로 풍부하다고 여길 수 있다. 만약 언어가 단지 '음성 몸단장하기'라면 그것은 왜, 어떤 것에 대한 것일까?

이타주의 문제를 해결하고 언어가 내용을 가지게 된 이유를 설명하기 위해, 나는 인류학자 로빈스 벌링이 1986년에 제안했던 이론을 재조명할 필요가 있다고 생각한다. 벌링은 모든 사회의 남성들은 대중연설을 할 수 있는 사회적 지위를 확보하는데, 이때 사회적 지위는 여성들을 매료시킴으로써 재생산의 성공으로 번역된다고 주장했다. 따라서 어쩌면 언어는 새의 노래와 마찬가지로 최고의 남성 웅변가를 선호하는 여성들의 성 선택을 통해 진화했을 수 있다. 모니카는 빌이 훌륭한 연설을 했기 때문에 그와 사랑에 빠진다. 그는 역사 이전 시기의 환경에서 남들보다 많은 자식을 갖게 되었을 것이고, 그녀도 자신의 유전자를 그의 유창한 언어 유전자와 결합시켜 구변이 좋은 자식을 낳음으로써 이익을 얻었을 것이다.

따라서 남성의 언어적 능력에 대한 폭주하는 성 선택이 있었을 수 있

132

고, 언어를 이해하고 판단하는 여성의 능력을 위한 성 선택이 있었을 것이다.

이 이론에 내재된 한 가지 문제점은 왜 여성도 말을 하게 되었는지를 설명하지 못한다는 것이다. 성적으로 선택된 대부분의 신호들은 수컷에게만 나타나는데, 이는 대부분의 종에서 구애는 수컷이, 그에 따른 선택은 암컷이 하는 경우가 다반사이기 때문이다. 암컷 새들과 고래는 노래를 하지 않는다. 만약 언어가 성 선택을 통해 진화했다면 여성은 왜 말을 하게 된 것일까?

인간은 대부분의 다른 유인원들과는 달리 오랫동안 성관계를 유지하고, 대부분 그런 관계 속에서 자식을 낳는다(비록 많은 수의 간통이 있음을 부정할 수 없지만). 수컷 인간들은 다른 유인원들보다 자신의 친족들과 자식들에게 많은 투자를 하기 때문에, 장기적 성 파트너를 선택할 때 까다롭게 굴어야 할 충분한 이유를 지니고 있는 셈이다. 만약 남성 조상들이 발음이 부정확하고 따분한 여성들보다 말이 유창한 여성들을 선호했다면, 성 선택은 남성의 언어능력뿐 아니라 여성의 언어능력도 실현할 수 있었을 것이다. 인간 짝짓기 선택의 상호성은 인간의 언어능력에서 성적 평등을 이루는 데 중요한 역할을 했다.

벌링의 이론도 던바의 이론과 마찬가지로 내용의 문제를 설명해야 한다는 문제점이 있다. 이 문제는 큰 두뇌를 가진 종이 성적 구애를 하는 동안 무엇을 선전하고자 했을까를 생각해보면 해결될 수 있다고 믿는다. 만약 지능이 생존과 사회생활을 위해 중요했다면 성적 파트너를 선택하는 기준으로 지능을 떠올린 것은 훌륭한 판단이었을 것이다. 언어가 매우 훌륭한 지능 지표가 될 수 있는 까닭은 언어에는 풍부한 내용이 있기 때문이다. 우리는 우리의 생각과 느낌을 말로 표현한다. 따라서 우리가 잠재적인 짝과 말을 할 때 그들은 우리의 생각과 느낌을 평가할 수 있다. 우리는 언어를 통해 서로의 마음을 읽을 수 있기 때문에 단지 그들의 몸이나 노래가 아니라 그들의 사고방식(지성)을 보고 짝을 선택할 수 있는 것이다. 다른 어떤 종도 이런 선택은 하지 못한다.

언어가 진화할 수 있었던 것은 우리 조상들이 자신이 알고 있고, 기억하고 있고, 상상하고 있는 바를 내보일 수 있는 성적 파트너를 선호했기 때문이다. 선사시대의 시라노들이 호머 심슨들보다 재생산에 보다 성공적이었고, 마찬가지로 선사시대의 세헤라자데들도 그랬을 것이다. 그들이 항상 세계에 대한 진실을 말한 것은 아니었지만 그들의 언어능력은 항상 그들 자신에 대한 진리를 말하고 있었다. 관계를 유지하고, 어린아이를 함께 키울 때 정말로 중요한 사고방식과 인격의 질質을 말이다. 언어가 단지 구애를 위해서만 사용되는 것은 아니다. 그럼에도 나는 언어의 기원은 우리 선조들이 사랑에 빠졌던 방식에 있지 않았나 생각한다.

세기 초반에 이르면, 많은 과학자들이 더 이상 신을 믿지 않게 되었다. 1916년, 미국 과학자들

대상으로 한 설문조사에서 60퍼센트가 신을 믿지 않거나 의심한다고 대답했다 - 저자가 예측

던 수치는 교육의 확대와 함께 증가할 수 있었을 것이다. 이런 점에도 불구하고, 그리고 과학이

에서 눈에 띠는 진전이 있었음에도 불구하고(특히, 창조주 신의 필요성을 제거했다고 알려진 유전학

· 양자역학에서), 1996년 설문조사에서도 여전히 40퍼센트의 미국 과학자들은 신을 믿고 있었다.

람이 생명 그 자체를 다룰 수 있는 능력을 보유한 이상, 신을 위한 여지가 어떻게 있을 수

는가? 우주가 생명을 돌보기에 매우 적합한 환경을 펼쳐 보이고 있다는 사실 또한 시라

, 신 지지자 이를 만들 수 있도록 해준다.

우리를 만드는 것은
유전인가, 환경인가?

? 인간유전체의 염기서열분석으로 유전자와 환경의 상호작용에 대한 관심이 새로이 촉발되기는 했지만 선천/후천 논쟁은 이미 수세기에 달할 정도로 오래된 것이다. "천성은 교육보다 항상 힘이 세다." 1700년대에 볼테르가 한 이 말에는 그의 입장이 고스란히 녹아 있다. 한편 그와 동시대인인 장 자크 루소는 사람은 선하게 태어나지만 그들이 사는 사회에 의해 타락에 빠지게 된다고 믿었다. 그에 앞서 르네 데카르트는 자각적인 이성과 갈등을 일으키는 내적인 본능에 대해 쓴 바 있다. 그와는 대조적으로 17세기 영국 철학자 존 로크와 19세기의 스튜어트 밀은 행동behaviour은 타고난 본능적 욕구에 의해서가 아니라 세계를 관찰하는 데서 기원한다고 생각했다.

어느 정도 모양을 갖춘 과학적 용어로 이 질문에 접근하게 된 것은 불과 150년 전의 일이었다. 유전 연구의 토대를 마련한 그레고르 멘델과 가장 유리한 유전형질을 지닌 생물이 다음 세대에게 그런 형질을 더 잘 전달할 수 있다는 선택 메커니즘을 기술한 찰스 다윈이 그들이었다.

멘델은 사제로 임명되었지만 브룬에 있는 수도원(결국에는 이 수도원의 대수도원장이 되었다.)으로 되돌아오기 전에 비엔나에서 과학을 공부했다.

그의 과학적 관심은 식물교배, 정확히 말하면 완전히 다른 형질을 지닌 식물들을 교배시켜 태어난 잡종들에 있었다. 그의 고전적 실험들은 완두콩의 색깔, 형태 등과 관련되어 있었다. 콩은 둥글거나 주름진 것일 수 있고, 노랗거나 초록일 수 있었다. 멘델은 그것들의 유전패턴을 밝혔고, 우성인 형질들과 열성인 형질들을 구분했으며, 결정적으로 이런 형질들 사이에 산술적 비율이 나타난다는 것을 보여주었다.

유전이 한 세대에서 다음 세대로 일종의 분리된 실체—정보 꾸러미—를 전달하는 것과 관련되어 있음은 분명했다. 멘델은 우리가 유전자라고 부르는 이런 꾸러미들의 성질을 이해하고 있지는 못했다. 그 점에서는 다윈도 마찬가지였는데, 더욱이 그는 완두콩을 대상으로 한 멘델의 연구조차 모르고 있었다. 그러나 특정형질이 어떻게 세대에서 세대로 전달되는지를 정확히 모른다는 사실이 다윈이 자연선택 이론을 고안하는 데 결정적인 장애물로 작용했던 것은 아니다.

그의 사상은 일련의 관찰과 전제들로부터 도출되었다. 자식은 그의 부모를 닮는다. 그러나 그대로는 아니다. 다윈은 모든 생물들이 성체로 성장할 수 있는 것보다 더 많은 자식을 낳는다는 조건 하에서 이런 다양한 자식들 중에서 보다 성공적인 것이 생존하여 교배를 할 수 있는 유리한 기회를 잡을 수 있다고 추론했다. 이것은 유리한 형질이 다음 세대로 전달되는 것을 보장해준다. 시간이 흐르면 이런 형질을 지닌 개체들이 모집단에서 다수를 차지하게 될 것이고, 따라서 환경에 대한 그 생물집단의 적응은 향상될 것이다.

거의 모든 생물학자들이 이러한 과정을 통해 생물세계에 놀라울 정도로 다양한 형태와 기능을 가져온 진화적 변화를 설명할 수 있다는 것에 동의한다. 대부분의 동물 행동에도 같은 설명을 적용할 수 있다. 가장 힘든 걸림돌은 인간의 행동이다. 우리는 우리의 감각기관, 근육, 뇌 등을 부모로부터 물려받는다. 그렇다면 컴퓨터를 조립하기 위해 그런 근육들을 사용하는 데 필요한 지능, 그것이 작동하도록 하는 데 필수적인 결단, 그것을 다른 누군가에게 빌려주는 관대함도 유전되는가?

이런 종류의 질문에 대해서 유럽인과 미국인들은 강조점이 서로 다른 대답들을 내놓았다. 유럽의 경우, 19세기 영국 철학자 허버트 스펜서는 다윈의 『종의 기원』을 인질로 잡고 정부의 간섭에 반대함으로써 재갈이 풀린 자본주의의 모든 특징을 정당화하는 일종의 사회다윈주의social

Darwinism를 발명해냈다. 20세기 전반기에는 양육보다는 천성이 지배적인 영향력을 행사하는 것으로 여겨졌다. 그런 입장에 앞장선 학자로는 다윈의 사촌인 프랜시스 골턴을 들 수 있다. 그는 섣부른 우생학 운동의 투사로 인간 종을 개선시키게 될 선택적 교배 프로그램에 기여했다. 버나드 쇼와 웹 부부와 같은 급진 지식인들도 이런 관점들에 이끌렸다. 비록 히틀러와 제3제국(나치 치하의)의 우생학에 대한 지지가 그런 관점들을 받아들일 수 없는 것으로 전락시키고 말았지만 말이다.

프로이트 역시 타고난 본능적 욕구의 존재를 받아들였지만, 어린 시절의 사건들이 거기에 영향을 미치고, 형성하는 방식의 중요성을 강조했다. 경쟁관계에 있는 학파들과 대립했던 그의 정신분석학파는 고향인 유럽보다는 미국에서 자신들이 쉽게 받아들여지고 있다는 것을 알게 되었다.

20세기 전반기 대부분 동안 미국에서는 심리학이 행동주의의 강력한 영향—지배적일 정도는 아니었지만—을 받았다. 행동주의는 새로 태어난 뇌에 태생적으로 프로그램 처리되어 있는 것은 거의 없으며, 우리는 어떤 자극에 대해 반응하는 것이고, 우리의 행동은 조건반사의 산물이라는 입장을 고수했다. 심리학자 왓슨과 그 뒤를 이은 스키너가 이런 관점의 선도적인 주창자였다. 인간 정신은 백지상태와 같고, 따라서 인간 사회도 순응성이 매우 높다고 본 문화인류학자 마가렛 미드와 다른 학자들과 더불어 사회과학에서도 유사한 발전들이 있었다. 여전히 생물학보다는 문화가 우위를 차지하고 있었다.

반란은 필연적이었다. 가장 치열한 논쟁은 IQ의 유전과 관련되어 있었는데, 특히 IQ를 인종과 결부시키는 부분에서 그랬다. 미국의 아서 젠센과 영국의 한스 아이젱크는 우리의 성격과 행동 대부분이 유전된다는 주장을 공개적으로 밝힘으로써 대중들의 증오를 불러일으켰다. 이를테면 아이젱크는 IQ의 형성에는 유전과 환경이 4:1의 비율로 작용한다고 주장하곤 했다.

유전/환경 논쟁에 있어서 보다 일관적이고 믿을 만한 다윈적 관점은 20세기의 마지막 30년 동안에 다시 출현했는데 부분적으로는 콘라트 로렌츠, 니코 틴버겐, 그리고 무엇보다도 윌슨 같은 동물행동주의자들의 심혈을 기울인 연구가 알려지면서 그랬다.

인간 행동의 뿌리들이 유전적으로 결정될 수 있는 가능성, 그리고 이런 점에서 인간과 동물 사이의 명확한 구분이 잘못되었을 가능성을 가장 분명하게 부각시킨 사람은 1975년에 새 시대를 연 책 『사회생물학 : 새로운 종합』을 써낸 윌슨이었다.

윌슨의 관점은 지적 · 정치적 차원에서 폭풍을 몰고 왔다. 그는 인종주의자이자 남녀차별주의자라고 공격당했고, 유전자 운명론을 주장하는 생물결정론자라는 비난을 받았다. 사회생물학이라는 용어는 너무도 신뢰할 수 없는 것이었기 때문에 윌슨의 생각에 동조하는 사람들조차도 그 말의 사용을 꺼렸다.

한편 생물학자뿐 아니라 철학자와 사회과학자들까지 참여한 한 집단은 다윈에게로 돌아가서 새로운 진화학파를 세웠다. 폭넓게 보면, 이 학파의 주장은 우리 종은 수렵 · 채집인으로 살아온 오랜 기간 동안 자연선택을 통해서 환경에 적응할 수 있게 되었다는 것이다. 그 당시 지배적이었던 환경과 사회조직은 오늘날의 그것과는 현저하게 달랐을 것이다. 그러나 생물학적으로 볼 때 인간을 변화시키는 힘으로서의 생물학적 진화는 주로 문화적 진화에 그 지위를 빼앗겨왔던 까닭에 그때나 지금이나 별 차이가 없다고 할 수 있다. 따라서 학습된 인간 행동의 새로운 프로그램들은 오랫동안 유전되어 온 옛 프로그램들에 접목되어 있다. 그러므로 만약 여러분이 '자연스럽게' 우리 종을 이루게 된 것이 무엇인지를 알고자 한다면 우리가 지난 수만 년 동안 어떻게 살아왔는가를 물어야 한다.

이러한 주장은 생리학에 적용되면서 비만의 우세, 심장병의 증가 같은 문제들에 대한 생생한 논쟁과 흥미로운 통찰을 낳았다.

그러나 그런 쟁점들은 주로 논쟁의 여지가 없는 것으로 남아 있다. 동일한 원리를 인간 행동에 적용—진화심리학[37]으로 알려져 있다.—한 결과는 같은 계통의 앞자리를 차지했던 사회생물학이 일으킨 법석의 재탕이었다. 진화심리학의 주장이 조금 덜 신랄했다고 해서 법석의 정도가 덜했던 것은 아니었다.

진화심리학의 맹렬한 비판자인 생물학자 스티븐 로즈는 새롭게 출현하는 뇌과학과 유전학의 결합을 '신경유전학neurogenetics'이라 부르면서 별다른 근거 없이 가정된 인간 행동에 대한 신경유전학의 영향을 '신경유전자 결정론'으로 규정하였다. 그는 『생명선』이라는 책에서 이렇게 쓰고 있다. "가장 극단적인 환원론자들만이 보스니아 전쟁의 원인을 라도반 카라지치 박사[38]의 뇌에서 일어난 신경전달물질 메커니즘의 결함과 프로작의 다량 처방에서 찾으려 할 텐데, 신경유전자 결정론에 의해 제기된

.... BIG QUESTIONS IN SCIENCE

[37] 진화심리학이란 인간 행동의 원인을 다윈 진화론의 핵심인 자연선택에 따른 적응의 결과로 해석하고자 하는 간학문적 연구이다. 여기서 핵심은 인류의 공동 행동양식('문화')이 다름 아닌 진화의 산물이라는 것이다. 이렇게 되면 문화적 접근을 진화론적 접근으로 환원해야 하는 문제가 발생한다. 이런 점에서 진화심리학이 환원주의적 입장을 취하고 있다는 비판에 직면할 여지는 충분하다고 할 수 있다.

[38] 보스니아의 세르비아계 지도자로서 보스니아 전쟁 당시 세르비아계가 장악한 보스니아 지역에서 이슬람교도와 비非세르비아인 수만 명을 죽이거나 추방한 '인종청소'의 책임자로 악명을 날린 인물이다.

140

많은 주장들은 그런 극단적 환원론으로부터 멀리 떨어져 있지 않다."

그 논쟁의 다른 측면에서 윌슨 자신은 유전자가 운명이라고 말했다는 것을 부정하고 사회생물학이 불러일으킬 분노를 예상하지 못할 정도로 자신이 순진했음을 인정한다. 그는 많은 사람들이 행동을 결정짓는 요인으로 계통(가계)을 받아들이는 것에 내키지 않아 하는 것을 이해할 수 있다고 주장한다. 즉 "모두의 지력이 정확히 동일선상에서 출발하고, 모두의 잠재력이 동일하고, 어느 방향으로든 인간의 행동을 바꾸고자 한다면 환경을 변화시키면 그만이라고 생각하는 것이 이해가 훨씬 쉬운 입장일 뿐만 아니라 훨씬 편안함을 준다."

인간유전체사업의 성과에 의해 이러한 논쟁이 어느 정도까지 변할지는 말하기 어렵다. 유전자의 정체를 파악하는 것 자체로는 아무것도 변화시킬 수 없다. 그러나 연구자들이 유전자를 대상으로 연구하면서 그것들의 다양한 기능들을 결정해나간다면 그림의 구도는 바뀔 수 있다. 실제로 '유전진영'에 있는 많은 사람들은 이제 바람이 확실하게 자신들 쪽으로 불어오기 시작했다고 믿고 있다. 그들은 쌍둥이 연구의 성과와 함께 출발했던 것이 분자생물학에서 입증될 것이라고 믿고 있다.

그럼에도 그들 중 다수는 재갈 풀린 유전자결정론 대 재갈 풀린 문화결정론이라는 소득 없는 극단화를 극구 피하고자 한다. 현재 대부분의 과학자들은 유전자와 문화 모두가 일정한 역할을 수행한다는 것을 사실로 받아들인다. 논쟁의 초점은 그것들의 절대적 영향력보다는 상대적 영향력으로 옮겨가고 있다.

제프 와츠
과학 및 의학 저술가, 방송인

141

우리를 만드는 것은
유전인가, 환경인가?

마이클 루터

런던대학교 킹스칼리지 정신병연구소, 발생정신병리학 교수

? 최근까지 행동유전학은 주로 심리학적 현상과 정신장애에 있어 유전과 환경의 상대적 영향력을 정량화하는 것에 관심을 두고 있었다. 쌍둥이와 입양아 연구는 무엇보다도 유전적 영향과 환경의 영향을 분리하는 데 사용되었다. 연구결과는 일관되고 유의미하게 유전과 환경 모두의 힘을 보여주고 있다. 비록 자폐증이나 정신분열증 등 몇몇 장애에서는 유전적 요인이 확실히 우월하게 나타나는 반면 범죄 등 다른 영역에서는 환경적 요인들이 우월한 것으로 보이지만, 전체적으로 보면 그 둘의 영향은 거의 같은 것으로 나타난다.

이제 유전과 환경을 서로 분리된 독자적 요인으로 간주하는 것은 지나친 단순화라는 것이 분명해졌다. 상관성 및 상호작용 모두의 관점에서, 그 영향은 유전과 환경의 개입 정도에 따라 달라진다.

유전과 환경의 상관성이 발생하는 것은 유전자들이 환경적 위험에 노출된 상태에서 세 가지 메커니즘을 통해 개인차에 영향을 미치기 때문이

다. 첫째, 부모는 자신의 유전자를 자식에게 넘겨주고 아이들의 양육환경을 제공한다. 유전적 영향과 환경적 영향 사이의 상관성은 정신장애의 위험성이 큰 유전자를 넘겨주는 부모들은 대체로 뒤떨어진 육아환경을 제공할 가능성이 높다는 사실을 반영하고 있다. 예를 들면 회귀성 우울증, 약물이나 알코올 중독 등으로 심각하게 고통 받고 있는 부모들은 상대적으로 부모의 역할을 원활하게 할 수 없을 것이다. 따라서 그들의 아이들에게 닥친 위험은 유전적 요인과 환경적 요인이 결합된 것이다. 전통적 분석에서는 이러한 결합효과를 전적으로 유전의 탓으로 돌리지만 실제로는 선천과 후천이 공동으로 작용한 결과이다.

둘째, 사람들은 자신의 행동을 통해 자신의 환경을 선택하고 만들어나간다. 예를 들면 유전적으로 음악이나 운동, 수학에 재능을 지닌 아이는 다른 아이들보다 그런 재능을 추구하는 데 더 많은 시간(그리고 가능한 질 높은 시간)을 보낼 가능성이 높다. 따라서 그런 재능의 향상은 아이의 유전적 배경은 물론 환경적 이점에 의해 영향을 받게 될 것이다. 유전자가 환경을 형성하고 선택하는 데 있어서 중요한 역할을 하게 되겠지만 효과는 선천과 후천의 동시적 영향을 반영하고 있다. 여기서도 전통적 분석은 환경의 매개적 역할에도 불구하고 이 모든 효과들을 유전의 탓으로 돌릴 것이다.

셋째, 유전적으로 영향을 받은 행동은 다른 사람들과의 상호작용에 영향을 미친다. 예를 들면 반사회적인 개인들은 다른 사람들에 비해 적의나 거부감을 크게 불러일으키고, 사회적 지원을 받을 수 없게 되고, 관계의 파괴에 쉽게 빠지는 경향이 있고, 자신의 일을 위험에 빠뜨리는 방식으로 행동할 가능성이 매우 높다. 그러나 이런 모든 효과들에는 본질적으로 환경적 위험이 포함되어 있다. 한 번 더, 유전자는 개인들이 위험한 환경을 경험할 가능성을 높이는(줄이는) 데 중요한 역할을 한다. 흔히 유전적 효과의 추정치에 포함되기는 하지만 사실 위험은 유전적 매개와 환경적 매개 모두와 관련되어 있다.

이런 발견은 유전 연구와 심리사회적 연구 양쪽에 중요한 의미를 가진다. 우선 유전학에 주는 메시지는 유전적 효과의 일부는 환경적 위험에 노출되어 있는 변이들의 간접적인 영향 속에 놓여 있다는 것이다. 따라서 그 결과에는 선천과 후천적 영향이 다 포함되어 있고, 그것을 단지 유전적이라고 이름 붙이는 것은 잘못이다. 심리사회적 연구를 위한 메시지도 마찬가지이다. 즉, 완전히 환경적인 것으로 보이는 일부 효과들도 실제로는 그 일부가 유전적으로 매개된 것이다.

유전 전도사들은 가끔 이런 토대 위에서 심리사회적 연구를 깎아내리려 해왔다. 그러나 그들의 비판은 검증되지 않았다. 첫째는 유전적 성과가 가정된 환경적 효과의 작은 일부만이 유전적으로 매개되었다는 것을 보여주기 때문이고, 두 번째는 유전자분석에 의해 환경적 위험의 매개가 존재한다는 것이 입증되었기 때문이다. 예를 들면 유전자를 공유하고 있는 일란성 쌍둥이의 차이는 환경적 요소로 설명될 수 있다.

유전자와 환경의 상관성은 대단히 높다. 유전자-환경 상호작용은 상관성과는 다른 메커니즘을 반영하고 있다. 환경적 위험에 관한 연구에서는 어린이들(그리고 어른들)이 환경에 대한 반응 정도에서 큰 차이를 보인다는 것이 정설이다. 주어진 환경적 위험—정도가 심각한—에 직면했을 때 고통을 크게 받는 개인들이 있는가 하면, 어떤 개인들은 그 악영향에서 완전히 벗어나 있는 것처럼 보인다. 유전적 요소들은 병에 쉽게 걸리거나 위험에 쉽게 노출되는 개인적 정도의 차이에서 핵심적인 역할을 한다. 이런 종류의 효과는 생물학과 의학 전체에 적용된다. 흩날리는 꽃가

루 때문에 심한 알러지에 시달리는 사람들도 있지만 전혀 영향을 받지 않는 사람들도 있다. 유전적 영향은 이런 개인차와 관련이 있다. 더욱이 개별적 감수성유전자의 효과를 연구하는 분자유전자 연구는 유전자와 환경이 흡연, 머리부상, 감염 등 다양한 위험요소들과의 관련성 속에서 함께 작용한다는 것을 입증해왔다. 그런 장애들은 감수성 유전자가 없다면 발생할 가능성이 낮을 것이고, 환경적 위험요소가 없어도 마찬가지로 발생 가능성이 낮을 것이다. 결정적인 것은 그 둘이 동시에 존재해야 한다는 것이다. 한 번 더, 낡은 스타일의 계량적 유전자 분석은 이 모든 효과를 유전자에 귀속시키겠지만 사실상 그것은 선천과 후천이 결합된 결과이다.

유전자-환경의 상관성과 상호작용의 존재는 어떤 효과의 평가에도 (최소한도로) 선천, 후천, 그리고 그 둘이 결합된 효과를 다루어야 할 필요성을 말해주고 있다. 이 조합된 효과의 상대적 크기는 일반적인 결론을 도출하기에는 자료가 매우 미흡하고, 특성이나 장애의 종류에 따라 달라질 가능성이 크다. 분명한 것은 그것이 사소하지는 않지만 그렇다고 그 중요성을 과장할 필요도 없다는 것이다. 우리는 아직도 환경적 위해로부터 완전히 독립된 유전적 효과가 있는지, 그리고 유전적으로 감수성이 없는 개인들이 환경의 영향을 받는지 여부를 물어야 할 필요가 있다.

유전적 영향의 독자적 중요성은 강력한 사실적 근거를 가지고 있다. 예를 들어 정신분열과 자폐증에 관한 연구에 따르면, 이런 장애의 유전적 위험은 어린이들이 어떤 형태의 환경적 위해를 만나느냐에 따라 좌우되지 않는다. 이와 같은 것이 어느 정도는 다른 심리적 특징들에도 적용될 수 있을 것이다. 이와는 대조적으로 환경적 영향은 전반적으로 유전적으로 감수성이 큰 개인들에게서 가장 확실하게 나타난다. 유전적 감수성을 필요로 하지 않는 환경적 효과들이 존재할 수는 있겠지만 아직까지는 명확하게 밝혀져 있지 않다.

선천/후천 문제에는 두 가지 단서가 추가되어야 한다. 첫째, 비유전적 영향이 특정한 환경적 효과에 필연적으로 관련된 것은 아니다. 이것은 생물학적 발생이 결정론에 의한 것이라기보다는 확률론에 의한 것이기 때문이다. 달리 말해 진화적으로 도출된 유전프로그램은 일반적인 패턴이나 계획을 특정하기는 하지만, 개별적인 신경세포(또는 다른 세포)들이 무엇을 해야 하는지를 결정하지는 않는다. 여기에는 우연과 일반섭동$_{general}$ $_{perturbation}$이 중요한 역할을 한다. 모든 여성들에게는 두 개의 X 염색체가 있지만 하나만 활동적인데, 어느 것이 그럴지는 우연적으로 결정되는 것처럼 보인다. X 염색체 하나는 아버지에게서 물려받고 하나는 어머니에게서 물려받기 때문에 경우에 따라서는 어느 것이 활동적인지 여부가 매우 중요하다. 일반섭동은 발생과정에 만연해 있다. 따라서 우리들 대부분은 한 가지 또는 그 이상의 사소한 이형異形을 지니고 있다. 예를 들면, 여분의 젖꼭지, 여분의 이, 결손 근육, 이상한 눈썹, 비대칭적 피부 패턴, 비정상적으로 만들어진 귀 등이 그러하다. 이런 이형은 집단적 차원에서는 의미가 있지만(그것은 쌍둥이와 나이가 많은 어머니가 낳은 자식에서 보다 흔하다.) 개인적 차원에서는 이형의 출현에 특정한 환경적 요소가 관여하고 있는 것 같지는 않다. 더욱이 대부분의 이형들은 기능적으로 차이가 없다. 그럼에도 불구하고, 그것은 발생이 약간 실패했음을 나타내는 것이기 때문에 중요할 수 있다. 장애는 어떤 특정한 환경적 위험의 경험보다는 유전위험과 발생적 불완전이 결합된 결과일 것이다.

두 번째 단서는 유전적 효과와 환경적 효과의 정량화가 개인차를 주목하는 것이더라도 특정형질의 빈도수에 대한 영향도 고려할 필요가 있다는 점이다. 지난 반세기 동안 젊은이들의 약물남용과 범죄, 젊은 남성들의 자살율에 엄청난 증가가 있었다. 이런 증가속도는 분명히 일정 정도의 환경적 영향을 말해주고 있다. 또한 20세기 내내 키와 IQ는 증가되고 초경 연령은 낮아졌다. 여기에는 환경적 요소들이 밀접하게 관련되어 있는 것 같다. 연구결과에 따르면 특정형질에서 개인차를 유발하는 요소들이 반드시 전체 모집단 형질의 수준이나 빈도에 영향을 미치는 요소들과 동일하지는 않았다. 따라서 키의 개인차에 있어서는 유전적 요소들이 주된 것이기는 하지만, 지난 세기 동안 나타난 평균 키의 엄청난 상승(약 12센티미터)은 거의 확실하게 영양공급의 향상 때문이었다. 높은(심지어 아주 높은) 유전율이 주요한 환경 변화로 커다란 차이가 발생될 수 없음을 뜻하는 것은 아니다.

그렇다면 우리를 형성하는 것이 유전인가, 환경인가라는 문제에 대해서는 어떻게 답할 것인가? 대답은 둘 다 있어야만 한다는 것이다. 하지만 지금까지의 연구 성과들은 둘 사이의 상호작용을 강조하는 수준에서 좀 더 앞으로 나아간다. 사람들 사이의 많은 편차들은 선천과 후천이 결합하면서 상승작용을 일으킨 결과이다.

어떤 면에서 보면 이 질문은 잘못된 것이다. 높거나 낮은 유전율(그것이 0%나 100%에 근접할 경우를 제외하고)에는 어떤 정책적·실천적 함의도 존재하지 않는다. 정말 중요한 것은 유전적 요인과 환경적 영향(어떤 경우에든 상황에 따라 변할 것이다.)의 상대적 강도가 아니라 그것들이 그런 효과를 발휘할 수 있도록 해주는 메커니즘이다. 여기에 미래가 놓여 있다.

반사회적 행동에 대한 유전적 영향은 감각적 추구나 충동과 관련된 간접적 위험들을 통해 작동하는가? 아니면 공격성과 관련된 보다 직접적 위험들을 통해 작동하는가? 그것도 아니라면 지나친 불안과 연관된 방어

효과들을 통해 작동하는가?

분자유전학은 그와 같은 인과적 과정에 대한 이해를 제공하는 데 있어서 핵심적인 역할을 하게 될 것이다. 지금까지 정신장애 분야의 생물학적 연구들은 대부분 일시적 탐색의 성격을 지녔던 까닭에 결론이 나지 않았다. 그러나 분자유전학이 한두 개의 관련 감수성유전자를 식별하기만 하면, 그리고 기능유전체학functional genomics 이 계속해서 이런 유전자들이 단백질과 단백질 생산물이 야기하는 생물학적 과정에 미치는 영향을 밝혀낼 수 있다면, 생물학적 인과 메커니즘을 위한 연구의 폭을 대폭적으로 줄이는 데 큰 도움이 될 것이다.

하지만 이런 연구들은 선천과 후천의 상호작용에 대한 탐구를 포괄하는 한에 있어서만 전적인 성공을 거둘 수 있을 것이다. 몇몇 중요한 유전적 영향을 특정한 환경적 위험에 대한 노출과 감수성에 대한 효과와 연관 짓는 것은 바로 이런 이유 때문이다. 따라서 연구는 세포 내부의 작동과정을 넘어서서 개인들이 자신의 환경과 상호작용하는 방식과 관련된 과정으로, 따라서 유전적으로 영향 받기 쉬운 경향성이 특정행위로 나아가는 간접적 경로에까지 확장될 필요가 있다. 이 임무는 완수될 수 있지만 성공은 쉽지 않을 것이고 많은 시간이 걸릴 것이다.

세기 초반에 이르면, 많은 과학자들이 더 이상 신을 믿지 않게 되었다. 1916년, 미국 과학자들

대상으로 한 설문조사에서 60퍼센트가 신을 믿지 않거나 의심한다고 대답했다 – 저자가 예측

던 수치는 교육의 확대와 함께 증가할 수 있었을 것이다. 이런 점에도 불구하고, 그리고 과학이

에서 눈에 띠는 진전이 있었음에도 불구하고(특히, 창조주 신의 필요성을 제거했다고 알려진 유전학

양자역학에서), 1996년 설문조사에서도 여전히 40퍼센트의 미국 과학자들은 신을 믿고 있었다.

람이 생명 그 자체를 다룰 수 있는 능력을 보유한 이상, 신을 위한 여지가 어떻게   을 수

는가? 우주가 생명을 돌보기에 매우 적합한 환경을 펼쳐 보이고 있다는 사   시라

신 지지자 이를 만들 수 있도록 해준다.'

남성과 여성은
어떻게 다른가?

? "도대체 왜 여성은 좀더 남성처럼 될 수 없는 것일까?" 헨리 히긴스는 뮤지컬 〈마이 페어 레이디〉에서 동시대인들의 본능적인 공감대에 호소하고 있다. 무엇보다도 남자는 인생의 중대사에 훨씬 능숙하게 대처한다. 그들은 침묵의 가치를 알고 있다. 그들은 우아하게 달리고, 정확하게 공을 던지며, 단 한 번에 정확하게 자동차를 주차시킨다. 그들은 울지 않으며 사소한 문제에 화를 내지 않는다.

지난 10년 동안 과학자들은 남성의 재능목록에 여러 가지를 추가했을 뿐만 아니라 여성의 수행능력에 대해서도 만만찮은 색인카드를 쌓아올렸다. 여성들은 히긴스의 피보호자 엘리자 둘리틀이 충분히 보여준 바와 같이 언어에 있어서 보다 유창하고 표현이 뛰어난 성sex이다. 그들은 문법의 대가이며 읽기에 탁월하다. 그들은 보다 예민한 피조물로서 다른 사람들의 기분상태와 의도를 정확하게 파악할 수 있고 복잡한 사회관계망을 유연하게 다룰 줄 안다.

익살꾼들과 철학자들은 수세기에 걸쳐 성차sex difference에 대해 써왔는데 대부분은 그 차이가 변화될 수 없는 것이라고 믿었다. 사회가 그 자신의 고정관념을 주조한다는 믿음이 실제적인 힘을 얻은 것은 20세기에 들어서였다. 이 개념은 사회과학자들이 여성의 행동이 사회, 특히 역할모델과 미디어에 의해 결정된다는 것을 밝혀낸 1960년대에 힘을 얻었으며 성gender에 적용되기에 이르렀다. 많은 사회과학자들은 성차의 창조에서 생물학에 주어졌던 모든 역할(재생산 기관의 차이를 제외한)을 폐기처분했다.

그들은 현재 생물학에 기반을 두고 잃었던 일부 영토의 반환을 주장하는 분과들로부터 독단론이라는 비난을 받고 있다.[39]

신新다원주의자들은 조심해서 발을 내디뎌야만 한다. 그들의 선구자인 사회적 다원주의자들은 다원의 자연선택이론을 노예제도와 인종차별, 식

150

민지 정복 등의 과학적 기반으로 제공했다. 오늘날의 신다윈주의자들은 자신들을 진화심리학자라고 부르며, 성차에 대해서 다음과 같은 입장을 취한다. 즉 여성과 남성은 독특한 생물학적인 특성에 의해 재생산이라는 지평에서 서로 다른 전략을 채택함으로써 서로 다른 행동과 가치, 세계관을 발전시키게 되었다는 것이다.

이 모든 것은 정확히 임신 12주에 자궁 내에서 일어나는 엄청난 호르몬 씻어내기와 함께 시작된다. 초기 태아의 뇌는 태생적으로 이 순간까지는 여성이다. 그후 소년 태아는 안드로겐androgen으로 알려진 남성호르몬을 분비한다. 이 호르몬은 뇌에 스며들면서 어떤 신경망들은 강화시키고 나머지는 억제하는 식으로 뇌를 조절하고 재조직한다. 남성성이 시작되는 것이다.

이런 과정을 들여다볼 수 있는 창은 양수검사법에 의해 주어진다. 과학자들은 자궁에서 소량의 양수를 채취하여 태아의 안드로겐 노출 정도를 측정할 수 있다. 그러고 나서 아기가 태어난 다음 갓난아기의 행동과 그들의 초기 호르몬 환경과의 상관관계를 찾아볼 수 있다.

케임브리지 과학자인 스베틀라나 루츠마야와 시몬 바론코헨이 바로 이런 연구를 수행했다. 그들은 정상적인 사회발달과정에서 대단히 중요

.... BIG QUESTIONS IN SCIENCE

39 성gender의 출현은 페미니즘과 밀접하게 관련되어 있으며, 전통적 개념인 성sex에 대한 문제의식을 반영하고 있다. 대체로 sex가 생물적 토대에 기반을 둔 것이라면, gender는 사회적 토대에 기반을 둔 것이라 할 수 있다. 전통적 관점에 따르면 여성과 남성은 육체적 구조, 강도, 기능 등에서 차이가 있으며 이는 근본적인 것으로 변화할 수 없다. 따라서 성차性差는 넘을 수 없는 경계와 다름없다. 페미니즘은 이런 관점에 문제를 느끼고 여성과 남성은 사회화 과정 등에 의해서 만들어지는 것이지 원래부터 정해져 있는 것은 아니라는 주장을 펼친다. 따라서 성차는 사회적 환경을 변화시킴으로서 얼마든지 변화가 가능한 것이다.

한 역할을 하는 것으로 알려진 행동인 '다른 사람들과 눈 맞추기'를 선택했다. 진화론은 여자아이들이 남자아이들보다 눈 맞추기에 더 적극적으로 참여할 것이라고 예측했는데, 그것은 여자아이들이 원활한 대인관계의 발전을 위한 전조로서 얼굴표정과 그 느낌에 더 쉽게 매료되기 때문이다.

루츠마야와 바론코헨은 생후 12개월 된 아기들의 경우, 자궁에서 가장 약한 안드로겐 환경에 놓여 있었던 아기가 부모와 눈 맞추는 횟수가 가장 많다는 것을 발견했다. 이렇듯 뛰어난 의사소통자들은 대개 여자아이들이었지만 양성이 겹치는 부분도 존재했는데, 그것은 자궁에서 안드로겐에 노출된 정도를 반영하고 있었다.

이런 발견으로부터 곧바로 소녀들이 대인관계에 있어 더 뛰어난 능력을 타고났다는 결론을 이끌어내는 것은 무리일 수 있다. 어쩌면 소년과 소녀는 서로 다른 경험을 추구하게 만드는 성의존적인gender-dependent 관심과 동기를 가지고 태어났을 가능성도 있다. 태어난 직후부터 표정과 감정 변화를 관찰하는 일에 큰 관심을 두는 소녀들은 사회적으로 점점 더 능숙해져 간다. 이것이 영속적인 뇌 변화 속에 반영되었을 수도 있다.

"성호르몬에 대한 초기 노출은 뇌조직의 차이를 가져온다. 그것은 그렇게 크지 않을 수 있지만 남자아이와 여자아이가 어떤 활동에 참가하고자 하는 선호에 편향성을 출현시킨다. 그리고 그러한 활동의 참가는 최초의 차이를 점차 벌어지게 만들 것이다." 미주리대학(컬럼비아) 심리학교수이자 『남성, 여성, 인간 성차의 진화』의 저자인 데이비드 기어리의 말이다.

세 살짜리들을 대상으로 한 연구에서는 더 큰 차이가 발견되었다. 일부 여자아이들의 경우 선천성부신과형성증CAH[40]으로 알려진 조건에 의해

40 'congenital adrenal hyperplasia'의 줄임말.

자궁에서의 씻어내기에 실패하고 예외적으로 높은 수준의 안드로겐에 노출되었다. 이런 여자아이들은 안드로겐의 영향을 받지 않은 여자아이들과 비교했을 때, 운동능력 면에서 경쟁력이 더 높다는 것이 런던시티대학교 심리학자 멜리사 하인스의 주장이다. 이런 소녀들은 인형보다는 기계적이고 구조적인 장난감을 더 좋아하고 유아용 소꿉장난보다는 거칠고 험한 장난을 더 선호했다.

8살에서 11살 사이에는 남자아이들이 길을 구분하고 공간을 조직화하는 능력에서 우월하다는 증거가 나타난다. 그 나이 또래의 소년들은 소녀들보다 더 넓은 곳을 싸돌아다닌다. 이것은 부분적으로 부모들이 소년들에게 더 많은 자유를 주기 때문이지만, 연구에서는 가능한 이런 영향을 배제하고자 노력했다. 연구팀은 대부분의 소녀들은 넓은 지역을 탐색하는 것에 그다지 관심이 없지만 돌아다니기를 장려했을 때는 그들의 탐사기술이 향상된다는 것을 발견할 수 있었다. 소년들이 본능적으로 추구한 환경적 경험에 따라 다시 한번 어떤 뇌 회로는 잘 닦여서 윤이 나고 다른 것들은 약화될 것이다.

호르몬 효과는 성인이 되어도 계속된다. 연구자들은 여성의 언어능력은 여성 호르몬인 에스트로겐estrogen 주기에 따라 변화를 일으킨다는 것과 성을 바꾼 남성은 호르몬치료 후에 언어능력이 향상된다는 것을 발견해냈다.

호르몬 수치(수준)와 행동의 연관성은 뇌 구조와 행동의 연관성보다 쉽게 드러난다. 어떤 과학자들은 여성과 남성의 뇌에서 구조적인 차이를 발견했다고 믿는다. 예를 들면, 존스홉킨스대학의 고드프리 펄슨은 자기공명영상MRI[41] 스캔으로 소위 하두정소엽inferior-parietal lobule이라는 대뇌피질의 한 부위를 찾았는데, 남성의 하두정소엽이 여성보다 상당히 크다는 것을 발견했다고 주장한다. 그러나 그런 발견을 입증해줄 증거는 거의 없다.

캘리포니아대학교 신경생물학자 로저 고르스키에 따르면 그런 차이를 행동과 관련지으려는 현재까지의 연구 수준은 '너무 불완전하다.' 그는 말한다. "그것은 매우, 매우 힘든 작업이다. 뇌에는 너무나 많은 통제 메커니즘들이 중복되어 있다."

과학자들은 두뇌 활동에서도 일관된 차이들을 발견한 것 같다. 가장 잘 알려진 사례로는 남성과 여성이 언어적 임무를 수행하고 있는 동안 그들의 뇌를 촬영한 것을 들 수 있을 것이다. 대부분의 여성들이 좌뇌와 우뇌를 모두 사용하는 반면 남성들은 대개 대뇌의 한쪽 반구만을 사용한다. 양쪽 반구의 사용은 유연성, 유창함, 연계성을 보다 쉽게 인식하는 능력을 갖추게 하는 것으로 알려져 있다.

생물학적 요인이 소녀와 소년의 행동 차이에 관여한다는 것을 받아들일 경우 다음 단계의 작업은 왜 그런지를 이해하는 것이다. 진화심리학자들은 성 선택에서 그 답을 찾는다. 성 선택은 다윈 진화론의 두 번째 위대한 메커니즘인데, 첫 번째 메커니즘은 물론 적자생존이다. 유전자를 다음 세대로 전달하고자 한다면 생존만으로는 충분하지 않으며, 재생산의 성공이 반드시 요구된다. 따라서 세대가 거듭될수록 재생산의 성공 가능성을 높여주는 유전자가 선택을 받게 된다. 중요한 것은 여성에게 재생산을 보장해주는 유전자와 남성에게 재생산의 성공을 가져다주는 유전자는 다를 것이라는 점이다. 이것은 재생산의 기본적인 생물학적 현실 때문이다. 여성은 아무리 노력해봐야 일 년에 한 명 이상의 아이를 낳기 힘든 반면 남성의 재생산 가능성은 거의 무한하다. 이처럼 두 성이 직면한 서로 다

41 'magnetic resonance imaging' 의 줄임말.

른 현실은 서로 다른 짝짓기 전략을 요구한다.

인간을 포함한 대부분의 동물의 왕국에서는 확연히 구분되는 두 요소가 짝짓기 방법에 관여한다. 짝에게 접근하기 위해 동성의 구성원들과 경쟁하기와 가능한 것으로부터 짝을 선발하기가 그것이다. 진화심리학자들은 이로부터 남성/여성 차이가 발생하는 과정을 이해할 수 있게 해주는 네 가지 주요 메커니즘을 정립했다. 남성-남성 경쟁과 여성 선택(가장 일반적인 쌍), 여성-여성 경쟁과 남성 선택이 그것이다. 이들 중 어떤 메커니즘이 지배적이고, 그 정도는 어느 정도인지는 문화적 배경에 따라 달라진다.

많은 동물 종들에서 그리고 인간사회에서도, 여성에게 접근하기 위한 경쟁은 남성의 삶에서 가장 지배적인 활동이다. 성공은 한편으로는 많은 여성들에 대한 독점적 접근을, 다른 한편으로는 편모슬하의 아들이나 딸을 출산하지 않기라는 차이를 만들어낼 수 있다. 예를 들어 뛰어난 싸움 능력이나 정치적 기술 등 남성이 사회적 우위를 차지하는 데 도움을 주었던 유전자들은 다음 세대로 전해질 것이다.

전통적으로 임신기간과 출산 직후에 약점이 쉽게 노출되고, 적은 수의 자손들의 안녕에 많은 것을 투자해야 하는 여성들은 물질적 자원과 사회적 안정을 제공해줄 수 있는 남성을 선택할 때 성공 가능성이 높아질 것이다. 따라서 여성의 선택은 몇몇 남성적 특성이 전면에 부상하도록 한다. 예를 들어 산업혁명 이전의 사냥에서는 위치파악능력과 육체적 힘이 필수적이었다. 전세계 37개국을 대상으로 한 심리학자 데이비드 버스의 연구에 따르면 사회가 산업화되었든 산업화 이전이든, 석기시대든, 서양이든, 동양이든 또는 아프리카이든 여성들의 취향은 여전히 비슷하게 남아 있다.

세 번째 메커니즘, 원하는 짝에 대한 여성-여성 경쟁은 주로 언어적인 것으로 여겨지고 있다. 리버풀대학의 심리학자 로빈 던바는 소녀들과 성인 여성들의 대화에서는 종종 라이벌로 인식되는 여성들을 제거하기 위해 힘쓰는 경향(이것은 아마도 잡담과 '악담'의 뿌리가 되었을 것이다.)이 나타난다는 사실을 보여주었다. 성적인 불성실에 대한 가십은 그 여성의 결혼 전망을 흐릴 수 있다.

최근에 있었던 놀랄 만한 발견 중 하나는 마지막 메커니즘인 남성의 선택과 관련되어 있다. 버스의 연구에 따르면 세상의 모든 남성들은 모래 시계형의 여성을 좋아한다. 좀더 정확하게 말하면 남성은 엉덩이에 대한 허리의 비율(허리둘레를 엉덩이둘레로 나눈 값)이 0.7인 여성을 좋아한다.

진화심리학자들에 따르면 엉덩이에 비해 허리가 30% 가늘다는 것을 의미하는 이 비율은 건강, 젊음, 다산 등의 조합을 반영한다. 예를 들어 이 비율이 0.85 이상이면 여성은 여러 가지 생리장애의 위험에 직면하게 되고 임신할 기회가 줄어든다.

이런 통찰과 관찰들 중 어떤 것들은 불완전하고 유치하게 보일 수도 있다. 그러나 중요한 점은 대부분의 진화심리학자들이 이것을 성차 이해의 출발점에 불과한 것으로 보고 있다는 사실을 이해하는 것이다. 생물학에 기반을 둔 경향들은 환경의 영향을 받아 위 또는 아래로 조정되거나, 방향이 바뀌거나, 반발당하거나, 억압될 수 있다. 문화는 남성의 경쟁 본능을 살인적 폭력화나 MBA의 추구로 조각해낼 수 있다. 우리는 우리와 반대편에 있는 성과는 다르다. 진화가 다를 것을 강요하고 호르몬들이 원재료를 변화시키기 때문이다. 그러나 우리가 그런 재료로 무엇을 만드는가는 우리의 사회에 달려 있다.

아이슬링 어윈
과학저술가

156

남성과 여성은 어떻게 다른가?

자넷 래드클리프 리처즈
런던대학교 생명윤리학 강사

? 결국 남성과 여성에 대한 전통주의자들의 견해가 옳았던 것인가? 그들은 항상 두 성은 다르다고 말하면서 그런 차이에 대한 관념을 자신들의 지배영역에 여성들을 묶어두기 위한 핑계로 삼아왔다. 오늘날 과학이 이런 오래된 신념들을 뒷받침해주고 있는 것처럼 보인다면, 페미니스트들과 그 동조자들 사이에 광범위한 경고와 반발이 있음은 결코 놀라운 일이 아니다.

전통적인 관점에 최초로 도전장을 내민 것은 인간의 본성에 대한 과학적 접근이었다. 남성과 여성은 매우 달라 보일 수 있다. 그러나 철학자 존 스튜어트 밀이 강조했듯, 남성과 여성은 항상 조직적으로 다른 환경에 놓여왔던 탓에 겉으로 드러나는 이런 차이들이 태생적 차이를 얼마나 반영하고 있는지를 말하기는 사실상 불가능하다. 이런 불가지론이 두 성의 차이란 문화적 구성물에 불과하다는 사회과학자들의 확신으로 대체됨에 따라 전통에 반대하는 주장이 힘을 얻게 되었던 것 같다. 페미니스트

157

들은 이런 비생물학적 차이를 언급하고자 '성gender'이라는 용어를 끌어들였다. 이에 따라 생물학적 의미의 '성sex'을 사회·문화적 '성gender'으로 바꾸는 것이 정치적으로 계몽된 사람들 사이에서 하나의 의무로 자리 잡게 되었다. 이는 사회구성적 관점이 페미니즘에서 핵심으로 자리 잡고 있음을 보여주는 징표이다.

그러나 심리적 차이에 대한 문화구성적 관점은 그것이 얼마나 폭넓게 받아들여지고 있느냐와는 상관없이 언제나 받아들이기 어려운 것이었다.

만약 인류가 완전히 자연세계에 속한다고 간주된다면, 그리고 그들의 감정과 지능이 별도로 주입된 영혼의 속성이라기보다는 물질의 기능으로 간주된다면(불가사의해 보이지만), 심리적 차이는 궁극적으로 신체의 차이와 연결되어 있어야만 한다. 만약 여성과 남성의 분리와 같은 종 내부의 주요한 체계적 분화가 심리적 차이와 아무런 상관성도 가지지 않는다면 그것은 놀라운 일일 것이다. 밀의 시대 이후 상당한 진보를 이룬 과학은 그렇지 않다는 것을 밝혀왔다. 우리는 현재 두 성 사이의 심리적, 정서적 차이를 직접 보여주는 생리학적 증거를 확보하고 있을 뿐 아니라 진화심리학이 제공한 새로운 접근방식으로 더 많은 증거들을 수집하고 있다.

진화심리학은 자연적 차이에 대한 가정들을 만들어낼 목적으로 진화과정에 대한 이해를 사용하여 두 성 간의 자연적 차이와 문화적 차이를 분리해내는 문제에 도전장을 던졌다. 다윈 자신은 진화가 감정과 지능을 지닌 피조물을 생산하자마자, 이런 특질들이 그것을 보유한 종의 진화적 운명과 뗄 수 없는 관계가 될 것임을 알고 있었다. 이런 관점에서 성을 살펴볼 때 남성과 여성이 확연히 다른 기질을 지녀야 한다는 기대는 당연한 것이다. 그들의 재생산기관이 너무도 다르기 때문이다.

재생산에 사력을 다하는 인간 여성은 일 년에 약 한 명의 아이만을 낳을 수 있을 뿐이다. 반면 인간 남성의 재생산 잠재력은 오직 여성을 임신시킬 수 있는 그의 능력에 의해서만 제한받는다(물론 전적으로 그런 것은 아니지만). 이런 조건만 고려하더라도 진화적 성공을 위해서는 남성과 여성이 서로 다른 심리적 특성들을 개발할 필요가 있음을 알 수 있다. 여성은 아이를 갖고자 노력할 필요가 전혀 없지만 남성은 적극적인 제지가 없는 한 모든 수단과 방법을 동원할 것이다. 성교의 횟수가 여성의 재생산 잠재력을 증가시켜줄 수 없기 때문에 여성은 질 높은 유전자를 보유하고 있고 자손에게 유리한 중요한 자원들을 지닌 짝을 선택함으로써 자손의 질을 극대화하고자 최선을 다할 것이다.

반면에 남성은 더 큰 판돈을 걸고자 하는데, 그렇게 함으로써 평균 이상의 자손을 확보할 수 있기 때문이다. 이것은 또한 그 만큼의 큰 손실을 감수해야 함을 뜻한다. 일이 꼬이는 날에는 자손을 낳는 것을 포기해야만 할 수도 있다. 만약 그가 진화적 경쟁에서 성공하고자 한다면 그는 여성의 정서적 특성과는 매우 다른 특성을 필요로 할 것이다.

이와 같은 추론에 의해 남성과 여성의 차이에 대한 수십 건의 가정들이 만들어졌다. 그런데 문제는 페미니즘에 의해 문화적으로 유도된 것으로 거부당했던 이런 가정들 중 많은 것들이, 자연선택이 성의 본질에 깊숙이 뿌리내려 있음을 보여주는 가설들로 밝혀지고 있다는 점이다.

예를 들어 진화론적 추론에 따르면, 여성은 독점적 지원과 독실한 애정을 줄 수 있는 매력적이고 지위가 높은 남성을 유혹해야 하며 자신의 아이를 키우는 데 절대적으로 헌신해야 한다. 남성은 여성을 차지하고, 능숙해야 하고, 과감해야 하고, 여성의 성교를 통제하는 일에 노심초사해야 한다. 남성은 젊고 아름다운 여성을 선호해야 하며 또한 자신들에게 주어진 모든 성적 기회를 놓치지 않으려고 애써야만 한다.

결국 해방의 동맹세력이 되기로 했던 처음의 약속에도 불구하고 인간 본성에 대한 과학은 전통적 관점으로 되돌아가는 것처럼 보이기 시작했다. 따라서 진화심리학이 많은 분파들에 의해 정치적 의도를 지닌 사이비 과학에 불과한 것으로 매도당하고, 유전자결정론, 본질주의, 과도한 총체적 단순화, 변이와 중첩에 대한 무감각, 범주화되고 고리타분하며 과격한 성차별주의라는 공격에 직면하게 된 것은 그리 놀랄만한 일이 아니다.

그러나 성차에 대한 새로운 주장들이 과거의 주장들과 같은 것으로 들릴 수 있지만, 둘 사이에는 상당한 차이가 있다.

우선 새로운 과학이 남성과 여성의 본성에 대한 몇 가지 전통적 관점들을 승인하는 측면이 없지는 않지만 싹쓸이와 같은 어떤 것도 제시하고 있지 않음이 강조되어야만 한다. 진화심리학은 예를 들어 여성은 지능이 낮고, 자신과 자손을 방어하는 데 있어 무능력하며, 모든 측면에서 상대적으로 연약하다는 등의 전통적 관점을 지지하지 않는다.

보다 근본적이고 미묘한 점도 있다. 남성과 여성의 자연적 차이에 대한 현대적 주장이 전통적인 것처럼 들리는 경우조차도 자연에 대한 개념과 어떤 것의 본성을 이해한다는 것이 의미하는 바에 근본적 변화가 있기 때문에 실제로는 그 둘이 똑같지 않다는 것이다.

성에 관한 쟁점에서 변화의 성격을 가장 잘 드러내주는 사례로는 밀과 동시대인으로서 가장 언변이 좋았던 비평가 중 한 명인 법학자 제임스 스티븐의 반反페미니즘 글쓰기를 들 수 있을 것이다. 그는 남성과 여성은 머리카락에서 발바닥까지 다르며, "모든 면에서 남성은 여성보다 강하다." 는 주장에서 출발했다. 그리고 그런 토대 위에서 여성이 남성에게 종속되는 전통적 부부관을 옹호했다. 이런 결론의 공식적 논거는 그런 배치가 여성을 보호하기 위해서라는 것이다. 이것은 명백한 난센스였다. 그 누구도 약자를 강자의 합법적 권력에 종속시키는 방식으로 또는 약자를 더욱 약하게 만드는 방식으로 그들을 보호할 수는 없다.

그러나 그 이면에는 그의 확신을 실제로 떠받치고 있는 것에 대한 암시가 있다. 그는 '사회가 자연스럽게 가정하는 위치에서 사회를 덮고, 보호하고, 유지하는' 제도의 필요성에 대해 말하고 있다. 그는 신입 승무원이 선장의 판단에 복종해야 하는 것과 같은 방식으로 부인은 남편의 판단에 복종해야 하며, 만약 부인이 이런 일에 유감을 품는다면 그것은 자신의 '열등하고, 하찮고, 불온한 기질'을 드러내는 것이라고 생각한다. 그리고 그는 이 모든 것이 한 몸의 지체들이 서로 다른 이해관계를 가질 수 없는 것처럼, 다른 이해관계를 가질 수 없는 '인류의 두 반쪽의 공공선'을 위한 것이라고 생각한다.

이 모든 것은 스티븐이 자연스럽게 질서 잡힌 전체, 모든 것이 정해진 위치에 머무는 한 서로 조화를 이룬다는 전통적 세계관을 배경으로 연구하고 있음을 보여준다. 만약 사태가 잘못되고 있다면 그것은 자연적 질서에 대한 개입이나 그에 대한 반란 때문이다. 이런 관념은 다양한 버전으로 모습을 드러내왔는데 지금까지도 잘 알려져 있는 것은 질서와 복잡성이 지적 설계에 의해 뒷받침되고 있다고 보는 종교적 관점이다.

그런 전통을 배경으로 본다면 어떤 것의 본질을 이해한다는 것은 사물의 구도 속에서 그것의 적절한 위치를 이해한다는 것이고, 남성과 여성의 본질을 이해한다는 것은 그들이 어떻게 조화롭게 살아가야 하는지를 아는 것이다.

그러나 자연선택에 의한 진화라는 다윈의 이론은, 어떻게 복잡성이 어떤 의도나 설계 없이 단순성으로부터 발생할 수 있었는지를 보여주는 것으로 전통적인 관점과는 전혀 다른 세상을 펼쳐 보인다. 거기에는 뒤를 받쳐주는 도덕적 질서나 자연적 조화와 같은 것은 없다. 또한 이런 세계—일반적으로 근대과학의 세계—에서 어떤 것의 본질을 기술한다는 것은 그것의 원래 위치나 유용성에 대해서 말하는 것이 아니라 그것이 무엇과 같은지, 그것이 다른 사물들과 어떻게 상호작용하는지에 대해 중립적 설명을 제공하는 것에 불과하다.

그렇지만 자연에 대한 과학 이전—다윈 이전—의 사상이 우리의 의식 속에 깊이 뿌리박혀 있으며, 이론적으로는 그런 사상을 버렸던 사람들 사이에서도 지속되고 있다는 점에 문제의 심각성이 있다. 이것은 진화심리학의 여러 주장들에 대한 체계적 오역, 또는 잘못된 진술을 불러일으킨다.

다윈적인 세계관에서는 예를 들어 진화에 의해 남성과 여성의 정서가 형성되어 왔던 방식에 대한 주장들에 (비판가들이 종종 주장하듯) 성 내부의 생리적 균일성이나 성 사이의 고정된 경계에 대한 어떤 함의도 들어 있지 않다. 변이는 자연선택에 의한 진화의 원료이기 때문에 바람직한 것이다. 자연종들 사이의 고정된 본질과 분명한 구분이라는 사상은 질서 잡힌 우주라는 초기 사상에만 속하는 것이다.

다윈적인 세계관에서는 성차에 대한 주장이 어떤 종류의 유전자결정론에 대한 함의도 수반하지 않는다. 남성과 여성이 본질적으로 다르다고 말하는 것은 그들의 발생과 행동이 유전자 속에 고정되어 있다는 것을 뜻하지 않는다. 그것은 단지 그들이 다른 정도만큼 비슷한 환경에서 다른 방식으로 반응할 것임을 의미할 뿐이다.

어떤 것의 본질을 이해한다는 것은 정확하게 본질을 변화시키는 환경을 이해하는 것이다. 본질은 변하지 않는다는 관념 역시 다윈 이전의 세계에 속하는 것으로, 진화심리학의 주장과는 아무런 관련이 없다.

무엇보다 중요한 것은 다윈의 세계에서는 성의 본질에 대한 발견이 사람은 어떻게 살아야 하고, 다른 사람들과 어떻게 관계를 맺어야 하는지에 대한 직접적 암시와는 아무런 관련이 없다는 것이다. 남성과 여성의 이해관계—진화적이든 개인적이든—가 일치할 것이라고 기대할 이유는 조금도 없다. 실제로 진화론 관련서의 저자인 로버트 라이트는 두 성은 서로를 비참하게 만들려고 설계되어 있는 것처럼 보인다고 말한다. 자연선택은 화합이 재생산을 증진시키는 한도 내에서만 화합을 낳는다. 진화론적으로 말하면 두 성은 서로 라이벌이다. 서로 잘 어울리거나 동기부여된 개인들에 의해 뭔가가 성취될 수 있다고 해도, 가정의 화합이나 사회의 정의를 정당화해주는 자연적 규범은 존재하지 않는다. 이를 부정하는 것은 다시 한번 질서 잡힌 우주라는 양립 불가능한 전통적 사상을 현대과학의 세계 속으로 끌어들이는 꼴이다.

그리고 역설적으로 다윈주의는 부단한 투쟁을 정당화한다고 주장하는 정반대편의 관념에서도 동일한 오류가 엿보인다. 일부 남성들 사이에는 여자에게 추근대거나 심지어 강간을 마다하지 않는 자신들의 경향성이 진화적 적응이라면, 그것을 막음으로써 진화의 진행과정에 장애를 드리워서는 안 된다는 생각이 꽤 널리 퍼져 있다. 진화의 전적인 목적은 진보라는 생각도 사실은 이 질서를 통해 진화가 앞으로 나아간다고 본다는 점에서 자연적 질서라는 개념에 의존하고 있다. 다윈의 진화에는 그런 앞과 위를 향한 당위가 존재하지 않는다. 진보에 대한 유일한 희망은 무엇을 진보로 볼 것인가에 대한 우리의 결정과 그것을 이루려는 우리의 노력에 달려 있다.

무엇을 하고자 하든, 우리는 우리가 직면해 있는 것을 이해하지 않고는 그 일을 할 수가 없다. 만약 과학이 우리에게 거의 확실해 보이는, 남성과 여성이 다르다는 사실을 밝히려고 한다면, 그것은 우리가 알아야 할 필요가 있는 어떤 것이다. 우리에게 남겨진 마지막 문제는 다윈 이전의 세계에서 온 화석들을 가지고 인간의 본질에 대한 다윈주의적 주장을 가로막는 모든 것들에 저항하는 것이다.

20세기 초반에 이르면, 많은 과학자들이 더 이상 신을 믿지 않게 되었다. 1916년, 미국 과학자들

을 대상으로 한 설문조사에서 60퍼센트가 신을 믿지 않거나 의심한다고 대답했다 – 저자가 예측

했던 수치는 교육의 확대와 함께 증가할 수 있었을 것이다. 이런 점에도 불구하고, 그리고 과학이

해에서 눈에 띠는 진전이 있었음에도 불구하고(특히, 창조주 신의 필요성을 제거했다고 알려진 유전학

와 양자역학에서), 1996년 설문조사에서도 여전히 40퍼센트의 미국 과학자들이 신을 믿고 있었다.

사람이 생명 그 자체를 다룰 수 있는 능력을 보유한 이후, 신을 위한 여지가 어떻게 있을 수

있는가? 우주가 생명을 돌보기에 매우 적합한 환경을 펼쳐 보이고 있다는 사실과 함께 말시라

고, 신 지지자 이를 만들 수 있도록 해준다.'

무엇이 사랑에 빠지게 하고,
사랑에서 멀어지게 하는가?

? 매력적인 누군가를 봤을 때 우리 모두는 작은 '뜨거움'을 느끼고, 이런 느낌들이 서로 오고가면 훨씬 큰 '뜨거움'을 느낀다. 무슨 일이 일어나고 있는 것일까? 우리가 '뜨거움'을 경험하는 이유에 대해서는 두 가지 차원의 물음이 제기될 수 있다. 첫째는 누군가를 매력적으로 만드는 것은 무엇인가를 묻는 것이고, 둘째는 왜 우리는 어떤 매력적 특징들을 찾도록 진화해왔는가를 묻는 것이다. 첫 번째가 사랑의 직접적인 원인에 대한 질문이라면 두 번째는 매력의 진화적 의미에 대한 물음이다. 일반적으로, 이 두 가지 유형의 질문은 각각 생리학적 메커니즘과 진화적 요소들에 초점을 둔 서로 다른 연구자들에 의해 다뤄진다. 그러나 성적 매력에 관심이 있는 진화생물학자들은 그 둘을 함께 다뤄왔다.

동물행동을 연구하는 진화생물학자들은 종종 특정한 수컷과 암컷이 짝짓기를 하게 되는 이유를 알고 있다고 자신한다. 그것은 암컷이 수컷을 선택했거나, 수컷이 경쟁을 해서 여성을 '쟁취'했거나, 파트너들이 서로 좋아하는 것을 상호승인하게 되었기 때문이다.

성적 매력을 진화의 맥락에 처음 위치시킨 사람은 찰스 다윈이었다. 그는 자연선택에 대한 생각을 공식화하면서 생존의 향상과는 관련이 전혀 없는 형질들에 관심을 기울였다. 수컷 새들의 지나치게 화려한 깃털과 거추장스러울 정도로 큰 사슴의 뿔은 그 보유자들을 눈에 잘 띄게 해서 포식자들로부터 쉽게 공격받게 만들 여지가 많았다. 그렇다면 그들은 어떻게 자연선택에 의해 성공적으로 진화할 수 있었을까? 다윈의 대답은 성 선택이었다. 지나치게 과장된 형질을 보유한 개체들은 포식자들의 공격에 쉽게 노출되어 생존의 위협을 받을 수 있다. 그러나 그 형질들은 보유자들의 경쟁력을 높여주거나 반대 성의 구성원들에게 불가항력적인

166

매력을 발산함으로써 그 이상을 보상해준다. 이렇게 해서 그들은 장식이 보잘것없는 수컷들보다 더 많은 자손들, 즉 더 많은 자신의 유전자 복제물을 남긴다.

성 선택은 또한 수컷과 암컷 사이의 많은 차이들을 설명해주는데, 다윈은 그것이 두 과정을 거쳐 작용한다고 봤다. 동성 구성원끼리의 경쟁(대개 암컷을 둘러싼 수컷들의 경쟁)과 다른 성의 구성원에 의한 선택(대개 암컷이 수컷을 선택)이 그것이다. 암컷을 둘러싼 수컷들의 경쟁은 이, 발톱, 뿔 등과 같은 무기의 진화를 설명해주는 반면, 암컷에 의한 수컷들의 선택은 그렇지 않으면 설명이 불가능한 화려한 깃털, 벼슬이나 뿔, 향기 등과 같이 쓸모없어 보이는 장식물을 설명해준다. 성 선택은 서로 다른 재생산의 성공에 대한 것이다. 결국 매력적이거나 경쟁력이 큰 개체들일수록 더 많은 자손을 남길 것이다.

다윈의 동시대인들은 수컷-수컷 경쟁이라는 개념에는 전혀 문제를 느끼지 않았다. 그들은 그런 일이 모든 농장에서 벌어지고 있음을 볼 수 있었고, 그런 개념은 수동적인 파트너들을 쫓아다니는 적극적인 남성들에 의해 추동되고 있었던 성에 대한 빅토리아적 사상과 훌륭하게 맞아떨어졌다. 그러나 암컷 선택은 완전히 다른 문제였다. 그것은 눈에 띄지 않았고, 어쨌든 그들(남성들)의 말마따나 암컷들에게는 정보에 입각한 선택을 할 정도로 충분한 두뇌 능력이 없을 테니까 말이다.

1882년, 다윈의 죽음과 함께 암컷 선택이라는 생각도 파묻혀서 잠자는 숲 속의 공주처럼 1백 년 동안(실제적으로) 관심 밖에 놓여 있었다. 성 선택 분야에 지적 키스를 건네서 잠을 깨우고 새로운 지평으로 끌어올린 사람은 스웨덴 고텐부르그대학교의 행동생태주의자 말테 안데르손이었다.

그는 가위와 초강력 풀을 사용해서 긴꼬리천인조 수컷의 꼬리털을 짧게 자르고, 길게 붙이는 우아한 실험을 통해 암컷들이 긴 꼬리 수컷을 좋아한다는 것을 밝힌 바 있다. 암컷 선택은 좀더 많은 실험과 함께 살아나서 날아올랐다. 연구자들은 암컷 선택이 동물계 전체에 폭넓게 퍼져 있음을 발견했다.

행동생태주의자들은 1970년대 초반에 다윈을 재발견했다. 그것은 패러다임의 전환이었는데 많은 경우 그런 것처럼 엉성한 몇 가지 생각과 많은 논쟁과 함께 출발했다. 예를 들면 1981년 고생물학자 스티븐 제이 굴드와 진화유전학자 리처드 르원틴은 행동생태주의자들이 '바로 그거야!' 식의 이야기들을 말하고 있고, 그에 맞는 증거를 찾는다고 비판했다. 그러나 이 접근은 자신의 임무에 엄격함을 부여함으로써 마침내 충분한 보상을 받았다. 선도적인 행동생태학자인 마틴 댈리와 마고 윌슨이 아동학대와 의붓부모에 의한 양육의 연구에서 밝혔듯, 진화론적 접근은 이를테면 친척과 비친척 사이의 관계의 본질에 보다 의미 있는 통찰력을 제공해준다.

10여년 뒤에 다윈의 이론을 심리학적으로 재발견한 진화심리학자들이 등장했다. 역사는 진화론이 나올 당시 보다 더 과감하고 거친 생각, 더 격렬한 논쟁을 반복했다. 그렇다면 보상은? 우리 자신의 진화에 대한 몇 가지 흥미롭고 과감한 추론이다.

인간의 행동에 대한 가설을 시험하는 것은 문화적 영향과 뒤섞이기 때문에 진화심리학은 논쟁의 여지가 많다. 몇 가지 문제점들은 문자사용 이전의 사회를 연구함으로써 피해갈 수 있을지 모르지만, 그런 사회는 이제 거의 남아 있지 않다. 많은 진화심리학자들이 사용하고 있는 대안은 그들이 '보편적 특성들'—모든 인간 문화에서 같은 방식으로 인식되는 특성들—이라고 부르는 것을 연구하는 것이다. 이것이 바로 데이비드 버스가 했던 일이다.

수많은 문화에 대한 연구를 통해 그가 발견한 것은 남성은 젊고 아름다운 여성에게 매력을 느낀다는 사실인데, 그것은 여성을 아름답게 만드는 모든 특징들, 이를테면 깨끗한 피부, 윤기 나는 머리카락, 모래시계와 같은 체형 등이 다산을 상징하는 기호이기 때문이다. 차갑고 엄격한 진화의 관점에서, 남성이 원하는 것은—대개는 무의식적으로—수태와 자손이다. 여성도 정확히 같은 것을 원하도록 프로그램되어 있지만, 그것을 달성하는 방법은 남성과 다르다.

여성은 무엇을 선택하는가? 『도덕적 동물』의 저자 데이비드 버스와 로버트 라이트 같은 심리학자들에 따르면, 여성은 외모보다는 지위, 자원, 자신의 자원을 나눠줄 의지—특히 장기 파트너의 선택에서—등에 근거하여 상대를 선택할 가능성이 높다. 여성들은 자녀들을 키우기 위해 자원이 필요하고, 남성의 자원은 대개 지위와 동일한 꾸러미에서 나온다. 남아메리카의 야노마미 인디언와 같은 문자 이전의 사회에서는 우두머리 남성이 다른 남성들보다 더 많은 아내, 더 많은 혼외정사, 더 많은 자손을 거느린다. 물론 남성의 높은 지위와 재생산 성공의 관련성은 부분적으로 암컷 선택보다는 수컷-수컷 경쟁 때문에 상승할 수 있고, 실제로 이런 환경에서는 그 둘을 구분하기가 쉽지 않다.

사회과학자들은 진화심리학자들의 연구에 비판적인 입장을 취한다. 각각의 성이 상대에게 원하는 것의 차이점에 초점을 맞춘 나머지 훨씬 폭넓은 유사점들을 무시한다고 보기 때문이다. 이에 대해 진화심리학자들은 유사점에 집중하고 차이점을 무시하는 것은 마치 침팬지와 보노보가 우리와 DNA의 98%를 공유하고 있기 때문에 그들을 인간으로 생각하는 것과 같은 논리라고 맞서고 있다.

하지만 사회과학자들도 여성이 지위가 높은 남성에게 끌린다는 사실을 잘 알고 있다. 그렇다면 남성들은 어떻게 지위를 획득하는가? 대답은 '수단과 방법을 가리지 않고'이다. 일반적으로 높은 지위라고 하면 대통령이나 백만장자 축구선수를 생각하는 경향이 있지만, 지위는 상대적이고 남성들은 수없이 다양한 방식으로 그것을 추구해나간다.

제프리 밀러는 『메이팅 마인드』에서 인간의 뇌 크기가 엄청나게 빠르게 진화한 것은 성공한 남성을 선호하는 여성들의 성 선택의 직접적 결과라고 주장한다. 밀러는 시선 끌기에 주목한다. 피카소의 그림, 발자크의 『인간희극』, 라흐마니노프의 〈피아노 협주곡 3번〉처럼 특출나고 비범한 과시는 말할 것도 없고, 심지어 평범한 과시도 전혀 없는 것보다는 낫다. 스페인의 가난한 시골 지역에서는 황소와 함께 달리는 것이 자신의 위신을 획기적으로 높이는 훌륭한 전술이다. 위험하기는 하지만 그 대가는 엄청나다.

만약 여러분이 젊지도 않고 건강하지도 않다면 비둘기 선발대회가 항상 벌어질 텐데, 거기에 참여하는 것도 좋다. 그 대회에서 남성들은 암컷 비둘기의 선택을 받기 위해 자신의 비둘기를 다른 비둘기와 경쟁시킨다. 이것은 특별히 위험하지 않을 뿐더러 성적 매력도 크지 않지만, 안 하는 것보다는 낫다. 영국에서는 지역 축구팀의 구성원이 되거나, 그 정도의 건강에 자신이 없다면 다트팀의 일원이 되는 것도 동일한 가치를 갖는다.

전체적으로 남성은 모든 일에서 여성보다 훨씬 자주 경쟁하고 훨씬 더 극단으로 치닫는다. 온갖 잡다한 범주의 성취를 기록한 『기네스북』을 보는 것으로도 충분하다. 남성은 잡다하지만 극단적 활동에서 여성을 압도한다. 현재 필요한 것은 모든 남성의 노력이 성에 의해 동기부여된다는— 그들이 그것을 인식하든 그렇지 않든—진화심리학자들의 아이디어를 시험할 수 있도록 설계된 연구이다. 예를 들면 남성의 재생산 성공을 측정하고 나서, 그것과 남성의 지위 사이의 상관관계(전지구적 차원에서가 아니라 동료집단 내부에서)를 살펴볼 수 있을 것이다. 문제는 외도로 태어난 자손을 포착하기 위해서는 분자 차원의 친자분석법을 사용해야 하는데 윤리적인 이유로 실행에 옮기는 것이 대단히 힘들다는 사실이다.

『성 선택』에서 안데르손이 제안했던 것처럼 성 선택의 고전적 관점은 저 밖에 소수의 질 높은 남성들이 있고, 모든 여성들은 그들과 짝을 맺지 못해 안달이라는 것이다. 만약 여성들이 간신히 그들과 짝을 맺는다면, 그들이 얻는 것은 무엇일까? 첫 번째 가능성은 매력적인 남성일수록 유전적으로 우수할 수 있다는 점인데, 이것이 인간 이외의 다른 동물들에게도 적용될 수 있는지를 둘러싸고 격렬한 논쟁이 벌어지고 있다. 별다른 문제제기가 없는 또 하나의 가능성은 매력적인 남성일수록 여성이 자식을 키울 때 사용할 수 있는 자원을 더 많이 보유하고 있다는 점이다. 남성의 지위와 그에 따른 자원은 보편적으로 여성에게 찬탄의 대상이 되지만, 그 외에도 대단히 미묘한 많은 것들이 작용한다. 짝 선택은 복잡한 일이다. 인간과 동물 모두 파트너의 선택에 광범위한 정보를 활용하는데 그중 일부는 성장과정의 경험에서 수집된다.

예를 들어 어린 제브라 핀치(금화조)가 벵골 핀치 수양부모에 의해 길러지면, 성적 성숙기에 도달한 금화조는 성적 파트너로 자신의 종보다 벵골 핀치를 더 선호한다. 이것은 성적 각인sexual imprinting으로 알려진 현상이다. 『찾은 사랑 지키기』에서 하빌 헨드릭스는 인간에게도 이와 유사한 일이 일어난다고 주장한다. 그에 따르면 핵심은 왜 우리의 파트너 선택이 부모의 행동에 영향을 받는 방식으로 진화해왔는가 하는 것이다. 왜 남성의 경우에는 자신의 어머니를 닮은 파트너를 선택하는 것이, 여성의 경우에는 자신의 아버지를 닮은 누군가를 선택하는 것이 적응력을 갖는 것일까? 케임브리지의 패트릭 베이트슨이 메추라기의 연구에 기초하여 최초로 제시한 바 있는, 한 가지 가능한 대답은 가까운 친척과의 번식을 피해야 하는 조건에서는 유전적, 문화적으로 자신과 비슷한 개인과 번식하는 개인들이 그렇지 않은 경우보다 더 많은 자손을 남길 수 있다는 것이다.

최근의 연구들은 또한 체취가 남성의 질質에 대해 뭔가를 말해줄 수 있다는 이론을 내놓고 있다. 이것은 물론 절대적 차원이 아니라 여성의 체취와 관련해서 그렇다는 것이다. 주조직적합복합체MHC[42]는 감염과 전투를 벌이는 일을 책임지는 유전자 집단이다. 분자기술로 인해 우리는 현재 개인의 MHC를 기록할 수 있는데, 이 유전자 집합이 개인에 따라 천차만별로 다르다는 것이 밝혀졌다. 수컷 생쥐는 자신의 오줌냄새를 통해 자신의 MHC 형을 선전한다. 선택에 처한 암컷 생쥐는 자신과 MHC가 다르고 서로 보완적인 MHC를 지닌 수컷과 짝을 지었다. 자신의 MHC와 같은 수컷의 영역에 살고 있는 암컷 생쥐는 다른 MHC 형의 수컷과 외도를 시도할 것이다. 거의 비슷한 일이 인간에서도 일어난다. 남성의 체취를 선택할 수 있는 조건이 주어졌을 때, 여성은 자신의 MHC와는 다른 것을 지닌 남성을 선호한다. 에든버러대학교의 클라우스 베데킨트에 의해 수행된 이 연구는 논쟁의 여지가 있지만, 그의 발견은 진화론적으로 설득력이 있다. 자연유산(아주 초기 배아에서)은 생각했던 것보다 훨씬 흔한 일이라는 것이 밝혀졌는데, MHC가 비슷한 부부의 경우에 특히 흔하다고 한다. 모

[42] 주조직적합복합체 major histocompability complex는 조직이식의 허용여부를 결정하는 데 핵심적 역할을 하는 유전자 집단이다. '주요한 조직적합성' 이란 뜻의 'histocompability' 와 그런 성질이 하나의 유전자 자리가 아니라 여러 유전자 자리에 의하여 결정된다는 뜻의 'complex' 의 합성어이다.

172

든 것을 종합해봤을 때, 특정한 짝을 선택하는 것은 유전적 이익 때문일 수 있다.

팀 버크헤드
셰필드대학교 행동생태학 교수

무엇이 사랑에 빠지게 하고, 사랑에서 멀어지게 하는가?

데이비드 버스
텍사스대학교 심리학 교수

? 사람이 자신이 만나는 수천의 잠재적 파트너 중에서 어떤 특정한 사람과 사랑에 빠지는 이유는 많은 부분이 수수께끼로 남아있다. 두 개의 작은 감수성의 창이 마주치는 바로 그 순간 동시에 열릴 우연, 화학, 기타 여러 가지 요인들이 예측을 불가능하게 만든다. 이런 신비스러움에도 불구하고 과학은 사랑에의 몰입과 벗어남을 설명하기 위한 적절한 침투로를 확보하고 있다.

20세기의 사회과학에 만연된 흔한 신화와는 달리, 사랑은 몇 세기 전에 서구 유럽의 시인들이 발명한 것이 아니다. 증거는 오히려 그와 정반대의 결론을 보여주고 있다.

사랑은 아마도 인간 진화의 역사 속에서 일어난 장기 짝짓기의 출현 이래 모든 문화에서 보편적으로 존재해왔을 것이다. 남아프리카의 줄루족에서 북부 알래스카의 이누잇족에 이르기까지 모든 사람들이 서구에서 사랑과 연결시키는 것들인 비이성적 집착과 정서적 열정을 경험한다고

174

보고하고 있다.

인류학자 빌 장코비아크는 168개의 다양한 문화를 조사한 결과 90% 가까운 문화에 낭만적 사랑이 존재한다는 강력한 증거를 찾아냈다. 나머지 10%의 경우에는 인류학적 증거가 너무나 빈약해서 확실한 결론을 낼 수 없었다.

전세계의 많은 사람들이 현재 사랑에 빠져 있다는 보고도 있다. 사회학자 수 스프레처와 동료 연구자들은 러시아, 일본, 미국에 사는 1,667명의 남성과 여성을 인터뷰했다. 그들은 61%의 러시아 남성과 73%의 러시아 여성이 현재 사랑에 빠져 있다는 것을 알게 되었다. 41%의 남성과 64%의 여성이 사랑에 빠져 있는 일본과 비교되는 수치이다. 미국인 가운데에서는 53%의 남성과 63%의 여성이 사랑에 빠져 있었다.

6개 대륙과 다섯 개의 섬에 위치한 37개의 다른 문화 출신인 10,047명의 개인들을 대상으로 한 짝짓기 선호에 대한 내 연구에서도 사랑의 중요성과 보편성이 잘 드러났다. 나는 '사랑과 상호애정'이 결혼대상자(모든 문화들에서 양성 모두)들이 상대에게 바라는 18가지 속성 중에서 가장 필수적인 것으로 손꼽히고 있음을 발견했다. 변덕스런 문화적 규범, 다양한 짝짓기 체계, 혼란스런 정치체제, 경제적 조건의 차이, 종교적 가르침의 다양성에도 불구하고 인간은 어디서나 명백하게 사랑을 갈구한다.

상대에게 바라는 필수적인 특질들이 인간 짝짓기의 기본 규칙들을 규정한다. 욕구는 우리가 누구에게 매력을 느끼며, 그 대상을 유혹하는 데 효과적인 전술이 무엇인지를 결정한다. 반대로 욕구의 위반은 갈등을 불러일으키고, 부부관계의 해체를 예측케 한다. 상대방의 욕구를 만족시켜 주는 것은 짝을 얻고 그 관계를 지속시키는 효과적 수단이다. 욕구의 만족은 장기적인 사랑의 승산을 높인다.

37개의 문화를 대상으로 한 연구는 이런 욕구의 구성요소들이 무엇인가를 잘 밝혀냈다. 전세계 사람들은 친절하고, 이해심 많고, 똑똑하고, 의지할 수 있고, 정서적으로 안정되어 있고, 편안하고, 매력적이고, 건강한 상대방을 원한다. 그러나 문화에 따라 중요하게 생각하는 특질들은 엄청나게 다르다. 예를 들어 대부분의 중국 사람들은 처녀성을 필수적인 것으로 여기지만, 스웨덴과 덴마크 사람들에게는 별로 중요한 문제가 아니다.

사회과학자들에게 놀라움으로 다가왔던 것은 '보편적 성차'의 발견이었다. 전세계 남성들은 젊음과 물리적 매력을 보다 중요한 요소로 치고 있는데, 이런 성질들은 현재 여성의 다산성과 향후 재생산 잠재력의 중요성을 나타내주는 기호로 알려져 있다. 전세계 여성들은 야심에 차 있고, 꽤 괜찮은 사회적 지위를 누리고, 자원 또는 그것을 얻을 수 있는 가능성을 보유한 그리고 자신보다 몇 년 앞서 태어난 남성을 원한다. 인간진화의 오랜 역사에서 자신에게 충실하고 풍부한 자원을 소유한 남성을 선택한 여성의 자손들이 생존과 번성에 보다 유리했다.

그러나 사랑은 개인의 자격명세서에 대한 냉정한 평가인가, 아니면 결핍에도 불구하고 우리를 맹목에 빠뜨리는 감정인가? 답은 둘 다이다. 사람들은 자신이 갈구하는 성질들을 결여하고 있는 사람과는 거의 사랑에 빠지지 않는다.

개인적 광고에 대한 여성과 남성의 반응연구에서, 남성들은 육체적 매력과 젊은 나이를 언급한 여성과 접촉하고자 하는 경향이 강했다. 반면 여성들은 상당한 수입과 높은 교육수준을 말한 남성과 접촉을 시도했다.

우리가 사랑하는 사람을 선택하는 데는 종종 무자비하게 실용적인 논리가 적용될 수 있지만 사랑은 우리가 파트너의 결점에 맹목적이 되도록 진화해왔던 것 같다. 사랑의 신기루효과를 설명할 수 있는 최소한 두 가지의 과학적 설명이 있다. 우리가 요구하는 성질을 모두 갖춘 사람은 거의 없기 때문에 우리들 대부분은 이상적인 세계에서 바랄 수 있는 것보다 못한 것에 만족해야만 한다. 일반적으로 호감도가 높은 사람들만이 상대적으로 높은 사람들을 유혹할 수 있다. 아마도 가장 과학적으로 증명된 사랑의 법칙은 동류교배일 것이다. 이것은 서로 비슷한 부부가 가장 많다는 것이다. 똑똑하고 교육받은 사람들은 그들의 통찰력과 박식함을 공유할 수 있는 사람과 결혼한다. 매혹적인 사람은 매혹적인 사람과 짝을 짓는다. 대립적 위치의 사람들끼리 매력을 느끼는 경우도 종종 있지만, 장기적인 사랑의 경우 '8' 의 사람은 전형적으로 다른 '8' 의 사람과 결혼을 하는 반면, '6' 의 사람은 다른 '6' 의 사람과 결혼을 한다.

사랑에 빠져 있는 동안에는 결점들을 자꾸 언급하는 일에 시간을 바치지는 않을 것이다. 최근 연구에 따르면, 실제로 대부분의 사람들은 결혼에 성공할 기회에 대해 지나치게 낙관적이 되는 '사랑의 환상' 을 보여주었다. 결혼생활이 이혼으로 끝날 확률이 대략 50%에 이름에도 불구하고, 자신들의 결혼이 이혼으로 끝날 것이라고 생각하는 부부는 11%에 불과했다. 보다 젊은 미혼 집단의 경우에는 오직 12%의 사람들만이 자신들의 결혼이 이혼으로 마감될 확률이 50%에 이를 것이라고 생각하고 있었다.

현재 결혼한 사람들인 경우에는 이혼 가능성에 대한 예측이 64%로 증가했다. 이런 결과는 비록 과녁을 벗어난 것이 분명함에도 성공의 승산을 높이도록 기능하는 적응 편향성을 반영하는 것 같다. 이 설명에 따르면, 사랑이란 결국 항상 제대로 작동하지 않을 수도 있지만 시종일관 지속되도록 사람들을 동기부여하는 감정이다. 간단히 말해 사랑은 두 가지 방식으로 우리의 눈을 멀게 할 수 있다. 사랑은 첫째, 우리를 매료시키는 이상형보다 못한 누군가에게 정착하도록 우리를 행복하게 만들고 둘째, 미래의 로맨스를 낙관하게 함으로써 그 가능성을 높인다.

진화경제학자 로버트 프랭크는 사랑이란 맹목적 헌신의 문제에 대한 해답이라고 주장한다. 만약 파트너가 합리적 이유를 근거로 여러분을 선택한다면, 그 또는 그녀는 똑같이 합리적 이유를 근거로 여러분을 버리고, '합리적' 기준에 조금이라도 더 부합되는 바람직한 누군가를 찾게 될 것이다. 이것은 맹목적 헌신의 문제를 불러일으킨다. 여러분은 어떻게 어떤 사람이 여러분에게 남아 있으리라 확신할 수 있을까? 만약 여러분의 파트너가 선택의 여지가 없는 통제불가능한 사랑, 즉 다른 누군가가 아니라 당신에 대한 사랑에 눈이 멀었다면, 맹목적 헌신은 흔들리지 않을 것이다. 사랑은 합리성을 뛰어넘는다. 보다 바람직한 누군가가 나타나서 장기 파트너에 대한 의도와 의지를 보인다 해도 여러분이 떠나지 않을 것이라고 확신할 수 있는 것은 바로 사랑의 감정 때문이다.

인과의 화살은 항상 그 반대로 달릴 가능성이 높다. 사랑은 맹목적 헌신의 문제가 성공적으로 해결되었을 때 우리가 경험하는 심리적 보상일 수도 있다. 짝 선택, 성교, 이혼, 충성 등의 적응문제들이 승리를 쟁취했다는 신호를 보내주는 것은 다름 아닌 정신적, 육체적 아편이다. 과학적 설명은 진화가 우리 두뇌에 성공적인 재생산을 이끄는 활동을 계속할 수 있도록 보상 메커니즘을 심었다는 것이다. 이 설명의 약점은 그 약효가 점점 떨어진다는 것이다. 일부 사람은 계속해서 쾌락의 쳇바퀴에 올라타서, 사랑에 동반된 고양된 감정을 좇는다. 새로운 파트너들과의 계속적인 짝짓기는 쾌감을 불러일으키겠지만 결코 이전 수준만큼은 아닐 것이다.

사랑은 맹목적 헌신의 문제에 대한 해답일 수도, 그것을 성공적으로 해결한 데 대한 중독적 보상일 수도, 아니면 둘 다일 수도 있다. 그러나 사랑이 맹목적 헌신과 긴밀하게 연계된 감정이라는 점에 대해서는 의문의 여지가 없다.

나는 어떤 사람이 진짜로 사랑에 빠져 있는지를 판단할 수 있는 115가지의 행동을 연구했는데, 결혼에 대해 말하거나 가정을 꾸미고 싶은 욕구를 표현하는 것이 상위를 차지했다. 가장 두드러진 사랑의 행위들은 그 사람의 성적, 경제적, 정서적, 유전적 자원에 대한 맹목적 헌신을 나타내고 있었다.

불행하게도 이것이 진화 이야기의 끝은 아니다. 일단 사랑에 대한 욕망이 존재하기만 하면 그것은 조작될 수가 있다. 남성은 단기간의 성적 접근을 위해 사랑의 감정적 깊이를 속인다. 여성은 이러한 성적 착취에 대항하기 위해 예를 들어 성교를 허락하기에 앞서 긴 구애과정을 부과하고, 속임수를 탐지하기 위해 노력하며, 비언어적 신호들을 해독하는 뛰어난 능력을 진화시킴으로써 방어수단을 공진화시켜 왔다.

또 다른 문제는 우리가 갑자기 사랑에 빠지는 것처럼 갑자기 사랑에서 멀어진다는 것이다. 우리는 누가 사랑에서 멀어질 것인가를 확실하게 예측할 순 없지만 최근 연구를 통해 약간의 단서를 확보했다. 사랑에 빠지는 데 욕망의 충족이 큰 역할을 했던 것처럼 욕망의 위반은 갈등의 전조가 된다. 부분적으로 그의 친절과 추진력에 끌려 어떤 남성을 선택했을 경우 그가 거칠고 게을러지면 그 관계는 악화될 것이다. 젊음과 아름다움에 끌려 여성을 선택한 경우에는 새로운 모델이 유혹하면 그의 마음이 그녀를 떠날 것이다. 처음에는 사려가 깊던 파트너가 생색만 내는 사람으로 변할 수도 있다. 그리고 반복되는 성교에도 불구하고 임신이 되지 않는 부부는 각자 다른 곳에서 보다 효과적인 결합을 시도할 수도 있다.

그런 다음 우리는 짝짓기 시장의 가혹한 미터법(측정기준)을 고려해야만 한다. 결혼한 지 얼마 안 된 교수 부부를 생각해보자. 여성의 경력은 급상승하고 남성은 해고되었다면, 서로의 시장가치가 달라진 관계로 두 사람 다 시련에 빠질 것이다. 여인에게, 이전에는 도달할 수 없었던 ℧의 사람이 이제는 가시권에 들어와 있다. 우리는 진화의 짝짓기 정글에서 패배자 남편 옆에 서 있는 여인을 존경할 것이다. 그러나 우리 조상들이 그렇게 했던 것은 아니다. 현대 인류는 관계를 깼을 때 발생하는 비용을 훨씬 능가하는 이득이 가시권에 들어오면 거래를 했던 자들의 후손이다.

사랑에서 멀어진다는 것에는 많은 어두운 측면들이 있다. 실패는 여성에게는 육체적, 물질적 위험으로 다가올 수 있고, 양성 모두에게 심리적으로 큰 상처를 남길 수도 있다. 사랑에 빠졌던 여인에게 거절을 당한 남성들은 종종 감정적으로, 가끔은 육체적으로 자신들을 학대한다. 최근 연구에서, 우리는 갑자기 의기소침해진 남성들 중 놀랄 만큼 많은 수가 살인에 대한 공상에 잠기기 시작했음을 발견했다. 우리가 성공적으로 짝을 찾았을 때 기쁨으로 넘쳐흐르는 보상 메커니즘이 진화에 의해 심어진 것처럼, 짝짓기의 실패를 경험할 때 심리적 통증을 전달하는 메커니즘이 심어져 있을 수도 있다.

세기 초반에 이르면, 많은 과학자들이 더 이상 신을 믿지 않게 되었다. 1916년, 미국 과학자들

대상으로 한 설문조사에서 60퍼센트가 신을 믿지 않거나 의심한다고 대답했다 – 저자가 예측

던 수치는 교육의 확대와 함께 증가할 수 있었을 것이다. 이런 점에도 불구하고, 그리고 과학이

에서 눈에 띠는 진전이 있었음에도 불구하고(특히, 창조주 신의 필요성을 제거했다고 알려진 유전학

양자역학에서), 1996년 설문조사에서도 여전히 40퍼센트의 미국 과학자들은 신을 믿고 있었다.

람이 생명 그 자체를 다룰 수 있는 능력을 보유한 이때, 신을 위한 여지가 어떻게 존재할 수

는가? 우주가 생명을 돌보기에 매우 적합한 환경을 펼쳐 보이고 있다는 사실은 오늘날 무신론자시라

, 신 지지자 이를 만들 수 있도록 해준다.'

무엇이 공격성을
유발하는가?

? 남부 스페인, 태양이 작열하는 투우장에서 외로운 투우사와 반쯤 미친 황소가 오래전부터 계속돼 온 난폭한 의식에서 각자가 맡은 역할을 반복하고 있었다. 1964년 여름에 있었던 사건이지만, 당시의 필름 은 오늘날까지도 강의실에서 상영되고 있다. 황소가 무장하지 않은 투우 사에게 덤벼들고 있는데 투우사의 멋진 포즈도 빨간색 망토도 휘둘러지 지 않았다.

망토는 흐느적거리며 움직임이 없었다. 사실 투우장의 중앙에 서 있는 사람은 여태껏 돌진하는 동물 앞에 한 번도 서본 적이 없었던 뇌과학자 호세 델가도였다.

그러나 황소의 뿔이 델가도를 받지는 못했다. 충돌 몇 초 전, 델가도가 손에 들고 있던 작은 무선전파 송신기의 스위치를 켰고, 그러자 황소가 곧 멈춰섰던 것이다. 그가 다른 버튼을 누르자 황소는 유순하게 오른쪽으 로 돌더니 종종걸음으로 멀어져갔다.

델가도의 승리였다. 뇌의 작용을 연구한 지 15년 만에 그는 가장 극적 인 방법으로, 뇌의 메커니즘을 이해하고 통제하는 수준이 동물의 공격을 리모컨으로 부추겼다 중지시켰다 할 수 있을 만큼 정교한 단계에 도달했 음을 보여주었다. 그는 원숭이와 고양이의 머리에 탐침을 삽입하고 관련 조직에 전기자극을 가하는 일련의 기술을 사용하여 서로 싸우고, 짝짓고, 잠을 자게 만드는 등 그들을 마치 '작은 전자 장난감처럼' 다룰 수 있다 고 설명했다.

그는 "심리연구의 새로운 전기가 도래했다."고 선언했다. "나는 역사 상 최초로 의식적 뇌에서 그 답을 찾을 수 있는 사회적 및 반사회적 행동 과 심리적 활동의 생물적 토대에 대한 이해가, 현재 우리가 당면하고 있 는 문제들의 지적 해결책을 찾는 데 결정적인 역할을 할 수 있다고 믿는다.” 이 말에는 뇌의 작용을 설명하는 것뿐 아니라 거기에 개입하는 데 있어서, 특히 반사회적 공격을 막을 수 있는 능력에 대한 자신감이 반영되어 있다.

델가도와 그의 동시대인들은 오늘날까지도 많은 후계자들로부터 마르지 않는 영감의 원천으로 받아들여지고 있다. 글래스고대학의 동물공격성 전문가 펠리서티 헌팅포드는 델가도를 “무엇이 이루어질 수 있는가를 우리에게 보여준 선구자이자 뛰어난 과학 전달자로, 많은 사람들을 이 길로 들어서게 했다.”고 평가한다.

그러나 헌팅포드 교수에 따르면 뇌의 과정에 대한 생리적 설명과 처치 가능성에 대한 20세기 중반의 끝없는 자신감에는 어두운 그림자가 드리워져 있었다. 델가도의 흥행술이 벌어지기 30년 전, 미국에서만 최소 4~5만에 가까운 사람들이 비정상적인 공격성을 예방한다는 명분 아래 뇌전두엽절제술을 시술받았다.

가차 없는 이 수술의 대중보급자였던 월터 프리먼은 의료용 ‘얼음송곳’을 환자의 뇌 속에 집어넣어, 자신이 과도한 흥분을 불러일으킨다고 이론화했던 뇌의 부위인 ‘시상’ 근처의 조직을 파괴하는 것이 공격의 원인과 여타 다른 문제들을 제거하는 데 도움을 줄 것이라고 확신했다. 그 이론을 확인해줄 만한 증거는 거의 없었지만, 수천 명의 사람들이 수술을 받고 식물인간이 되었다. 여기에는 존 F. 케네디의 누이 로즈메리도 포함되어 있었다.

그 후, 1970년에 신경외과의사 버넌 마크와 정신과의사 프랭크 어빈이 제안한 처치처럼 학술적으로 좀더 인정받은 수술을 둘러싼 논쟁이 격화되었다. 그들은 『폭력과 뇌』라는 책에서, 델가도처럼 공격성과 관련된 뇌의 특정부위들을 결정할 수 있다고 주장했다. 그들은 전극을 사용하여

'문제 부위'가 일단 파괴되면 행동이 크게 개선되었다고 주장했다. 비록 다른 사람들은 심각한 뇌손상이 이 시술의 가장 중요한 결과라고 생각했지만. 이밖에도 대중적으로 사용되는 뇌전두엽절제약물인 토라진thorazine 과 같이 뇌의 동일한 부위를 화학적 방식으로 처치하는 것에도 비슷한 감정적 불일치가 있어 왔다.

왜 뇌전두엽절제술이나 전두엽절제약물, 그와 비슷한 처치들이 우려를 불러일으키는가? 이런 수술은 종종 공격성을 치료하는 데 대단히 효과적이었다. 프리먼은 뇌를 불완전하게 이해하기는 했지만 뭔가 옳은 일을 하고 있었다. 규칙적으로 통제불능의 공격성향을 보이던 사람들이 보통 이상으로 순하고 고분고분한 사회구성원으로 바뀌었던 것이다. 그러나 프리먼과 여타 과학자들은 이들을 '웃는 좀비'로 만들었고 이에 대한 심각한 우려가 존재했다.

"그들은 공격성을 발휘할 수 있는 능력과 여타의 사고과정들이 매우 복잡하게 서로 뒤엉켜 있다는 점을 이해하지 못했고, 그런 경향은 지금도 여전하다." 헌팅포드 교수의 말이다. "이는 단지 뇌의 어느 부위를 제거하면 해결되는 그런 문제가 아니다. 여러분은 우리를 우리이게 만드는 것의 핵심에 매우 근접해 있는 무언가를 다루고 있는 것이다."

앤서니 버제스는 그의 소설 『클락워크 오렌지』에서 핵심을 찔렀다. 그 책은 악당 알렉스의 극단적 공격성이 잔인한 혐오치료법을 통해 성공적으로 제거되는 과정을 충격적으로 다루고 있다.

치료를 받은 알렉스는 더 이상 사회에 위협적인 존재는 아니었지만, 그와 동시에 인간성의 중요한 측면도 제거되고 말았다. 버제스가 제대로 봤듯, 인간은 기본적으로 '영광스런 창조자임과 동시에 야만스런 파괴자'이다. 둘 중에 하나만 취하는 것은 가능하지 않다.

뇌의 생리학적 이해는 월터 프리먼의 단순 처리된 골상학 이래로 오랜 길을 걸어왔다. 최근 연구는 뇌세포 사이에 메시지를 전달하는 신경전달물질들, 특히 공격적 행동과 강한 관련을 맺고 있는 것으로 예상되는 '세로토닌serotonin'이라는 전달물질에 초점이 맞춰져 있다. 연구 결과에 따르면 동물들에게 세로토닌의 수치를 낮추는 약을 투입하면 가끔씩 그 동물들이 더 공격적으로 변했고, 수치를 높이면 그 반대의 효과를 나타냈다.

그러나 세로토닌의 역할이 명확하게 밝혀진 것은 아니다. 뇌에는 최소한 14개의 세로토닌 수용체가 있는데 연구자들은 아직까지 그것들의 역할을 정확하게 밝혀내지 못하고 있다. 신경전달물질의 수치는 우울증이나 섭식장애 등의 문제와도 관련되어 있으며, 일부 수용체의 행동은 매우 복잡하다. 예를 들면, IB로 알려진 한 수용체는 활성화될 때 생쥐와 원숭이의 공격성을 감소시키는 양상을 띤다. 하지만 그 효과는 세로토닌의 증가와 관련되었을 것이라는 기대와는 달리 세로토닌 수치의 하강과 관련이 있다.

또 다른 신경전달물질 바소프레신vasopressin과 관련된 일련의 연구들은 혼란을 더욱 가중시키면서, 공격적 행동이 뇌 속의 화학물질의 복잡한 상호작용에 의해 지배될 수 있음을 보여주고 있다.

유전자 연구도 유사하게 혼란스런 양상을 보이고 있다. 물론 극적인 결과들도 있었다. 예를 들어 한 네덜란드 가계의 극단적인 폭력의 역사를 추적하여, 그것이 신경전달물질의 파괴를 지배하는 유전자의 결함에 의한 것임을 밝혀낸 연구도 있었다. 그러나 과학자들이 곧 공격유전자를 찾아낼 것이라고 과도하게 떠들어대는 신문의 헤드라인들은 이런 결과를 해석하는 데 따르는 어려움을 무시하고 있다. 이를테면 생쥐를 대상으로 한 실험은 그들의 후각을 지배하는 유전자가 무력화되었기 때문에 싸움이 증가하였음을 보여줄 수도 있다. 쥐들은 페로몬을 사용하여 서로에게 신호를 보낼 수 없었고, 따라서 갈등을 피할 수 없었던 것이다.[43]

또 다른 일군의 연구자들은 생쥐 연구는 인간의 폭력성을 이해하는 데 매우 제한적인 단서만을 제공해줄 뿐이라고 주장한다. 사우스캘리포니아대학의 에이드리언 레인은 생쥐 같은 하등 포유류에서는 작지만 인간의 경우에는 대단히 발달한 전두엽피질prefrontal cortex이 공격성을 다스리는 데 핵심적인 역할을 한다고 믿고 있다. 연구 결과에 따르면 살인자들은 전전두엽피질에서 포도당 물질대사의 수치가 평균보다 낮게 나타나는데, 이것은 뇌의 그 부위에 문제가 있음을 말해주는 것이다.

그렇지만 공격성에 관한 대부분의 이론들이 뇌의 물질적 구조를 살피지 않는 것은 이 주제의 복잡성을 극명하게 보여주는 한 예이다. 1920년대 이래로, 공격성에 대한 이론적 접근들은 공격성이 모든 인간에게 내재된 죽음에의 갈구가 외화된 것으로 외부자극의 유무와 상관없이 존재한다는 프로이트의 이론에서부터, 물고기와 새의 동물행동학 연구를 바탕으로 공격성은 사람과 동물계 모두가 공유하고 있는 충동이라는 콘라트 로렌츠의 결론까지를 모두 자신의 범주로 삼고 있다.

개인들의 뇌 상태에 초점을 맞추는 생물학적 이론들의 흐름과는 대조적으로 공격행동을 유발하고 지배하는 사회적 힘들의 핵심적 역할에 주목해온 이론적 접근들도 있다. 2001년 9월 미국 세계무역센터와 펜타곤에 대한 테러리스트들의 공격 원인을 살펴보도록 하자. 자살폭탄테러범

[43] 생쥐 실험과 관련해서는 공격유전자가 무력화되어 공격성향이 커진 것이 아니라, 의사소통수단인 페로몬을 사용할 수 없어 서로의 갈등이 커졌고, 그것이 공격성향의 증가로 보일 수 있다는 점을 지적하고 있다.

중 일부에서 눈에 띌 정도로 낮은 세로토닌 수치를 볼 수 있을지도 모르지만, 그렇게 많은 사람들을 죽음으로 몰아넣은 보다 직접적인 이유를 알고자 한다면, 종교, 문화, 이데올로기, 권위의 영향, 역사 등에 주목해야만 할 것이다.

지적 사고, 학습, 복잡한 의사소통의 능력은 우리를 동물들과는 다른 차원으로 올려놓았지만, 바로 그러한 성질들이 공격적인 행동을 부추길 수도 있다. 연구 결과에 따르면 폭력에 노출되어 있는 어린이가 평화로운 행동을 보고 자란 아이들에 비해 자극이 주어질 때 좀더 폭력적으로 변했다.

1994년, 텔레비전 폭력과 공격성의 관계에 대한 35년간의 연구를 종합한 결과, 그 둘 사이에는 상당한 정도의 양(+) 상관관계가 있음이 발견되었다. 또한 인류학자들의 보고에 따르면 타이티와 이누잇족의 전통사회들에서는 공격적 행동에 대한 강한 문화적 거부감 때문에 반사회적 공격성이 거의 보이지 않는다고 한다.

뛰어난 사회학습 연구자 앨버트 반두라는 인간에 대한 인간의 잔혹성을 이해하는 데 있어서 공격성이라는 개념을 적용하는 것이 타당한가에 조차 의문을 표한다. "내가 정말로 관심을 두고 있는 것은 공격적 느낌이 아니라, 도덕적 기준들과 우리가 얼마나 능숙하게 그런 기준들로부터 이탈하는가 하는 것이다. 그런 것이 우리가 누구를 해칠지 여부 즉, 그들에게서 도덕적 고려를 빼앗을지 여부를 결정짓게 하는 것 같다."

누군가가 수만 명의 시민들이 있는 빌딩으로 비행기를 타고 돌진하도록 만드는 이유, 또는 누군가가 늙은 부인의 지갑을 훔치려 하는 이유를 이해하고자 한다면, 그가 그날 얼마나 공격적이라고 느꼈는가를 알아내는 것보다, 그 행동을 통해 무엇을 얻을 수 있을 것이라고 생각했으며, 어떻게 희생자들의 고통을 무시하도록 자신을 설득시켰는지를 이해하는 것이 훨씬 더 중요할 수 있다.

크리스 번팅
저널리스트, 자유기고가

무엇이 공격성을 유발하는가?

돌프 질먼

앨리배마대학교 정보과학 및 심리학과 석좌교수

? 동물을 대상으로 한 공격성 분석이 보여주는 것은 대체로 모든 종들, 특히 진화의 최고 단계에 도달한 종들은 자기 종의 구성원뿐 아니라 다른 종에게 상처를 입히고 죽이는 것에 의존할 수밖에 없는 환경에 놓여 있다는 것이다. 생존을 위한 육식동물의 행동은 다른 종들에게는 가장 명백한 파괴적 행동으로 작용한다. 생존에 필수적인 영토 확보를 위한 노력도 폭력을 부추긴다. 좀 투박하게 말하자면 이런 상황들은 음식과 안식처를 위한 공격성으로 변역되며 자기보존이라는 이익으로 영속화된다. 종 내부의 공격성도 자원이 희소한 곳에서는 같은 목적으로 기능한다.

여기에 더해, 종 내부의 공격성은 재생산이라는 목적을 위해 작용한다. 수컷들이 발정기의 암컷에게 성적으로 접근하기 위해 싸우는 경우가 이에 속한다. 그런 공격성은 종의 보존에 기여하는 것으로 볼 수 있다. 포식을 목적으로 하는 공격과는 대조적으로 종 내부의 싸움은 일반적으로 치명상을 가하는 데 목적이 있지 않다. 그 목적은 라이벌이 자원을 둘러싼 경쟁에서 항복하도록 유도하는 것이다.

인간 사이의 공격성도 같은 상황에 의해 촉발되는가? 일부 학자들은 공격을 자극하는 조건은 기본적으로 모든 종들에서 동일하기 때문에 인간의 공격성에만 고유한 것은 없다고 주장한다. 무엇보다도 인간은 문자 그대로 식량 확보를 위해 다른 종들을 도살하고, 영토를 차지하기 위해 서로 전쟁을 벌이고, 자신에게 소중한 것을 빼앗기 위해 다른 사람에게 치명상을 입히고, 자신이 귀하다고 여기는 것을 지키기 위해서도 폭력을 행사한다. 아주 종종, 성적 경쟁심도 난폭성에 상승작용을 일으킨다. 다른 많은 종들과 조금도 다름없이, 인간도 자신이 원하는 것을 얻기 위해 파괴적인 힘을 사용할 준비가 되어 있는 것 같다.

다른 학자들은 이런 추론들에 문제가 있음을 발견한다. 그들은 인간의 경우 신피질의 진화 및 사고능력이 다른 종의 그것을 훨씬 능가한다는 사실을 지적한다. 일정한 상황에서 무엇이 좋으며, 옳은가를 판단하는 능력인 '도덕적 숙고'와 자신의 행동을 도덕적 평가와 일치시키는 능력인 '자발적 통제'가 그런 이론에 중심적 위치를 차지한다. 이런 주장을 하는 학자들은 낡은 공격적 충동의 존재에는 동의하지만, 일반적으로 합리성이 그런 충동을 제압할 수 있다고 믿는다. 따라서 그들은 인간과 다른 종을 나누는 것을 넘어선 분석들로부터는 설령 배울 점이 있다고 해도 극소수에 불과하다고 주장한다.

나는 좀더 중도적인 입장을 취하고 있는데, 고대의 진화가 우리에게 남긴 진화론적 유물과 비교적 최근에 얻게 된 인식능력의 확장 모두에 주목하고자 하는 것이다.

뇌의 진화가 파충류 중추reptilian core로부터 진행되었다는 사실은 일반적으로 받아들여지고 있다. 이 중추는 대뇌변연계로 알려진 원시포유류 구조물에 의해 둘러싸여 있고, 대뇌변연계는 다시 신피질로 불리는 신포유류 구조물에 의해 둘러싸여 있다. 예외적으로 큰 신피질의 발달에도 불구하고, 우리의 뇌는 초기에 진화된 고대의 구조물들이 차례로 겹쳐진 삼중구조로 이루어져 있다. 더욱 중요한 것은 이런 구조물들이 수백만 년 동안 그래왔던 것처럼 아직도 인간의 모든 행동에 중대한 영향력을 발휘하고 있다는 점이다.[44]

대뇌변연계는 인간의 모든 정서를 통제하고, 이 체계의 일부인 편도체는 공격성을 통제하는 가장 중요한 구조로 출현했다. 이 구조는 위험의 단서를 포착하기 위해 환경을 모니터링하고, 위험을 만났을 때 물리적인 방식을 통해 효과적으로 대처할 수 있도록 내분비물을 분비하는 과정과 관련이 있다.

목전에 당도한 위험의 조짐에 대처하기 위해서는 격렬한 활동, 주로 그 대상에 공격을 가하여 위협을 격파하거나 삼십육계 줄행랑으로 그것을 회피하는 활동에 필요한 에너지를 즉시 공급하는 것이 절대적으로 필요하다. 필요한 에너지는 교감신경계의 흥분을 촉진하는 부신수질호르몬(아드레날린)의 전신 배출에 의해 중개되는데, 이렇게 해서 많은 양의 포도당이 골격근에 제공된다.

투쟁/도피 반응은 잘 확립된 이런 일련의 반응들로 정의된다. 이런 반응은 격렬한 행위를 통해 해소될 수 있는 긴급상황에는 매우 이상적이다.

.... BIG QUESTIONS IN SCIENCE

[44] 대뇌피질은 크게 신피질과 변연피질(고피질, 구피질)로 이루어져 있다. 변연피질은 진화의 역사를 그대로 담고 있는 반면, 신피질은 고등동물의 새로운 역사를 말해주고 있다. 변연피질이 제기능을 수행하도록 뒷받침하고 있는 것이 바로 대뇌변연계이다.

진화적 관점에서 보면 그런 메커니즘은 종의 안녕에 기여한다. 그것은 우리가 포식자나 혐오스런 동료 인간과의 예기치 않은 대면에서 살아남을 수 있도록 도와주었다. 격분하고 흥분되는 것, 강하다고 느끼며 도전의 결의를 다지는 것, 위험에 대처하기 위해 현안에 완전히 몰두하는 것 등은 적응성이 매우 높다는 것이 밝혀졌다.

이런 적응적 가치가 훼손된 것은 근대사회에 들어서면서부터였다. 일반적으로 위험의 조짐들은 더 이상 직접적인 공격이나 즉각적 탈출이라는 반응을 필요로 하지 않게 되었다. 예를 들면 실내에서 라돈이 우리에게 미치는 악영향은, 그런 긴급사항에 대처할 수 있도록 얼마나 많은 에너지를 제공받을 수 있느냐의 여부와는 상관없이 즉각적인 물리적 행동을 통해 제거될 수 없다. 마찬가지로 과세나 지구온난화 같은 문제에 투쟁이나 도피로 대응한다고 해서 어떤 이익이 주어지지는 않는다. 무엇보다도 주목해야 할 것은 사회적 인정이 처벌의 위협이라는 수단을 통해 폭력이나 회피에 의존하는 일상적 갈등의 해결방식을 가로막고 있다는 점이다. 부주의한 운전자가 자신의 차에 손상을 입혔다고 홧김에 그를 때리는 것은 어리석은 짓이다. 어린이를 돌봐야 할 사람이 충동적으로 나라를 뜨는 것은 일반적으로 가능하지 않다. 그럼에도 불구하고 그런 모든 경우의 분노와 좌절은 고대의 뇌구조물을 끌어들여 이미 그 유용성이 사라져버린 강력한 반응을 개시하도록 한다. 이로 인해 종종 참을 수 없을 만큼 화가 나거나 주체할 수 없는 폭력적 행동이 촉발된다.

두려움과 화라는 감정을 이해하기 위해서는 근래의 역기능뿐 아니라 초기의 기능을 인식하는 것이 중요하다. 초기 기능은 두 가지였다. 급박한 행동을 위한 에너지의 사용과 지금 벌어지고 있는 행동에 주목하는 것이 그것이다. 행동충동성action impulsivity과 인식장애cognitive deficit로 알려진 이런 두 반응들은 여전히 화와 분노를 특징짓고 있다. 행동충동성은 행동의 궁극적 유용성과는 무관한 공격적 행동을 촉발한다. 인식장애는 목전의 상황에 인지적으로 몰입함으로써 자기 행동의 결과를 제대로 인식하지 못하는 사람으로 만들어버린다. 폭력적 행동의 결과를 깨닫지 못하게 만드는 인식 통제력의 저하는 순간적인 발광, 책임성 약화의 형태로 돌출된다.

파괴적인 폭력을 휘두르려는 성향은 의심할 바 없이 우리 모두에게 내재되어 있다. 손해와 경멸에 대한 협박이 최고조에 달하면 통제가 불가능하고, 충동적이며, 공격적인 행동을 초래하기 쉬운 반응들이 유발된다. 일상의 좌절과 도전에서 발생된 감정의 찌꺼기들은 종종 직접적인 관계가 없는 특정 상황에 대한 반응에 영향을 미친다. 화는 다른 출처의 자극에 의해 불붙을 수 있기 때문에, 겉보기에는 사소한 의견차이에 불과한 경우에도 종종 격렬한 갈등이 조장되기도 한다.

지금까지 우리는 고대 뇌구조물의 영향(종종 역기능적인)에 대해 살펴봤다. 이제는 우리를 다른 종과 분리시켜주는 새로운 구조물(연상력, 예측력, 추리력 등을 갖춘 신피질)의 영향에 대해 생각해보도록 하자.

공격성을 연구하는 대부분의 학자들은 우리가 신피질에서 제공받는 뛰어난 합리성은 폭력의 해독제라는 관점을 취한다. 합리성은 보다 저급한 모든 인간적 충동의 만병통치약으로 여겨지고 있다. 합리성이 분출하는 폭력을 막을 수 있고, 종종 그렇다는 점에 대해서는 의심의 여지가 없다. 그러나 충동적이고 파괴적인 폭력의 기록들을 대강 훑어보기만 해도, 이성은 폭력을 막을 기회가 주어졌을 때마다 계속해서 우리를 실망시켜왔음을 알 수 있다.

보다 중요한 점은 이성이 폭력에 대한 효과적인 해독제로 기능하는 데 실패했을 뿐만 아니라 서로를 적대하는 인간들에 의해 저질러진 엄청난 폭력의 직접적 원인이라는 사실이다. 힘에 의존하되, 그 반발을 최소화하거나 완전히 우회하는 방식으로 타인의 귀중품을 취하는 것이 승리의 공식이라고 속삭이는 것은 바로 추론할 수 있는 우리의 능력이다. 우리의 예측능력은 폭력이 그 대가를 지불하게 만드는 적절한 전략들을 구축하는 데 이용된다. 그 능력은 모든 개인들을 공격적 행동으로 타인을 억압하는 위험한 상황에 빠뜨릴 뿐만 아니라 조직된 폭력과 전쟁의 영감을 불러일으키기도 한다.

인간의 공격성은 단순히 스스로 생산해내는 뛰어난 예측능력과 전략에 의해서만 북돋아지는 것은 아니다. 그것은 일부 사람들이 최고 형태의 합리성(즉, 도덕적 추론)으로 여기고 있는 것에 의해서도 추동된다. 공평과 재분배라는 도덕적 개념은 주요한 공격의 원천으로 작용한다. 작은 보상에 우리를 몰두하게 만드는 사회 정의의 비교는 상당한 노력에도 불구하고 격앙되기 쉽고, 따라서 공격성을 부추긴다. 정의에 대한 우리의 느낌을 위반했을 때는 보복이 요구된다. 잘못된 대우를 받았다면, 반드시 '공평을 회복'해야 한다. 모든 것을 제자리로 돌리기 위해 보복하고자 하는 욕구는 빈번하게 개인 간의 충돌을 야기한다. 전쟁은 종종 누군가가 대중들에게 과거의 굴욕을 응징하지 않을 수 없다고 설득함으로써 발생한다. 필요에 따라서는 최악의 흉폭함과 잔인함조차 신의 권위에 근거하여 도덕적으로 위임된 것으로 해석된다.

신피질은 결국 우리로 하여금 사회적 병폐와 전지구적 폭력의 위험을 인식할 수 있도록 해주는 한편, 공격성을 위한 새롭고 유일한 인간적 이유와 수단을 제공해주기도 한다. 효과적인 공격을 위한 전략이라는 철저하게 추론된 개념 및 공격을 정당화시키는 도덕적 위임, 이 모두는 다른 종에서는 찾아볼 수 없는 것들이다. 따라서 공격을 부추기는 이런 동기들은 우리를 다른 동물들과 분리한다. 그렇지만 우리는 여전히 다른 유인원들 및 다른 종들과 공격의 동기를 일부 공유하고 있는데, 그것은 우리 뇌에도 그들과 마찬가지로 고대의 유물인 삼중 구조물이 남아 있기 때문이다.

0세기 초반에 이르면, 많은 과학자들이 더 이상 신을 믿지 않게 되었다. 1916년, 미국 과학자들

을 대상으로 한 설문조사에서 60퍼센트가 신을 믿지 않거나 의심한다고 대답했다 – 저자가 예측

했던 수치는 교육의 확대와 함께 증가할 수 있었을 것이다. 이런 점에도 불구하고, 그리고 과학이

에서 눈에 띄는 진전이 있었음에도 불구하고(특히, 창조주 신의 필요성을 제거했다고 알려진 유전학

와 양자역학에서), 1996년 설문조사에서도 여전히 40퍼센트의 미국 과학자들은 신을 믿고 있었다.

사람이 생명 그 자체를 다룰 수 있는 능력을 보유한 이상, 신을 위한 여지가 어떻게   을 수

있는가? 우주가 생명을 돌보기에 매우 적합한 환경을 펼쳐 보이고 있다는 사   시라

고, 신 지지자 이를 만들 수 있도록 해준다.'

자연에 대한 개입은
옳은 일인가?

? 2001년 7월, 미국 하원은 인간복제에 대한 동의안을 부결시켰다. 여기에는 보다 제한적인 치료용 복제는 허용한다는 수정안이 뒤따랐다. 이 의제를 토론하는 자리에서 오클라호마 공화당 국회의원 와츠는 이렇게 외쳤다. "하원은 생명의 선물을 만지작거리는 미친 과학자들에게 푸른 신호를 보내줘서는 안됩니다. 복제는 인간성에 대한 모독이며 미친 과학입니다."

3개월 후, 두 명의 그런 '미친 과학자들'(줄기세포 기술과 시험관수정의 선구자들)에게 미국판 노벨상인 래스커상[45]이 주어졌다. 과학자 사회에서는 그들의 연구가 증가하는 과학지식에 가치 있는 기여를 한 것으로 비쳐졌던 것이다.

인간의 호기심과 그로 인한 과학의 발전은 언제나 부작용의 가능성과 아직 드러나지 않은 발견의 결과가 이익을 상회할지도 모른다는 두려움을 주요 내용으로 하는 인간적 신중함에 직면해왔다. 복제를 둘러싼 미국의 논쟁은 과학자들에 대한 대중의 광범위한 불신, 그리고 자연에 대한 과학의 간섭은 잘못된 것이라는 믿음의 문제를 건드렸다.

이 두려움이 새로운 것은 아니다. 그러나 런던대학교 의대의 생물학교수 루이스 월퍼트에 따르면 그것은 잘못 인도된 것이다. 그는 인간복제가 야기하는 새로운 윤리적 문제를 한 가지라도 제기하고, 과학과 그것의 응용—즉, 기술—을 구분해내는 사람에게는 샴페인 한 병을 주겠다고 약속했다. 그가 말하고자 하는 핵심은 과학 그 자체는 가치중립적이라는 것이다. 도덕적 가치가 문제되는 것은 사회가 과학으로 무엇을 할 것인가를

[45] 래스커상은 앨버트 앤드 메리 래스커 재단에서 수여하는 상으로 이 상을 받은 과학자 중 65명이 노벨상을 수상했을 정도로 권위 있는 상이다.

선택할 때이다. 『과학의 비자연적 본성』에서 월퍼트는 1945년 히로시마에서 20만 명의 목숨을 앗아간 원자폭탄의 개발에 대해 말하고 있다.

그 폭탄은 1905년에 출간된 『특수상대성이론』에 나오는 공식 $E=mc^2$을 이용한 것인데, 이 공식은 그저 많은 양의 에너지가 작은 양의 물질로부터 배출될 수 있음을 말하고 있을 뿐이다. 월퍼트에 따르면 폭탄을 만들자는 결정은 과학적이라기보다는 정치적인 것이었다. 그의 주장은 결국 지식의 진보를 가로막는 일은 불가능하다는 것이다. 과학자들이 대중들에게 자신들 연구의 가능한 함의와 그 신뢰성에 대해 알려주는 것은 당연하지만, 그 지식을 어떻게 응용하느냐는 그들의 책임이 아니다.

아인슈타인 자신은 이 의견에 찬성하지 않았을 것이다. 1955년, 그는 철학자 버트런드 러셀과 함께 원자핵무기로 인해 초래되는 위협을 논의하기 위해 다양한 정치적 성향을 지닌 과학자들의 소집을 요구하는 선언문을 발표했다. 1957년, 지금은 퍼그워시 회의로 알려지게 된 첫 번째 모임이 22명의 저명한 과학자들이 참석한 가운데 열렸고, 그 회의는 지금까지도 정기적으로 열리고 있다.

자연에 대해 너무 많은 것을 아는 것은 나쁜 일이라는 관점은 근대과학의 산실인 서구문화의 신화들 속에 잘 드러나 있다. 고대 그리스 신화는 신에게서 불을 훔쳐 인간에게 준 벌로 사슬에 묶인 채 벼랑에 매달려 독수리에게 간을 파먹히는(파먹힌 간은 날마다 새로 생겨난다.) 거인 프로메테우스의 이야기를 들려준다. 아담과 이브는 지식의 나무에서 열매(선악과)를 따먹은 죄로 에덴동산에서 추방당한다. 이 이야기의 존 밀턴식 버전인 『실락원』에서, 뱀은 그 나무를 '과학의 어머니'라고 부른다. 극작가 크리스토퍼 말로의 작품에 나오는 중세 연금술사 파우스트 박사는 지식과 맞바꾸기 위해 악마에게 자신의 몸과 영혼을 내줄 준비가 되어 있었다.

메리 셸리의 고딕소설 『프랑켄슈타인, 또는 근대의 프로메테우스』는 너무 많은 것을 알고 싶어하고 적극적으로 자연에 개입하려고 노력하는 과학자들의 모델이 되었다. 젊은 이상주의자 빅터 프랑켄슈타인은 생명의 비밀을 발견한다. 그가 창조한, 피조물은 처음에는 온순하고 사랑스러웠지만 사회에서 받은 멸시와 소외에 격분한 나머지 자신의 창조주에게 끔찍한 복수를 가한다.

지난 5년 동안, '프랑켄슈타인'이라는 접두사는 '유전적으로 조작된' 즉, 유전자를 제거하거나 다른 종의 유전자를 삽입함으로써 생물의 유전자를 개조하는 행위와 동의어가 되었다. 이 용어는 유전자조작식품이 함유된 야채 치즈와 토마토 파스타가 회의적인 영국 시장에 도입되었을 때 타블로이드판 신문들에 의해 붙여졌다. 소비자들의 격분은 곧 소매상들로 하여금 그런 상품을 거둬들이도록 했고, 자발적으로 '유전자조작식품 없음GM-free'을 선언하도록 했다. 한편, 신문들은 프랑켄슈타인 숲, 프랑켄슈타인 물고기, 프랑켄슈타인 아기에 대해 말했다. 이 접두사가 암시하는 것은 과학자들이 자연을 너무 깊이 탐구해 들어갔고, 그 결과는 끔찍할 수밖에 없다는 것이었다.

여론은 종종 자연에 개입하는 것은 나쁜 결과를 초래할 뿐이라는 관점을 취하는 경향이 있다. 유전적으로 조작된 작물은 개발도상국 국가들을 먹여살리는 것 외에도 화학비료와 살충제의 양을 줄이는 데 도움을 줄 수 있다는 과학자들의 주장은 1990년대 후반 영국의 여론에서는 거의 파묻히고 말았다. 시위자들은 유전자조작작물의 작목시험장을 파괴하고, 그 기술은 증명되지 않았을 뿐 아니라 통제가능하지 않다고 주장했다.

1999년, 찰스 황태자는 유전자조작식품에 대한 대중적 보이콧을 옹호하면서, 그런 식품은 불필요하고 환경에 위협적이라고 주장했다. 이에 대해 영국 수상 토니 블레어는 반反과학의 위험이 도래할 수 있다는 반대 경고를 발하고, 기초과학의 연구를 막는 사람들을 영웅시하는 것은 잘못된 일이라고 덧붙였다.

새로운 과학적 발견에 대한 두려움에는 나름의 근거가 있다. 예를 들면 과학자들은 진정제 탈리도마이드가 안전하다고 생각했기 때문에 임산부들에게 입덧 완화용으로 처방해주었다. 1956년, 첫 번째 탈리도마이드 아기가 태어난 이후 그 약이 심각한 선천성 기형, 높은 유산율, 40%에 이르는 첫돌 전 영아사망률 등과 밀접한 관련이 있다는 사실이 밝혀지면서 1961년에 시장에서 사라졌다.

그러나 처음에는 여론으로부터 비난받고 거부되다가 유익한 것으로 밝혀져서 주류사회에서 폭넓게 받아들여진 기술도 없지는 않다. 1798년, 에드워드 제너는 우두에 걸린 소에서 추출한 소량의 표본으로 사람을 예방접종하면(백신vaccinae이라는 말은 '소'를 뜻하는 라틴어 'vacca'에서 유래했다.) 천연두로부터 면역될 수 있다는 사실을 발견했다. '종두'는 수백만 명의 목숨을 구했고, 1980년에는 세계보건기구가 그 질병의 퇴장을 공식 발표하기도 했다. 하지만 발견 당시에는 사정이 달랐다. 신문의 정치만평란에는 백신주사를 맞고 소의 머리가 싹터 오르는 사람들이 등장하곤 했던 것이다. 일부 사람들은 소에서 추출한 물질을 자기 몸에 주입하는 것을 두려워한 나머지, 신이 창조한 하등피조물의 물질로 치료를 받을 수 없다고 버텼다. 1853년, 우두를 사용한 백신주사가 의무화되었을 때는 이를 항의하는 행진시위가 벌어졌다.

대중적 불안심리는 1978년 최초의 실험관 아기 루이스 브라운의 탄생 때에도 이어졌다. 인간 난자의 시험관 수정을 성공시켰던 영국 연구자들인 로버트 에드워즈와 패트릭 스텝토의 선구적 연구는 맞춤아기, 우생학,

인간/동물 이종교배에 대한 걱정을 촉발했다. 이런 이유로 정부는 1982년, 메리 워녹 부인을 책임자로 하는 조사위원회를 발족했다. 1984년에 발표된 워녹 보고서는 시험관 시술을 관리하는 규제처의 설립을 권고했다. 1991년, 인간수정 및 발생 관리청HFEA[46]은 관계법령을 효과적으로 입법화했다.

영국에서 다뤄지는 모든 배아들은 인공수정이나 연구를 위해 보관하는 경우든, 사용하는 경우든 HFEA의 허가를 받아야만 했다. 현재까지 그 기관은 거의 1백만 건에 달하는 배아의 창조를 허가해주었고, 그중 약 6%는 연구를 위해 기증되었다. 유산, 불임치료, 피임 등을 위한 연구에도 허가를 내주었다. 2001년 초, 법률 개정으로 배아발생에 대한 연구에 배아를 사용하여 심각한 질병에 대한 지식을 향상시키는 것이 가능해졌다. 이것은 HFEA도 인간복제연구에 책임을 져야 함을 뜻한다.

1997년, 복제기술이 에든버러의 로슬린연구소에 있는 한 팀에 의해 공개되자 이것은 전세계의 정부에 뜨거운 감자가 되었다. 로슬린팀은 체세포핵치환방식으로 창조된 복제양 돌리를 선보였다. 체세포핵치환방식이란 비생식세포의 핵을 핵이 제거된 난자(탈핵 난자)에 이식하는 것이다.

난자가 수정에 성공하면, 그 자손은 원래 난자의 유전물질이 아니라 이식된 핵의 유전물질을 지니게 된다. 줄기세포[47]는 초기발생단계의 짧

. . . . BIG QUESTIONS IN SCIENCE

[46] 'Human Fertilisation and Embryology Authority' 의 줄임말.

[47] 줄기세포stem cell는 크게 배아줄기세포와 성체줄기세포로 나뉜다. 그리고 배아줄기세포는 다시 배아복제를 이용한 것과 잉여배아를 이용한 것으로 나눌 수 있다. 본문에서는 '배아복제를 이용한 줄기세포'에 국한하여 설명하고 있다. 최근에 황우석 교수 등이 성공하여 전세계적으로 화제가 되고 있는 것도 바로 이 방법을 통한 것이다.

은 기간 동안만 모습을 드러낸다. 이 세포들은 우리 몸의 모든 조직으로 발전할 수 있는 잠재력을 지니고 있다. 과학자들은 이 두 기술을 결합시킴으로써 환자의 복제된 배아에서 줄기세포를 추출한 다음, 손상된 기관을 교체하는 데 알맞은 조직을 만들고자 한다. 과학자들은 치료용 복제로 알려진 이 방법이 장기적으로 심장병, 파킨슨병, 알츠하이머 등 퇴행성 질병으로 고통을 받는 환자들에게 희망을 줄 것이라고 믿고 있다.

2001년 7월, 미국 하원은 인간복제를 반대하는 데 표를 던졌던 반면, 영국 상원은 2001년 1월부터 치료용 복제를 허용하는 법안을 통과시켰다. HFEA는 현재 줄기세포를 유도하려고 배아를 창조하는 연구자들에게는 허가를 내주고 있지만, 그 배아가 여성의 몸에 이식되어 인간으로 성장하는 것은 금지하고 있다.

그러나 이탈리아의 한 발생학자는 복제양 돌리의 창조에 사용되었던 기술을 인간에게 적용하려는 계획을 실행하고 있다고 발표함으로써 국제적 분노를 자아냈다. 세베리노 안티노리는 자신이 불임부부를 위한 인간복제를 이미 시작했고, 2백 쌍의 부부들이 자발적으로 그 일에 참여했다고 주장한다. 이탈리아 의료협회의 책임자 주세페 델 바로네는 만약 안티노리가 그 시도를 실행에 옮긴다면 그를 이탈리아에서 추방하겠다고 협박하면서, 그 연구를 '인간의 존엄성을 훼손하는 자연에 대한 강간'이라 혹평했다. 독일 신문은 안티노리에게 '이탈리아의 프랑켄슈타인'이라는 별명을 붙여주었다.

자연에 대한 과학의 개입을 둘러싼 우려는 이제 인간유전체사업과 '생명의 책Book of Life'의 초판 발표에 초점이 맞추어져 있다. 그 발표는 꽤 긍정적 반응을 받았지만, 그 자료의 응용을 둘러싼 몇 가지 우려들이 제기되었다. 이미 불붙은 가시밭길 같은 도덕적 쟁점들에는 태아검사가 낙태

율의 증가를 불러올 가능성 및 위험을 최소화하려는 보험회사들의 유전자검사 이용 등이 포함되어 있다. 인간유전체사업의 연간 예산 중 5%가 '윤리적, 법적, 사회적 영향'에 대한 연구에 할당되었다.

그러나 많은 과학자들은 윤리적 문제가 과학을 왜곡시킬 수 있다는 월퍼트의 주장에 동조한다. 그들은 줄기세포연구에 대한 미국의 엄중한 제한은 미국 과학자들이 보다 자유로운 연구 분위기를 좇아 영국으로 자리를 옮기는 역逆두뇌유출을 촉발할 수 있다고 믿고 있다. 저명한 연구자인 로저 페더슨은 캘리포니아에 있는 자신의 실험실을 떠나 줄기세포연구에 공공자금을 지원을 받을 수 있는 케임브리지로 옮겼는데, 자신이 떠나는 이유 중 하나로 미국의 어려운 정치적 환경을 들었다. 미국의 일부 생물공학회사들도 미국 밖에 있는 복제회사에 투자하기로 결정하고 있다.

궁극적으로 인간 '본성'은 결코 지식을 증가시키고자 하는 욕구에 저항할 수 없을 것이다. 그러나 자연에 개입하여 생기는 위험에 대한 우려 역시 오랫동안 지속되어온 것으로서 '본성적인' 것처럼 보인다. 두 시각 사이의 투쟁은 우리가 모든 것을 알게 될 때까지—또는 찾으려는 노력 속에서 우리 자신을 파괴할 때까지—계속될 것이다.

캐럴라인 데이비스
〈타임스 고등교육지〉 기자

자연에 대한 개입은 옳은 일인가?

메리 워녹

케임브리지대학교 거튼칼리지 전임학장, 윤리철학자,
인간수정 및 발생 조사위원회 1982-1984 회장직 역임

? 개입이란 단어는 대체로 경멸스럽다. 새로운 생명공학과 그 응용
가능성이 자연에 대한 개입으로 이어진다고 주장하는 사람들은
이점을 확실하게 이해하고 있다. 찰스 황태자가 2000년 리스 강연에서 생
물학자들에게 자연에 대해 좀더 배울 것을 청했을 때, 만약 하고자 했다
면 그의 아버지와 누이는 설령 자연을 변화시키지 않고자 해도 인간의
역사가 시작된 이후 사람들은 줄곧 자연을 변화시켜왔음—자연에 개입
해왔음—을 지적할 수 있었을 것이다. 개입하지 않았다면 우리는 야생에
서 살아가고 있었을 것이고, 세련된 기쁨과 정교한 추구는 전혀 기대할
수 없었을 것이다. 이런 사실이 잘 이해되고 있음에도 불구하고, 생명과
학이 지나치게 멀리까지 나아갔으며, 우리는 개입을 중단하고 자연이 자
신의 길을 가도록 놔둬야 한다는 지속적인 외침이 있다.

무엇을 자연으로 볼 것인가에 대한 우리의 생각은 복잡하며, 수세기를
거치는 동안 변화를 거듭해왔다. 현재 자연을 바라보는 시각에는 최소한

두 가지 중요한 경향이 있다. 낭만적인 시각과 다원주의적인 시각이 그것이다.

프랑스 철학자 장 자크 루소는 소설 『에밀』을 자연의 창조주의 손에서 나온 모든 것은 선하고, 인간 손에 있는 모든 것은 타락한다는 구절로 시작하고 있다. 그가 말한 것은 어린이와 교육에 대한 것이었지만 그 명제는 보편적 의미를 획득했다. 그때부터, 자연은 사회적 가치들과 대별되는 내재적 가치로 생각되기 시작했으며 낭만적 이상의 중추가 되었다.

18세기 루소가 등장하기 이전까지 자연은 개량의 대상으로 여겨져왔다. 거칠고 길들여지지 않은 자연은 길들여진 자연보다 단순히 덜 순응적일 뿐이었다. 반면에 영국과 유럽 전역에 걸친 낭만주의 정신의 등장으로 자연적인 야생의 세계를 경외의 대상, 즉 사람들이 그로부터 자신의 존재에 대한 이해를 끌어낼 수 있고, 가장 섬세한 심미적 직관의 원천으로 간주돼야 한다는 주장이 펼쳐졌다. 타락과는 무관한 때 묻지 않은 순수함은 물론 자연의 불변성과 장엄함은, 인간으로 하여금 자신의 현재 위치를 제대로 파악할 수 있는 안목을 길러주어 인간의 참된 정체성을 회복할 수 있게 해준다.

그러나 이런 새로운 감수성과 더불어 자연은 과학연구의 적절한 대상이라는 생각도 이미 발전하고 있었다. 1778년에 사망한 스웨덴 식물학자 카롤루스 리나이우스는 이미 근대 분류법의 기초인 이명법二名法을 확립해놓고 있었다. 그리고 전문가들 옆에는 수많은 아마추어 박물학자와 자연 관찰자들이 있었다. 그중 한 사람이 길버트 화이트인데, 그가 쓴 『셀본의 자연사』는 소년 시절의 다윈이 즐겨 찾던 책이었다. 뉴턴의 물리학이 모든 사물의 행동을 지배하는 법칙을 제시했던 것처럼 생물의 세계에도 피할 수 없는 역사적 발전법칙이 있다는 생각이 서서히 뿌리를 내려가고 있었다.

1859년, 다윈의 『종의 기원』은 희소성의 세계에서 생존을 위한 경쟁과 적자생존에 의해 종들이 어떻게 진화해왔는가에 대한 설명을 제공해주었다. 그로부터 12년 후, 다윈이 출간한 『인간의 유래』는 지금도 여전히 남아 있는 인간적 자연이라는 개념에 그 토대를 두고 있었다.

하지만 종 내부의 변이가 어떻게 일부 구성원에게는 생존을, 나머지에게는 도태를 초래했는지가 명쾌하게 해명되지 않았던 까닭에 진화론의 설명력은 계속해서 문제가 되었다. 이 문제를 해결하기 위해서는 20세기 유전학의 탄생을 기다려야만 했다. 현재 우리는 다윈주의자가 되었지만, 거시적 장면(다른 종의 발생과 행동)에 주목하는 대신 미시적 장면(이런 발생을 위한 메커니즘을 결정하는 내부의 유전자)에 관심을 집중시키고 있다.

인간적 자연은 이제 전체로서의 자연과 결합되어 있는데, 낭만적 감수성이나 자연세계를 관찰하고 이해하고자 하는 인간의 욕망에 의해서가 아니라 생물과학의 법칙들에 의해서 그렇게 되었다. 인간은 자신의 유전자에 의해 결정되는 것으로 여겨지고 있다. 그런데 유전자는 자연세계 전체가 공유하고 있으므로 모든 피조물, 즉 식물, 초파리, 남성과 여성 등은 일종의 보편적 친족관계에 편입될 수 있다. 따라서 자연에 대한 개입에 반대하는 사람들(특히 인간을 대상으로 한 유전적 개입에 반대하는 사람들)은 단순히 인간 지위의 하락, 이제는 더 이상 우주에서 특별하지 않은 자신의 지위에 대한 분노를 표출하고 있는 것은 아닌지 질문을 던져볼 필요가 있다. 이런 사람들은 '다윈의 불독' 헉슬리와 진화론을 반대하는 신학자들 사이에 있었던 격렬한 전투의 20세기 버전에서 교회 쪽에 줄을 서 있는 자신을 발견하게 될지도 모른다.

그러나 나는 두 경우가 같다고 생각하지 않는다. 찰스 황태자의 주장이 주로 신학적이었고, 생물학자들이 유전자를 조작하는 데 있어서 '신과 신 그 자체에만 속하는' 영역을 침범하고 있다는 입장을 취하고 있지만, 그것이 곧 그가 신학에 대해 말하고 있음을 뜻하는 것은 아니다. 그의 주장은 어떤 본질적 차이도 없이 '자연과 자연 그 자체'라는 관점에서 취해진 것이라 할 수 있을 것이다.

그의 말은 일종의 은유였다. 논쟁의 초점은 이미 옮겨졌다. 왜냐하면 자연에 개입하는 것이 잘못이라고 믿는 사람들도 다윈의 전제들 대부분을 인정하기 때문이다. 따라서 개입이 잘못되었다고 믿는 사람들도 진화론 초기의 격렬한 논쟁을 다시 촉발시키지는 않았다. 그렇다면, 왜 감정이 개입된 용어인 '개입'인가?

이 용어를 사용하는 사람들은 자연에 대한 우리의 두 가지 시각이 위협받고 있다고 느끼는 것 같다. 한편으로 보면, 자연에 대한 낭만적 또는 심미적 생각은 유전자조작에 의해 위협받고 있다. 루소적인 또는 워즈워드적인 감각의 자연이란 인간의 손이 미처 닿지 않은 것이다. 그것은 일면 자의적이고, 총체적 통제권 너머에 있다는 점에서 야생적이다. 만약 곡식들이 유전적으로 개량된다면, 동물들이 항상 우유를 생산한다면, 사시사철 계속해서 같은 과일이 나온다면, 부모가 원하는 형질을 지닌 아이가 태어날 수 있도록 프로그램화 된다면, 자연에 대한 인간적 반응의 일부인 놀라움(또는 실망스러움)의 요소들은 제거되고 말 것이다. 우리들의 삶은 그 자체가 비자연적인 것이 될 것이다.

다윈주의적 생각 역시 위협 아래에 놓여 있는 것 같다. '지구의 벗'의 전임 책임자인 조너슨 포릿은 『안전하게 놀기』에서 이렇게 쓰고 있다. "서로 다른 생물과 종 사이의 엄격한 구분선은 녹아 없어지기 시작했다. 이제 우리는 한 생물에서 개별 유전자들을 뽑고 선택해서, 그 결합이란 점에서 자연에서는 결코 함께 할 수 없고 그런 적도 없었던 모든 생물학적 경계들을 뛰어넘어 완전히 다르고 관련이라고는 전혀 없는 생물 속에 집어넣을 수 있다." 다윈 이래로 받아들여져 왔던 생물학적 자연법칙 자체가 서서히 파괴되고 있는 것 같다. 보편적 도덕법칙 같은 것은 존재하지 않는다고 이야기되고 있는 지금 세상에서, 자연법칙의 확실성마저 제거하는 것은 얼마나 끔찍한 일이 되겠는가.

하지만 '자연적인 것' 이라는 수사에 휩쓸리지 말고 냉정을 유지할 필요가 있다. 인간이 비록 다른 동물보다 좀더 똑똑하고 좀더 멀리 내다볼 수 있기는 하지만, 실제로는 우리 역시 자연세계의 일부로서 자연에 대해 특별한 의무를 지고 있고, 동료 인간들에 대해서도 마찬가지이다. 우리는 해로운 이분법—유전적으로 조작된 것이냐 유기적인 것이냐, 불치병을 안고 태어난 아기냐 맞춤아기냐—속에 모든 것을 뒤섞어놓아서는 안 된다.

우리는 연구를 계속 진행시켜 유전자조작기술의 도움을 받을 수 있는 곳에서는 그것이 이용될 수 있도록 해야 함과 동시에, 돌팔이 의사나 착취를 일삼는 회사들의 무리한 이윤추구를 포함하여 예상 밖의 해로운 결과들이 나오지 않도록 감시의 눈길을 소홀히 해서는 안 된다. 예를 들면 열악한 기후환경에 내성을 갖춘 유전자조작 쌀이 그것을 주식으로 하는 사람들의 영양수준을 획기적으로 높일 수 있다는 것이 입증된다면, 보편적 인간성은 그런 쌀의 활용을 요구하게 될 것이다. 또한 줄기세포이식으로 뇌의 손상을 효과적으로 치료할 수 있음이 밝혀진다면, 의학의 중심에 자리 잡고 있는 공통된 인간적 관심은 그런 치료가 실행될 수 있도록 허용해야 할 것이다. 순수 혈통의 개나 말의 수술 또는 교배가 완전한 선도 완전한 악도 아닌 것처럼 유전자조작 역시 완전한 선도 완전한 악도 아닐 것이다.

내 의견을 말한다면, 현재 문제가 있다고 확언할 수 있는 것으로는 단 한 가지 경우를 꼽을 수 있을 것 같다. 미래의 어느 날 누군가가 몸속의 특정세포들을 재생시킬 수 있다면 모든 세포들을 그렇게 할 수 있을 것이고, 따라서 죽음이 아예 없어지거나 무한히 뒤로 미뤄질 수 있다고 주장한다고 가정해보자. 나는 의심의 여지없이 그 주장은 문제가 있다고 생각한다. 모든 예술, 모든 종교, 모든 도덕성은 생명의 허약함이라는 배경 위에 세워진 것이다. 생명은 본질적으로 덧없는 것이다. 그러나 어쩌면 이것은 자연이라는 수사에 기댄 마지막 호소에 불과할 수도 있다.

세기 초반에 이르면, 많은 과학자들이 더 이상 신을 믿지 않게 되었다. 1916년, 미국 과학자들

대상으로 한 설문조사에서 60퍼센트가 신을 믿지 않거나 의심한다고 대답했다 — 저자가 예측

던 수치는 교육의 확대와 함께 증가할 수 있었을 것이다. 이런 점에도 불구하고, 그리고 과학이

에서 눈에 띄는 진전이 있었음에도 불구하고(특히, 창조주 신의 필요성을 제거했다고 알려진 유전학

양자역학에서), 1996년 설문조사에서도 여전히 40퍼센트의 미국 과학자들은 신을 믿고 있었다.

람이 생명 그 자체를 다룰 수 있는 능력을 보유한 이상, 신을 위한 여지가 어떻게 있을 수

는가? 우주가 생명을 돌보기에 매우 적합한 환경을 펼쳐 보이고 있다는 사실 역시라

신 지지자 이를 만들 수 있도록 해준다.'

질병을 없앨 수 있을까?

? 1980년대까지만 해도 최소한 서구유럽에서는 질병이 쫓겨다니는 형국인 것처럼 보였다. 20세기에는 페니실린, 심장이식, 시험관 아기 등으로 이어지는 새로운 치료법과 예방접종이 속속 등장하고 있었다. 그런데 그때 꽝! 느닷없이 묘비와 보호장비로 무장한 의사들이 나타났다. 죽음에 이르는 새로운 난치병이라는 생각에 다다르자 사람들은 공황에 빠졌다. 에이즈가 들이닥친 것이다. 80년대 이래로, 우리는 광우병에 걸린 쇠고기를 먹음으로써 발생되는 새로운 형태의 변종크로이츠펠트야곱병CJD[48] 같은 의료 악몽에서부터 유전적 대약진에 이르기까지 갈지자를 걷고 있다. 아직은 시기적으로 이르지만 인간유전체 초안발표와 인간단백체[49]에 대한 연구보고서들은 몇 십 년 안에 알츠하이머와 몇 가지 암을 포함한 모든 질병의 치료를 약속하고 있다. 이미 다양한 질병들의 염기배열을 분석하여 신약개발을 추진하려는 시도가 이루어지고 있다. 그리고 줄기세포치료, 유전자치료, 유전자복제 등에 의해 파킨슨병, 당뇨병, 심장병 등이 제거되거나 극적으로 감소될 가능성이 제시되고 있다.

이런 진보를 놓고 볼 때 질병과 감염에 대한 근대적 개념의 확립이 채 두 세기도 안 되었다는 사실은 실로 믿기 힘들다. 현미경의 발명으로 미생물을 식별할 수 있게 된 것은 17세기이지만, 미생물이 질병의 원인이라는 것이 밝혀진 것은 19세기에 들어서서였다. 이전까지는 질병이란 신(또는 신들)이 내린 천벌이라는 믿음에서부터 악취가 나는 공기 또는 독기와

[48] 일명 '인간 광우병'으로 알려진 병.

[49] 단백체proteome란 'protein(단백질)'과 'ome(전체)'의 합성어로 개별 단백질이 아니라 단백질 전체를 뜻한다. 여기서는 유전체genome의 전례에 따라 단백체로 번역했다.

관련되어 있다는 생각에 이르기까지 실로 잡다한 설명들이 존재하고 있었다.

조셉 리스터, 로베르 코흐, 루이 파스퇴르가 이룬 19세기의 획기적인 발견 뒤에는 그것을 가능케 한 수많은 과학자들이 있었다. 천연두에 대한 연구로 면역학의 선구자가 된 에드워드 제너, 질병의 병리학적 진행이라는 근대적 개념의 창시자 루돌프 피르호(코흐는 1866년 베를린에서 피르호에게서 수학한 바 있다.) 등이 그 속에 포함되어 있다. 마찬가지로 현대 의학의 토대를 제공한 것은 코흐의 연구와 기술의 약진(혈액을 통한 질병의 전염에 대한 연구, 세균을 배양하고 탐지하는 기술의 발달, 결핵과 콜레라의 병원균 발견 등), 파스퇴르의 이론과 백신 개발(질병의 세균이론, 광견병과 탄저병 백신의 개발 등), 리스터의 외과수술과정 및 수술 후 감염예방에 대한 연구 등이다.

발견의 속도는 20세기 들어 더욱 가속화되었다. 감염의 기본원리가 밝혀진 까닭에 과학자들은 그 다음 단계 즉, 질병을 예방하고 치료하는 일에 집중할 수 있었다. 20세기 초반에 페니실린이 발견된 이후, 질병치료를 위한 다양한 항생제가 개발되었을 뿐만 아니라 처음 접하는 병에도 걸리지 않도록 많은 백신주사가 발전되었다. 우리는 수많은 사람들을 사지로 몰아넣었던 천연두와 소아마비 같은 질병들이 제거되는 것을 목격했다. 또한 심장병과 암 등을 치료하는 외과기술의 획기적인 발전도 지켜봐 왔다. 제임스 왓슨과 프랜시스 크릭의 DNA 연구와 함께 시작된 질병의 유전적 원인에 대한 집중탐구로 정교한 개별맞춤의학의 미래가 성큼 다가오고 있다.

그러나 개인적인 차원에 대한 강조가 건강에 미치는 사회적, 환경적 영향을 부정하는 것은 아니다. 공해, 흡연인구의 급증, 방사선, 살충제와 식품첨가제 등은 모두 현미경 밑으로 들어갔고 연구의 초점은 유전적 요인을 포함한 다양한 요소들의 상호작용에 맞춰지고 있다. 많은 경우, 연구 결과들은 아직까지 입증되지 않았거나 앞뒤관계가 명확하지 않다. 예를 들어 천식은 공해와 관련되어 있다고 알려져 있지만, 최근의 연구는 지나치게 깨끗한 환경에 의해서도 천식이 발생할 수 있음을 보여주는 증거에 집중된다. 또한 유전자조작식품이 건강에 미칠 수 있는 영향에 대한 두려움도 증가되고 있다.

이와 함께 사회빈곤이 건강에 미치는 영향을 둘러싼 관심이 다시 부각되고 있는데, 열악한 영양섭취(그리고 열악한 영양섭취가 장기적으로 태아에 미치는 영향)를 주요 연구영역으로 삼고 있다. 영국의 경우, 지난 20년간 부유층과 빈곤층의 격차 확대, 치료가 필요한 노년층의 증가로 의료서비스의 질에 커다란 압박요인이 된 인구학적 변화, 건강 서비스에 대한 투자결여 등으로 인해 빈곤과 관련된 질병이 다른 질병보다 현저히 높게 나타나는 고립지구들이 생겨났다. 이런 곳들은 지역에 따라 사회보장의 질에 차등을 두고자 하는 정책적 접근 속에서 관심 밖으로 밀려나는 경향이 두드러진 지역이다.

전세계적으로 볼 때, 건강 불평등은 19세기 이래로 개발도상국을 괴롭히는 질병들의 형태, 그리고 극빈층 인구가 다양한 질병에 감염되는 경로에 대한 연구가 거의 없었다는 점에서 조금도 달라지지 않았다. 서구사회의 진보에도 불구하고, 에이즈를 제외하면 감염성 질병 중 상위 10위 안에 드는 것들은 주로 개도국에 부담을 안겨주고 있다. 예를 들면, 말라리아로 목숨을 잃는 사람은 일 년에 최소 100만 명에 이르며 그중 90%는 아프리카 사람들이다. 또한 연간 약 190만 명에 달하는 사람들이 결핵(많은 경우 에이즈와 관련되어 있다.)으로 목숨을 잃는데, 거의 모두 개발도상국 출신들로서 결핵균의 저항력은 날로 커져가고 있다. 미래의 모습은 결코 긍정적이지 않다.

국제긴급의료구호조직인 국경없는의사회MSF[50]에 따르면 증가추세인 약품개발의 사유화와 그에 대한 공공부문의 접근실패로 빈곤층을 괴롭히는 질병들이 무시되는 결과가 초래되고 있다. 더욱이 약품의 개발비용이 계속 상승되고 있는데, 여기에는 약의 부작용에 대한 우려와 검사기준강화라는 서구 소비자들의 높은 요구가 크게 작용하고 있다. 에이즈를 위한 약은 있다. 하지만 현행 특허법과 시장의 힘은 그 약들이 너무도 비싸다는 것을 뜻한다. 최근 들어 개발도상국을 괴롭히는 여러 질병들을 위한 신약이 개발된 예는 거의 없다. 현재 약 50만 명이 고통 받고 있는 것으로 추산되는 수면병 치료제는 최근까지도 비소를 함유하고 있었다.

국경없는의사회는 국제적인 연구개발 의제설정, 연구를 위한 장기투자, 제약회사로 하여금 이익금의 일정 비율을 침체된 질병연구에 재투자하도록 의무화하는 국제협약 등이 필요하다고 주장한다.

세계화란 더 이상 가난한 나라와 부자 나라를 구별하는 것이 쉽지 않음을 뜻하기 때문에 의사회의 주장은 윤리적일 뿐 아니라 실용적이기도 하다. 예를 들어 영국의 경우, 최근 들어 결핵환자의 수가 급증하고 있는데 그들 대부분은 개발도상국 출신들이다. 연구지원금이 충분치 않은 이민자 사회에 대한 연구에 의하면, 건강 불평등은 국제화와 질병의 관계에 영향을 미치는 유일한 요소가 아닐 수도 있다. 예를 들면 웰컴트러스트 회원인 로버트 윌킨슨은 런던에 거주하고 있는 인도 '구자렛주의 사람들'은 아시아에 거주하는 사람들보다 비타민 D의 보유량이 낮은 관계로

[50] 'Medecins Sans Frontieres'의 줄임말.

결핵의 재발률이 높다는 사실을 발견했다.

빈곤을 없애면 이 세상에서 질병이 사라질까? 질병에 미치는 빈곤의 영향력은 줄어들겠지만 부와 '진보' 역시 나름의 건강문제를 발생시킬 것이다. 우리가 오래 살고 있다는 사실은 노인성 질병이 증가함을 의미한다.

포화동물지방으로 채워진 과도한 영양섭취는 더 많은 심장질환과 암을 발생시켰다. 사태는 개선될 것 같지 않다. 연구자들은 11살짜리 소녀 세 명 중 한 명이 과체중이고, 열 명 중 한 명이 임상적으로 비만이라고 말한다. 이것은 오래 앉아 있는 직업의 증가와 전반적인 운동량의 감소는 물론 증가하는 가족 파괴와 항상 바쁜 생활양식을 포함한 현대 생활의 불안정성 및 빠른 속도와 결합된 스트레스와 밀접하게 결합되어 있다.

스트레스가 질병의 원인이라는 것은 입증되지 않았지만 우울증을 일으키는 한 요인인 것은 분명하다. 세계보건기구의 예측에 따르면, 우울증은 향후 20년 이내에 두 번째로 큰 세계 질병으로 자리 잡게 될 것이다.

스트레스가 면역체계를 저하시키는 요인일 수 있다는 데도 합의가 이루어져있다. 실제로 최근 몇 십 년 동안에는 식이요법이나 대체요법, 그밖의 다른 방법으로 면역체계를 강화시키는 문제가 과학자들의 이목을 끌어왔는데, 특히 에이즈가 이 분야에 대한 특별한 관심을 불러일으키고 있다.

세계화와 마찬가지로 개발과 관련된 여러 조건들 역시 질병감염사슬의 속도를 높이고 있다. 예를 들어 도시화는 감염사슬에 효과적인 온상을 제공해주고 있고, 지구온난화는 모기와 같은 질병매개체의 이동패턴을 변화시켜 북쪽에서도 감염성 질병에 노출될 가능성이 높아지고 있다.

때로는 과학 자체가 괴물들을 창조하기도 한다. 항생제 과다처방은 일부 미생물들이 진화를 통해 그 영향력을 지속할 수 있게 함으로써 항생제 내성박테리아의 출현에 대한 두려움을 야기시키고 있다. 이런 신종 '슈퍼버그'는 항생제가 약한 경쟁자들을 죽여줌에 따라 더 넓게 퍼지게 되었고, 그 결과 메티실린내성포도상구균MRSA[51]과 같은 신종 질병을 낳고 있다. 기존의 질병들 또한 치료가 점차 힘들어지고 있다. 예를 들어 에이즈를 일으키는 바이러스와 결핵균은 화학자들이 따라잡기 힘들 정도로 빠르게 진화하고 있다. 환자들이 치료절차를 제대로 지키지 않는 것도 약물내성변종들의 등장에 일조하였다.

질병의 박멸은커녕 풍요사회에서도 최근 들어 만성피로증후군처럼 원인을 알 수 없는 신종 질병들이 등장하고 있다. 이것은 정신신체증[52]인가, 새로운 질병인가, 아니면 일부 환자들이 믿고 있는 것처럼 오래된 질병(소아마비)의 변종인가? 증세로는 극도의 신체적 약화와 고통스런 근육발작이 나타나며 정부에 의해 질병으로 인정되었지만 일부 의사들은 여전히 회의적이다. 일부 환자의 부모들은 자신의 아이에게 정신적 치료가 필요하다는 사실을 받아들이려하지 않기 때문에 아동학대로 고소를 당하는 경우도 있다. 수수께끼 같은 또 다른 신종 질병으로는 걸프전신드롬을 들 수 있는데 의료계에서는 아직도 이 병의 존재를 둘러싼 논쟁이 계속되고 있다. 걸프전신드롬의 원인에 대한 이론들 중에는 걸프전에 참전한 병사들에게 제공되었던 혼합약품들, 열화劣化 우라늄 및 유기인산염의 역할

. . . . BIG QUESTIONS IN SCIENCE

[51] 'methicillin-resistant Staphylococcus aureus'의 줄임말.

[52] 정신신체증psychosomatic illness은 '심신증'이라 불리기도 하는데, 심리적인 스트레스로 인해 발생하는 신체적 질환이다. 심리적 부담이나 충격 등이 심할 때 복통, 설사, 변비, 구토, 구역질 등의 증세가 나타나지만 몸에는 특별한 이상이 없는 경우가 많다. 이런 경우 정신신체증을 의심해볼 수 있다.

을 거론하는 것도 있지만 결론은 아직 내려지지 않고 있다. 게다가 탄저병, 선페스트bubonic plague, 천연두 등 시간 속에 잊혀졌던 질병들도 있다.

이것들은 일단 정복되었지만 군사적 목적으로 명맥을 잇고 있다는 의심을 받고 있다. 그것들은 현재 생물학적 형태로 복원된 채 우리 주위를 배회하고 있을지 모른다. 만일 과학자들이 그것들을 조작하여 슈퍼변종들을 만들었다면 훨씬 더 파괴적인 형태로 다가올지도 모른다. 전쟁용으로 유전자 조작된 새로운 병원균에 대한 이야기도 있다.

질병을 완전히 통제할 수는 없지만 우리는 이제 질병의 원인에 대한 무지에서 벗어나 우리의 목적에 맞게 질병을 조작할 수 있는 능력을 갖추는 데까지 나아갔다. 그와 동시에 과학과 의학에 대한 불신도 점차 증가해왔다. 이런 불신은 과학을 신성시하고 신처럼 군림하려는 과학자들에 대한 우려, 과학이 기능하는 방식에 대한 일반인들의 무지, 권위에 대한 변화된 태도, 일명 '광우병'으로 불리는 소해면상뇌증BSE의 충격 등을 포함한 일련의 쟁점들에 기인하고 있다. 이런 경향은 주로 육체와 정신의 균형에 관심을 집중하는 대체의학에 엄청나게 큰 새로운 관심을 불러일으켰다. 대체의학은 '볼거리, 홍역, 풍진MMR' 같은 복합백신의 접종에 대한 우려53처럼 의학적이거나 다른 위협에 대한 공황반응의 반작용으로서 질병치료에 대한 19세기 이전의 개념에 귀를 기울인다.

이런 여러 가지 문제점에도 불구하고 질병의 이해와 치료능력에 엄청난 진전이 있었다는 사실에는 의심의 여지가 없다. 물론 그 많은 요소들

53 2001년 일군의 영국 과학자들이 MMR 복합백신접종과 출혈성 질병 사이에 상관관계가 있다고 주장해서 논란을 불러일으켰다. 곧바로 연구방법의 신뢰성에 대한 문제제기가 뒤따르는 등 치열한 논쟁이 전개되고 있다. 이 논쟁은 아직 계속되고 있으며 MMR 접종 역시 계속되고 있다.

모두가 질병과 관계를 맺는 방식에 대한 이해라는 측면에서는 아직도 갈 길이 멀지만, 많은 과학자들은 더 이상 과학이 그 모든 것에 대한 답을 줄 것이라고 믿지 않는다. 학자들은 다양한 분야의 공동작업을 통해 해답을 찾으려 노력해야 하고, 정부는 주요 질병의 원인과 그 제거에 핵심적 장애물인 빈곤을 다루는 문제에 세계적인 공공투자가 필요하다는 사실을 긴급히 인식해야 할 것이다.

맨디 가너
〈타임스 고등교육지〉 전문기자

질병을 없앨 수 있을까?

존 설스턴

생거센터 전임소장, 인간유전체사업 영국연구팀장

가난한 공동체의 기준에 따르면, 세계의 부유한 진영은 거의 모든 질병을 이미 폐기시켰다. 공공보건 및 항생제, 암치료와 심장수술의 발달로 말미암아 우리는 전형적인 질병에서 비전형적인 질병으로 옮겨갔다. 그러나 사람들은 여전히 아프고, 비전형적이라는 말이 그들을 위로하지는 못한다. 따라서 많은 노력들이 그 문제를 다루는 데 바쳐지고 있다.

인간유전체의 염기배열분석은 이런 노력에서 놀라운, 그러나 언론매체에 의해 조금은 과장된 발걸음을 내딛도록 했다. 질병의 관점에서 중요한 것은 병원균(박테리아, 바이러스, 여타 기생충들)의 유전체와 동물유전체의 염기배열분석이 우리 자신의 유전체를 이해하는 데 도움을 줄 수 있다는 것이다. 장기적 관점에서 보면 이런 코드들을 수집하는 일의 중요성으로 보아 사람들이 흥분하는 것도 이해할 수도 있다. 그러나 가까운 미래에 그것들로부터 실제적인 무엇이 나오리라고 기대할 수 있을까?

병원체 염기배열분석은 약품과 항체공격이라는 새로운 목표물을 열어 젖힐 것이다. 이것은 오래된 문제들을 해결하는 데 있어서 뿐 아니라 항상 문제가 되는 항생제내성변형체들의 증가하는 위협에 대처하는 데도 중요하다.

인간유전체연구에서는 현재 유전코드의 개별적 차이를 분석하고, 그런 차이를 개인의 건강 및 의학적 문제와 비교하는 데 강조점을 두고 있다. 광범위한 유전자검사에는 개인적인 프라이버시와 인권문제가 따르지만 거기서 얻을 수 있는 이익은 엄청나다.

영양섭취 및 다른 측면의 생활방식과 유전변이의 상호작용이 잘 알려지게 됨에 따라 사람들은 정확한 상담을 받을 수 있게 될 것이다. 유전병의 진단은 빠르고 저렴한 검사방법들의 개발로 점차 정확하고 일상적인 것이 될 것이다. 약물치료의 감수성 및 그 부작용에 대한 진단도 마찬가지이다. 이것은 기존약물의 선정을 돕는 식으로든, 새로운 약물의 설계와 개발을 통해서든 치료가 보다 효율적으로 이루어진다는 것을 의미한다. 일부 과학자들은 그리 멀지 않은 시기에 약물유전체학 및 약물유전학이 의료 활동에 다른 무엇보다도 큰 영향을 미치게 될 것이라고 생각한다.

정확한 진단은 선택적 이식이나 낙태를 통해 산전선택prenatal seletion의 가능성을 연다. 이것은 앞으로 닥칠 심각한 유전병을 피할 수 있도록 해주는데, 그 자체로는 대단히 바람직한 것일 수 있다.

그러나 우리는 무엇이 허락되어야 하는지, 무엇이 바람직하고, 무엇이 비정상적인 것인지를 결정해야만 한다. 우리는 현재 배아감별의 윤리를 붙들고 해결하려 애쓰고 있다. 한편에는 어떤 상황에서든 배아감별과 관련된 활동은 옳지 않다고 주장하는 사람들이 있는가 하면, 다른 한편에는 이미 자신들을 장애인으로 태어나도록 했다고 부모를 고소하는 아이들도 있다. 유전자 표식자genetic marker들이 더 많이 알려지게 됨에 따라 의료종사자들을 보호하기 위해 허용가능한 감별의 경계를 보다 분명하게 정해야 할 필요가 커졌다. 일부 부모들은 감별이 매우 엄격해야 하며, 심지어 지능과 같이 양적인 형질로까지 확대되기를 원할 것이다. 반대로 많은 장애인들은 태어나지 않은 세대의 절대적 권리를 위한 캠페인을 벌이고 있다. 이 운동은 정상의 기준을 보다 엄격히 적용했다면 자신들은 낙태되고 말았을 것이라는 설득력 있는 판단에 근거하고 있다.

엄청난 노력들이 유전자치료(문제 유전자를 좋은 복사본으로 대체하는 것)에 투입되고 있다. 이것은 건강한 유전자를 그것을 필요로 하는 세포에 전달하여 안정적으로 작동하도록 만드는 것과 관련된 문제이기 때문에 상당히 어렵다. 그러나 접근과 조작이 용이한 세포들로 이루어진 면역계 질병에 대한 연구가 시작되었고, 미래에는 훨씬 더 많은 영역에서 성공을 거둘 수 있을 것이다.

오늘날 우리에게 가장 끔찍한 질병으로 다가오는 것은 암이다. 여러 가지 죽음의 원인들이 제거되어 왔지만, 이것은 여전히 우리가 아직 혈기왕성할 때에도 우리를 급습한다. 치료를 위한 대도약이 이미 시작되었지만, 종양에 대한 구체적인 유전자분석이 독성약물이 공격세포를 정확히 조준할 수 있게 해주어야만 향후 일이십 년 안에 획기적인 발전이 있으리라는 가정은 합당한 것이다.

인간유전체 읽기가 지니는 가장 중요한 측면은 그것이 우리 몸을 완전히 이해하는 핵심적 단계라는 점이다. 유전자코드의 보유 자체가 곧바로 문제해결을 뜻하는 것은 아니지만 신체의 여러 조직들에 대한 연구를 돕고 안내하는 참고자료로 기능할 것은 분명하다. 이런 까닭에 그 자료는 모든 사람들에게 자유롭게 제공되어야만 한다. 생리적인 경로들은 대단히 복잡하기 때문에 그것을 이해하기 위해서는 코드 그 자체를 훨씬 뛰어 넘을 수 있는 통찰력과 실험이 요구된다. 기본정보들에 대한 접근은 사냥의 한계를 부여하고 고정시킨다.

부언하면, 이런 체계들과 그 통제의 엄청난 복잡성은 유전자가 얼마나 중요한가와 관련하여 표출된 의혹들을 반박한다. 그런 의혹들은 인간의 유전자가 약 3~4만 개에 불과하다는 사실이 밝혀진 후 표면 위로 떠올랐다. 그러나 유전자들은 다중적 상호작용을 펼치고 있고, 인체의 가능성들을 평가하는 데 고려해야만 할 것은 유전자의 총수가 아니라 그 변이체들의 조합(상상할 수 없을 정도로 큰)이다.[54]

우리 몸과 관련하여 더 많은 것을 이해함에 따라 새로운 질문들이 쏟아져 나오고 있다. 노년은 그 자체로 질병일 수 있는데, 많은 사람들의 삶을 황폐화시킨다. 단순한 생명연장은 그 질을 고려하지 않는 한 선善일 수 없기 때문에 노령화문제를 전면적으로 다루는 일에 엄청난 관심이 쏠려 있다. 그러나 죽음은 어떤가? 죽음도 역시 질병인가? 그리고 우리는 그것을 폐기하고자 하는가? 내 대답은 당연히 아니라는 것이다. 자신들이 나쁜 평판을 얻고 있음에도 과도한 존경심으로 간주하는 경향이 강한 내 또래나 나이 많은 사람들보다는 젊은 사람들에게서 점차 강한 인상을 받

.... BIG QUESTIONS IN SCIENCE

[54] 유전자결정론의 핵심에는 생명현상의 중심원리central dogma가 자리 잡고 있다. DNA를 '생명의 청사진'이라 부르며, DNA의 염기배열을 읽는 것을 목적으로 한 인간유전체사업을 추진한 것도 이런 원리에 힘입은 바 크다. 많은 과학자들은 인간의 단백질이 약 10만 개라는 사실에 주목하여, 단백질을 만드는 유전자의 수도 약 10만 개라고 생각했다. 하지만 DNA지도 초안에 따르면 인간 유전자의 수는 3~4만 개에 불과하다. 이런 상황에서 유전자의 중요성에 대한 문제제기가 있었던 것이고, 이 글의 저자는 그 문제에 대하여 '개별적 유전자'가 아니라 '다중적인 유전자의 조합'으로 이 중심원리를 계속 유지할 수 있다고 주장하는 셈이다.

는 자신을 발견할 때가 있다. 새로운 세대에게 길을 비켜주고 넘겨주는 것이 좋다는 강력한 깨달음이 있어야만 한다. 그럼에도 일부 사람들에게 영생은 거부할 수 없는 꿈이다. 그것은 어떻게 달성될 수 있을까?

이러한 사고의 한 가닥은 인간복제에 대한 환상(또는 그 실행)에 반영되어 있다. 그러나 유전자복제에는 실천적, 윤리적 어려움과는 별개로 개인 그 자체를 재창조할 수 있는 방법이 결여되어 있다. 자신을 복제하는 것은 자신의 일란성 쌍둥이를 낳는 것에 불과하다. 즉, 복제인간은 나이가 다르게 태어난 쌍둥이로 그 자신의 고유한 고통과 생각을 가지는 새로운 인격체인 셈이다. 멋은 좀 없지만 보다 논리적인 것은 로봇을 통제하는 컴퓨터 속에 자신의 사고과정을 집어넣는다는 생각이다. 원리적으로는 전이된 마음이 유전자복제보다 독자적인 개성의 복제품에 훨씬 더 가까울 것이다.

우리가 육체를 유지하고 있어야만 한다면 병이 들 경우 어떻게 수선할 것인가? 수선의 방법들은 훨씬 더 섬세해지고 완벽해질 것이다. 유전자 조작이 인간유전체사업의 유일한 결과물은 아니다. 우리 몸의 작동방식을 제대로 이해하게 되면 얼마 지나지 않아 외과수술에서 생화학까지의 스펙트럼에는 빈틈이 존재하지 않게 될 것이다. 모든 병은 도구들의 조합에 의해 다뤄지게 될 것이고 보철장치들은 훨씬 더 흔해지고 효율적이고 밖으로 드러나지 않게 될 것이다.

하지만 얼마나 많은 비생물적 하드웨어를 우리 몸속에 끼워 넣을 수 있을 것인가? 그것을 여전히 인간이라고 부를 수 있을까? 이것은 농담이 아니다. 보철 연구자들이 일단 신경계와 컴퓨터를 안정적으로 연결하는 문제를 해결한다면 확실히 두뇌 확장에 대한 다양한 요구들이 나타나게 될 것이다. 우리가 도구사용에 능숙하다는 사실과 달팽이관 이식수술을 했거나 가상현실장치들을 사용했던 사람들의 경험은 우리 앞에 무엇이 다가오고 있는가를 보여주는 지표이다. 조금 더 많은 기억장치가 가능하지 않을까? 좀 더 큰 처리용량은? 왜 안 되겠는가? 만약 그렇게 된다면 영생이 아주 가까이 다가오고 있는지도 모른다.

이 모든 논의는 주로 부유한 사회의 관점에 따른 것이다. 병원체들과의 끝없는 전투는 개발도상국에서 훨씬 더 두드러지는데, 그곳에서는 여전히 병원체가 질병의 주요 원인이다. 열대풍토병 연구에 지원되는 자금은 너무나 빈약하다. 제약회사에서 가장 큰 이익을 남기는 제품은 우울증, 고지혈증, 위궤양 치료제 등이다. 빈곤층이 주로 사용하는 약품에서 얻는 이익은 별로다. 이런 상황이 개선되지 않는 한 세계는 정의롭지 못할 뿐만 아니라 엄청난 불안에 휩싸이게 될 것이다. 시장의 힘만으로는 국제무역체제의 불균형성을 제거할 수 없을 것이므로 사회정의를 위한 심도 깊은 연구가 요구된다. 이 연구에 기여하는 한 가지 방식은 웰컴트러스트와 그의 파트너들이 유전체염기배열 분석자료를 무료로 공개하는 것이다. 그렇게 하면 결국에는 모두가 이런 기초정보를 이용할 수 있게 될 것이다.

부자 국가들 내부에서도 불평등이 증가하고 있다는 징후가 있다. 드물게 논의될 뿐이지만 사회적 의료체계의 공정성에 어려움이 가중되고 있음은 주지의 사실이다. 다시 한번 강조하지만 신기술의 이익을 경매에 붙일 것인지 공유할 것인지에 대해 신중하고 민주적인 의사결정이 요구된다.

질병을 없애는 것은 훌륭한 목표이다. 그렇지만 좀더 긴급한 목표는 우리가 이미 보유하고 있는 전문적 지식을 공정하게 분배하는 것이라고 생각한다. 우리가 점점 더 많은 것을 이해하면서 잘못된 문제를 고치기 위한 노력을 계속한다면 삶은 꾸준히 개선되어 나갈 것이다. 우리 앞에

놓인 위험들은 의학적인 문제를 해결하지 못해서라기보다는 이미 있는
자원을 공평하게 분배하지 못하는 데서 발생할 것이다.

세기 초반에 이르면, 많은 과학자들이 더 이상 신을 믿지 않게 되었다. 1916년, 미국 과학자들

대상으로 한 설문조사에서 60퍼센트가 신을 믿지 않거나 의심한다고 대답했다 – 저자가 예측

린 수치는 교육의 확대와 함께 증가할 수 있었을 것이다. 이런 점에도 불구하고, 그리고 과학이

에서 눈에 띠는 진전이 있었음에도 불구하고(특히, 창조주 신의 필요성을 제거했다고 알려진 유전학

양자역학에서), 1996년 설문조사에서도 여전히 40퍼센트의 미국 과학자들이 신을 믿고 있었다.

람이 생명 그 자체를 다룰 수 있는 능력을 보유한 이상, 신을 위한 여지가 어떻게   을 수

는가? 우주가 생명을 돌보기에 매우 적합한 환경을 펼쳐 보이고 있다는 사   음시라

신 지지자 이를 만들 수 있도록 해준다.'

우리는 통증에서
자유로워질 수 있을까?

시인 존 드라이든은 이렇게 노래했다. "인간이 얻을 수 있는 모든 행복은 / 기쁨이 아니라, 통증에서 잠시 풀려남에 있다네." 그로서는 우리가 지난 삼백 년 동안 17세기에는 미처 상상할 수 없을 정도로 통증에서 해방되는 특권을 누리게 되었다는 사실이 매우 기쁠 것이다.

의학이 통증을 완전히 제거하지 못할지도 모르지만 통증제거라는 목표의 정당함에는 의문의 여지가 없다. '어떻게how' 통증을 없앨 수 있을까에 못지않게 '꼭 그래야만 하는지should'를 물었던 우리 선조들의 태도와 비교해보라.

인류 역사의 대부분 동안, 통증은 신의 응보 또는 사물의 자연적인 질서로 간주되었다. 통증을 견디는 것은 덕을 쌓기 위해서는 반드시 거쳐야 하는 절차였다. 당시는 통증조절이 제한적이거나 존재하지 않았던 시대였으므로 그런 태도는 이해할 수 있는 것이었다. 그들은 불쾌할 뿐만 아니라 피할 수 없는 극도의 경험도 만들어냈다. 통증을 효과적으로 조절할 수 있는 시대가 되면 이런 관점들은 사라질 것이라고 기대할 수 있으리라. 그러나 확실히 그런 관점은 줄어들지만 완전히 사라진 것은 아니다. 영국에서 가장 권위 있는 통증 연구자인 고故 패트릭 월은 교황 요한바오로 2세의 말을 인용하고 있다. "우리가 고통이라는 단어로 표현하는 것은 특히 사람의 본성에는 본질적인 것처럼 보인다. 그리스도와 고통을 나누는 것은, 동시에, 신의 왕국을 위해 고통을 감내하는 것이다. (……) 사실 고통에는 사람의 도덕적 위대성과 정신적 성숙에 대한 호소가 포함되어 있다."

월은 교황이 고통을 받아들일 뿐만 아니라 그것을 축복하고 있음을 강조하며 이렇게 덧붙인다. "이 강력한 성명은 가톨릭 국가들에 실제적인 영향력을 미쳤는데 특히 말기 암의 치료에서 그렇다. 그런 나라에서는 일

228

부 의사들이 치료가 구원을 위한 환자의 신앙행위를 침범할 수 있다는 이유로 고통과 통증치료 사이에서 망설이고 있다."

통증경감의 고결함을 심사숙고하는 의사를 찾기 위해 가톨릭 국가로 가거나 사제의 메시지에 기댈 필요는 없다. 1830년대 제임스 심프슨은 출산하는 산모들을 위해 클로로포름을 마취제로 사용했는데, 이것은 의혹은 물론 심지어 적의를 촉발했다. 약품의 안전성에 대한 두려움은 있을 수 있는 것이었지만, 사람들은 출산과정의 통증은 어느 정도는 사물의 자연적인 질서이므로 경감되어서는 안 된다고 주장했다. 교회 사람들은 창세기에 나오는 다음과 같은 구절을 인용함으로써 논쟁에 끼어들었다.

"너는 아기를 낳을 때 몹시 고생하리라."(창세기 3장 16절).

그 후 20년 동안 가라앉지 않았던 논쟁은 의학적 특권에 의해서라기보다는 왕권에 의해서 정리되었다. 빅토리아 여왕이 레오폴드 왕자를 낳는 동안 클로로포름을 받아들인 것이다. 그것이 전부였다.

통증을 제거하는 것이 부자연스럽다는 생각은 자연 그 자체가 통증을 줄이는 메커니즘들을 진화시켜왔다는 것을 알게 되면 사라지게 된다. 전쟁에서 상처를 입은 사람들은 전투가 잦아들기 전까지는 자신이 상처를 심하게 입었다는 사실조차 의식하지 못한다는 보고들이 있다. 통증은 그것을 알고 난 후에야 시작되었다.

그런 조절의 생존적 가치는 분명하다. 통증은 뭔가 잘못되고 있다는 것을 생물에게 경고하기 위해 마련된 메시지이다. 자기 팔을 물어뜯는 호랑이에게서 도망치는 석기시대 사람에게는 통증신호가 부적절한 것에 불과하다. 그것은 실제로 역효과를 낼 수 있는데 부상에 대한 지나친 자각은 견디면서 싸우거나 뒤돌아서서 달아나려는 의지를 꺾기 십상이기 때문이다.

통증조절체계는 너무 정교해서 아직 충분히 파악되지 않고 있지만 우리 몸이 엔돌핀(모르핀의 자연적 대응물질)이라는 분자를 만들어낸다는 것은 잘 알려져 있다. 이러한 사실은 전쟁터에서 부상을 당한 병사가 놀라운 참을성을 보이는 것에 한 가지 설명을 제공해준다. 그들은 스스로 진통제를 생산하고 있었던 것이다. 그것은 또한 모르핀과 같은 약물이 왜 그렇게 효과적인 진통제인지를 설명해준다. 모르핀이 몸 자체의 통증억제 메커니즘을 이용하고 있기 때문이다.

이것이 전부는 아니다. 패트릭 월과 그의 공동연구자 로널드 멜잭은 개인의 통증반응이 경우에 따라 다양하게 나타나는 이유를 설명하는 과정에서 '통증의 문 이론' 을 고안해냈다. 신경의 일부가 통증신호를 뇌로 전달하는 동안 다른 신경들은 거꾸로 뇌에서 신호를 나른다. 따라서 뇌에서 나오는 신호들이 뇌로 들어가는 신호들과 충돌을 일으켜 신호들을 감소시키거나 막을 수 있다. 멜잭과 월의 용어를 사용하자면 통증의 문을 닫을 수 있다. 역으로 문이 더 활짝 열리면서 통증의 자각이 고조될 수도 있다. 경피신경자극치료로 알려진 통증조절방법의 개발은 이런 개념에 기초한 것이다. 정확한 피부 부위에 작은 전기 침을 시술함으로써 인공적으로 문을 닫을 수 있다.

현대 의사들에게는 통증완화가 일상적 기능 중 하나이지만 르네상스 이전의 의학에서는 비교적 주변에 머무르고 있었다. 많은 의사들은 흰독말풀, 사리풀, 알코올 등을 제공하는 수준에서 그리 멀리 나아가지 못했다. 아편의 도래는 보다 효율적인 통증제거라는 측면에서 주요한 전진을 나타내주고 있었다. 그러나 모르핀, 코데인(아편에서 채취한 진통·수면제), 아스피린 등 우리에게 친숙한 대부분의 약물들이 처음으로 개발된 것은 19세기 들어서였다. 일명 '웃음 가스' 라고 불리는 마취제인 아산화질소와 클로로포름, 에테르 등의 발명으로 외과의사들은 더 이상 수술속도를 실력의 척도로 삼을 필요가 없어졌으며, 환자들은 절단수술과 그밖에 좀더 위험한 수술을 하는 동안 말짱한 의식 상태에서 고통에 시달리지 않을 수 있게 되었다.

바람직한 통증조절과 관련된 난관들 중 하나는 통증의 주관성이다. 의사들은 혈압, 콜레스테롤, 혈당을 측정할 수 있고, 그에 따라 치료를 할 수 있다. 그러나 통증의 경우에는 환자에게 묻는 것이 전부이다. 내 '통증'이 다른 사람에게는 '별 것' 아닐 수도 있고, 의료진의 성향 때문에 심각성이 과소평가될 수도 있다. 수술 후 통증을 다루는 한 가지 치료법은 자가통증조절법PCA[55]에서 발견되었다.

이 기술은 버튼을 누르면 정맥 속으로 소량의 마취제가 자동적으로 투여되는 주사기를 환자에게 장착하는 것이다. 통증이 완화되기를 원하는 사람들은 버튼을 좀더 자주 누르면 된다. 그 시스템에는 과다투여의 사고를 예방하기 위한 다양한 안전장치가 장착되어 있고 높은 성공률을 보이고 있다. 경험에 따르면 PCA를 사용하는 방대한 환자집단의 약물소비량은 대체로 전통적인 치료법을 사용하는 경우와 거의 비슷하다. 달라진 것은 약물사용분포로서 약물을 더 많이 사용한 환자들도 있고 덜 사용한 환자들도 있었다.

통증치료는 통증이 신체적 기원을 지녔음에 틀림없다는 전제 때문에 난처한 입장에 처해왔다. 일반대중은 물론 전문가들도 이 잘못된 관점을 고집하고 있다. 통증이 전적으로 정신 속에 있다는 말을 들은 환자들은 자신이 꾀병을 부리고 있다는 것을 점잖게 말하는 것으로 해석하기 십상

[55] 'PCA'란 'Patient-controlled analgesia'의 준말이다.

이다.

화상, 미생물 감염, 부상 등 대부분의 통증은 실제로 육체에서 기원하지만 항상 그런 것은 아니다. 이유가 분명치 않은 만성통증은 부적절하게 유지된 신체적 부상에 따른 격렬한 반응과 함께 시작될 수 있다. 부상 그 자체와 관찰 가능한 모든 손상의 징후들을 치료해도 통증상태는 오랫동안 중앙 신경계 속에 남는다. 런던에 있는 세인트토머스 병원의 정신과의사 앤드루 호드키스는 의료 전문의들이 통증에는 반드시 육체적 원인이 있다는 관점에 일정한 책임을 져야 한다고 주장한다.

그에게 있어 통증은 "당장에 투입된 감각자료만큼이나 그들의 자서전, 그들의 감정상태, 그들의 집중에 뿌리를 둔 인류의 경험에 살아 있는 복합체이다. 만약 우리가 그런 모든 생각들을 폐기해버리고 질병과 통증 사이의 단순한 관계로 나아가는 우를 범하지 않았다면, 통증이 마음속에 있다는 말과 투쟁할 필요가 없었을 것이다. 통증은 당연히 마음속에 있다. 그것은 살아 있는 경험이고, 지각이며, 감정이고, 그 모든 것들이다. 매우 큰 외상이 있다 해도 모든 통증은 마음속에 있다."

아무것도 발견되지 않을 때 육체적 원인만을 배타적으로 조사하는 것의 부질없음은 통증 치료의 발전에 중요한 의미를 지니고 있다. 그것은 통증제거가 아니라(물론 계속 그러려고 노력하지만) 환자가 통증과 함께 살아갈 수 있도록 돕는 데 강조점을 두고 있는 최종통증요양소의 창립을 이끌었다. 이 접근은 인지행동심리학에 폭넓게 의존한다.

이런 요양소의 최우선 목적은 환자들의 육체적 힘과 건강을 회복시켜주는 것(대부분의 환자들은 통증 때문에 활력을 잃을 것이다.)이다. 그런 다음 가능한 한 통증을 악화시키지 않으면서 정상적인 삶을 살 수 있는 방법에 대한 실제적인 상담프로그램이 진행된다. 여기에는 좀더 형식화된 심리학적 원조도 뒤따른다. 이런 치료는 통증을 완전히 제거하지는 못하지만 보다 효과적으로 통증에 대처하도록 도움을 줄 수 있다.

우리는 과연 모든 통증에서 자유로운 세상에서 살기를 원하는가? 우리가 위험이 없는 세상에 살기를 학수고대하는 것 이상으로? 우리는 유사 위험을 경험하기 위해 놀이공원으로 모여들고, 우리를 안전선 안에 가두려는 공무원의 노력을 일부러 피하고, 암벽등반에서 낙하산타기까지 불필요하지만 정말로 짜릿한 오락을 고안해내고 추구할 정도로 위험에 매혹되어 있다. 정말로 우리는 모든 통증이 없어지기를 바라는 것일까?

마조히스트(피학대음란증환자)들은 분명히 그렇지 않을 것이다. 위장 없이 스스로 고통을 견디는 사람도 다른 사람들이 그렇게 하는 것을 보기 위해 눈을 돌릴 것이다. 1970년대에 절정에 달했던 행위예술은 스스로를 다양한 방법으로 쏘고, 자르고, 구멍을 뚫고, 난도질하고, 태우는 예술가들로 특징지을 수 있다. 그들은 그런 일을 하는 동안 관객을 붙잡았다.

우리가 의학을 통해 통증을 제거하고자 한다는 것은 분명한 사실이다. 그러나 통증을 완전히 없앨 수 있을까? 그렇지 못할 것이다.

제프 와츠
과학 및 의학 저술가, 방송인

우리는 통증에서 자유로워질 수 있을까?

로널드 멜잭
맥길대학교 통증연구 명예교수

'통증 그만!' 은 암, 관절염, 신경손상, 기타 원인으로 인해 통증에 시달리고 있는 수많은 환자들에게 좀더 나은 진료를 제공할 수 있는 길을 찾는 사람들의 슬로건이다. 심각하고 지속적인 통증은 그것으로 고통을 받는 사람들의 삶의 질을 파괴하는 까닭에 이런 종류의 통증을 제거할 필요성은 매우 절박하다.

하지만 우리는 또 다른 종류의 통증, 즉 긍정적 가치를 지닌 통증을 먼저 인식해야만 한다. 대개 상처나 감염 후에 고통으로 다가오는 짧고 격렬한 통증은 참된 생존적 가치를 지니고 있다. 이런 통증들은 뜨거운 오븐에서 급하게 손을 빼고, 날카로운 물체에서 발을 빼고, 배나 가슴에서 갑작스런 불쾌감이 일 때 구급차를 부를 수 있도록 해준다. 통증에 대한 이런 신속한 반응들은 심각한 육체적 손상을 막거나 최소화하려는 데 목적이 있을 뿐 아니라 향후 위험한 사물이나 상황과 마주치는 것을 피할 수 있도록 학습하게 해준다는 점에서 중요하다. 치료하는 동안 통증에 대해 강화된 감수성은 재차 상처를 입거나 완치를 지연시키는 것을 막아준다.

통증을 느낄 수 있는 능력 없이 태어난 사람들은 격렬한 통증이 얼마나 값진 것인가를 잘 보여주는 확실한 증거이다. 이런 사람들은 대부분 어린 시절에 얻은 화상, 타박상, 찢긴 상처 등을 온몸에 지니고 있고 자기 몸에 심각한 상처가 생기는 것을 피하는 방법을 배우기 어렵다. 이들은 격렬한 복통을 수반하는 맹장 파열의 통증을 느끼지 못해 죽음으로 내몰릴 수도 있다. 또한 다리뼈에 금이 갔는데도 다리가 완전히 부러질 때까지 계속 걷는 사람들도 있다.

비슷한 사례로 수많은 상처와 화상을 계속 달고 사는 여인이 있었는데 그녀의 입에는 끓고 있는 액체를 마셔서 생긴 물집자국이 나 있었다. 그녀의 딸도 동일한 조건을 가지고 태어났는데, 일곱 살 때 목욕을 하고 나서 목욕탕 난로를 깔고 앉았지만 아무런 통증도 느끼지 못한 나머지 엉덩이에 커다란 흉터를 낙인처럼 달고 있게 되었다. 이런 이야기들은 우리가 격렬한 통증을 느끼는 능력이 완전히 사라지기를 원하지 않음을 분명하게 말해준다. 통증은 생명을 구한다.

이와는 달리 만성통증은 파괴적이고 결점을 벌충하는 장점이 하나도 없다. 만성통증의 한 형태는 신체조직을 파괴하는 암이나 관절염 같은 지속성 질병, 허리 디스크 또는 심장조직에 충분한 혈액을 공급하지 못하는 것 같은 다양한 신체기능의 병리현상들과 관련이 있다. 이런 통증을 완화하기 위한 노력들은 종종 효과를 본다. 예를 들면 암 통증은 적절한 양의 모르핀이나 다른 형태의 약물(여러 부류의 약물들의 혼합)에 의해 획기적으로 감소될 수 있는데(가끔은 완전히 제거되기도 한다.) 약물의 효과를 향상시키거나 지속시키기 위해 심리치료가 병행되기도 한다. 하지만 최신 설비를 갖춘 병원들의 최선의 노력에도 불구하고, 5~10%의 암환자들이 겪는 심한 통증은 계속 조절해주어야만 한다. 이런 무자비한 통증은 말기에 접어들어 더 이상 유의미한 삶의 목적을 찾지 못하는 일부 환자들에게 자살의 충동을 불러일으키기도 한다. 그런 환자들을 통증으로부터 자유롭게 해줄 수 있을까?

가능하다. 다행스럽게도 암 통증은 전문화된 특정 약품이나 다른 치료법의 개발에 의해 감소될 수 있으며 새로운 약품들도 개발 중에 있다. 실험실과 임상 분야 양쪽에서 일어난 통증 연구의 폭발적 증가는 매우 효과적인 두 가지 진통제의 발견으로 이어졌다.

그것들은 통증완화의 효능을 지닐 것이라곤 전혀 예상치 못했던 약품으로 원래는 간질과 우울증을 통제할 목적으로 개발되었다. 항抗간질 약물은 대개 말초신경의 병리와 관련된 신경병증성 통증[56]을 완화하는 데 사용되고, 항우울증약은 우울증에 대한 그 약의 효과와는 별개로 우울증에 빠지지 않은 환자에게도 여러 종류의 통증을 완화시켜준다. 최근에는 관절염 통증을 완화해주는 강력한 신약이 이용 가능하게 되었으며 훨씬 더 강력한 약물들이 현재 개발 중에 있다. 주요한 신체적 병리와 관련된 만성통증들이 결국에는 정복될 수 있고, 따라서 의학 분야에서 통증의 자유 지대가 되는 것은 가능한 일이다.

그러나 불행하게도 이런 낙관적 전망은 환지통증과 같은 잘 파악되지

. . . . BIG QUESTIONS IN SCIENCE

[56] 1994년, 국제통증연구협회의 특별임무 전담팀에서는 통증을 '침해수용성 통증nociceptive pain'과 '신경병증성 통증neuropathic pain'으로 나누어 정의한 바 있다. 침해수용성 통증이란 말초신경에서 자극이 감지되었을 때 발생하는 통증이고, 신경병증성 통증이란 특별한 외부적 자극이 없어도 발생하는 통증이다. 다시 말해 신경 그 자체가 통증을 유발할 수 있으며, 이런 경우 통증은 쉽게 사라지지 않는다.

않은 만성통증에는 적용되지 않는다. 팔이나 다리를 절단한 사람들은 거의 대부분 '환지phantom limb'를 느낀다. 그것은 너무도 실제처럼 느껴지기 때문에 사람들은 이따금씩 침대에서 자신들의 환족幻足을 밖으로 내디디려하거나 환수幻手를 뻗어 전화를 받으려한다. 절단수술을 받은 장딴지, 손목, 팔 또는 기타 부위에서 끔찍한 통증(경련, 화끈거림, 압박감 등)을 느끼는 사람들의 60~70%에게는 환상이 너무도 생생하다. 통증은 국부마취 주사를 맞거나 진통제를 먹음으로써 일시적으로 완화될 수 있다. 그러나 슬프게도 통증의 원인은 거의 알려져 있지 않고 효과적인 치료법도 아직까지 발견되지 않고 있다.

신경외과의사들은 절단 후 남은 부위에 형성된 '뒤엉킨 뉴런들의 작은 구'를 제거하여 통증을 잠시 동안 완화시킬 수 있지만 통증은 곧 다시 찾아온다. 그 다음 종종 절망에 빠진 환자의 독촉에 시달린 나머지 신경외과의사는 척수로 들어오는 신경의 출입지점 근처의 신경을 잘라낼 것이고, 후에는 척수의 일부를 잘라내겠지만 대개는 통증이 지속적으로 완화되리라는 보장이 없다. 이따금 시상이나 근처 부위의 일부를 태우기 위해 전극을 뇌 속으로 집어넣기도 한다. 심지어 잃어버린 사지를 상상하는 대뇌피질이 제거될 수도 있다. 그러나 이런 수술들 중 어떤 것도 믿을 만한 치료법으로 간주될 만큼 충분히 오랫동안 효과를 발휘하지는 못하고 있다. 심지어 척수의 몇 인치를 완전히 제거하는 경우에도(이 경우 간극을 벌여 하부의 사지에서 오는 어떤 정보도 뇌에 다다를 수 없다.) 끔찍한 통증은 대체로 환체幻體의 같은 부위에서 지속적으로 나타난다.

이제는 부분적으로나마 그 이유가 분명해졌다. 두뇌세포에 감각자료의 유입이 차단되면, 두뇌세포는 자발적으로 비정상적 돌발경고를 울리기 시작한다. 신경충동의 병리적인 패턴이 통증 인지를 발생시키는 것이다. 항

간질약물은 이런 환자들 일부에게는 도움을 주지만 대부분은 그렇지 못하다. 신약이 개발 중에 있기 때문에 그것들 중 일부는 미래에 효과를 발휘할 것이다. 그러나 슬프게도 이런 끔찍하고 끈질긴 통증을 완화하기 위한 약품의 개발이 가까워졌다는 낙관론은 근거를 확보하지 못하고 있다.

그러나 최소한 이런 형태의 통증이 좀더 이해되기 시작했다. 요통, 두통, 안면통증, 근육골격통증, 골반 및 내장통증 등 모든 종류의 통증을 포함하는 만성통증의 두드러진 특징은 통증이 뇌 전체의 활동과 관련되어 있다는 것이다. 사람들이 통증에 시달리고 있을 때 활동 중인 곳은 감각을 받아들이고 전달하는 뇌의 영역뿐만 아니라 감정, 동기유발, 고통 등에서 중요한 역할을 담당하는 대뇌변연계와 상황을 평가하고 의미를 부여하고 희망 또는 악운을 예측하는 인지영역도 동시에 활동하는 것으로 알려져 있다.

두통을 살펴보자. 가장 일반적인 두통은 긴장성 두통과 편(혈관)두통이다. 최근 연구에 따르면 긴장성 두통이 항상 머리나 목 근육의 긴장 증가와 관련된 것은 아니며, 편두통 역시 머리에 있는 혈관계의 혈압 변화와 관계없이 발생하고 사라질 수 있다. 스트레스는 두 종류의 두통 모두에서 중요한 역할을 하지만 어떤 식으로 작용할지는 예측할 수 없다. 세 가지 요소들—근육 긴장, 혈류, 스트레스—은 그 중요성에서 차이가 나지만 어느 한 요소만이 두통의 유형이나 그 발생과 소멸에 관계되지는 않는다.

그러므로 이런 원인들 중 하나만을 취급하는 것은 충분히 오랜 시간 동안 본질적 차이를 불러일으키기에 충분해 보이지 않는다. 효과적인 치료는 종종 세 가지 모두를 포함한다.

두통에 대한 이해가 최근 몇 년 동안 괄목할 정도로 깊어졌고, 두통을 완화시킬 수 있는 몇 가지 뛰어난 신약을 보유하고 있지만 아직은 모든 두통을 다 치료할 수 없다. 수백만 명에게 지속적으로 나타나는 고통은 가야할 길이 아직도 멀었음을 말해주고 있다.

그렇지만 낙관의 여지가 전혀 없는 것은 아니다. 이제 뇌의 강력한 역할과 그 기능들(감각적, 정서적, 인지적)이 밝혀졌기 때문에 최근에는 의식과 통증 및 고통 인식을 생성하는 뇌의 메커니즘을 탐구하기 시작했다.

어쩌면 우리는 15세기에 지구가 태양의 둘레를 돌고 있다는 상식에 반하는 코페르니쿠스의 제안에 비견되는 단계에 있는지도 모른다. 이런 단순한 사실의 입증이 5백년도 채 안 되어 태양계의 발견으로 나아가고, 결국에는 팽창하는 광활한 우주로 확대되었다. 이와 마찬가지로, 우리는 이제 상식과는 반대로 뇌가 상처나 감염 또는 다른 어떤 병리적 원인이 없어도 통증을 유발시킬 수 있다는 것을 알고 있다. 뇌는 천억 개의 신경세포와 수조 개의 회로를 가진 엄청나게 복잡한 구조이지만 과학의 진보는 결국 그 비밀을 밝혀내고야 말 것이다. 그런 비밀의 발견이 전세계 모든 사람들을 괴롭히는 끔찍한 통증과 고통을 쓸어내는 길을 비추게 될 것이라는 희망 또한 확실히 존재한다.

0세기 초반에 이르면, 많은 과학자들이 더 이상 신을 믿지 않게 되었다. 1916년, 미국 과학자들

을 대상으로 한 설문조사에서 60퍼센트가 신을 믿지 않거나 의심한다고 대답했다 – 저자가 예측

했던 수치는 교육의 확대와 함께 증가할 수 있었을 것이다. 이런 점에도 불구하고, 그리고 과학이

에서 눈에 띄는 진전이 있었음에도 불구하고(특히, 창조주 신의 필요성을 제거했다고 알려진 유전학

· 양자역학에서), 1996년 설문조사에서도 여전히 40퍼센트의 미국 과학자들이 신을 믿고 있었다.

람이 생명 그 자체를 다룰 수 있는 능력을 보유한 이 시대, 신을 위한 여지가 어떻게 있을 수

는가? 우주가 생명을 돌보기에 매우 적합한 환경을 펼쳐 보이고 있다는 사실은 우리로 하여금 부디라

, 신 지지자 이를 만들 수 있도록 해준다.'

기아를 없앨 수 있을까?

? 1996년에 열린 유엔 세계식량정상회의에서 186개국이 2015년까지 영양실조에 걸린 사람의 수를 절반으로 줄이기로 서약했다. 그러나 유엔 식량농업기구에 의하면 그 목표는 실현 불가능해 보인다. 모든 기술적 진보에도 불구하고 우리는 우리 자신을 먹여살릴 수 없을 것 같다. 예를 들어 국제식량정책연구소IFPRI[57]에 따르면 사하라사막 이남의 아프리카에서는 전체 아동의 1/3이 굶주린 채 잠자리에 들고 있으며 "기아의 참화로 정신적, 신체적 발달이 제대로 이루어지지 못하고 있다."

인류는 그 역사가 시작된 이래 계속 굶주려왔다. 이에 대한 최초의 언급은 소위 팔레스타인 땅을 덮쳤던 기근과 관련된 성서의 요셉 이야기일 것이다. 사람들은 수세기 동안 기아의 패턴을 이해하기 위해 노력해왔다. 1798년 사제이자 학자인 토머스 맬서스는 식량증산은 산술급수적으로 증가하지만 인구는 기하급수적으로 증가하기 때문에 인구가 생산량을 초과하여 결국에는 인구증가를 제한할 것이라고 주장했다. 에스터 보스럽은 1965년 발표한 글에서 훨씬 낙관적인 전망을 보였다. 그녀는 맬서스와는 반대로 인구 압력이 기술혁신과 높은 생산성을 촉발할 것이기 때문에 식량생산은 계속해서 인구증가와 보조를 맞출 수 있다고 주장했다.

노벨경제학상 수상자 아마르티아 센은 1981년의 저작 『빈곤과 기근: 권리와 박탈에 관한 에세이』에서 최근의 역사는 기근이 없던 그 이전 시기보다 식량공급이 크게 낮아지지 않았는데도 기근이 발생했음을 지적하였다. 그는 기근을 식량부족으로 설명하려는 기존의 관점에 문제를 제기했다. 그로부터 20년 후 대부분의 학자들은 현재 전세계적으로 볼 때 60억 명의 세계인구 전체를 먹여 살리기에 충분한 식량이 있으며, 많은

[57] 'International Food Policy Research Institute' 의 줄임말.

나라들에서 식량이 남아돌고 있다는 사실에 동의하고 있다. 기아는 단순히 식량생산과 관련된 문제가 아니다.

비료 및 살충제와 더불어 수확량이 높은 여러 작물을 도입했던 1960년대, 70년대, 80년대의 녹색혁명은 몇몇 저개발 지역에서 괄목할 만한 생산성의 증가를 이끌어냈다. 인조비료가 도입된 것은 1950년대였지만 과학자들은 그 비료를 사용할 경우 전통 밀이 키만 부쩍 큰 나머지 쓰러져버린다는 것을 알게 되었다. 제2차 세계대전 후 일본에서 일하고 있던 미국 농업자문단은 난쟁이 밀의 변종을 찾아낸 다음 미국으로 가져와서 녹색혁명과 관련된 작물교배의 기초로 삼았다. 이 밀들은 쓰러지지 않았을 뿐 아니라 줄기를 키우는 데 광합성의 생산물(포도당)을 덜 소비했기 때문에 더 많은 양의 곡물을 생산할 수 있었다. 비슷한 잡종교배가 쌀에서도 이루어졌다. 그 결과 영양결핍에 걸린 사람들의 수는 1970년대 10억 명에서 오늘날에는 8억 명으로, 즉 전체 인구의 37%에서 18%로 줄어들었다.

그러나 생산성의 증가가 개발도상국들이 위치한 모든 지역에서 감지되지는 않았을 뿐 아니라 한 국가 안에서도 모든 사람에게 동일한 느낌으로 다가온 것은 아니었다. 예를 들면 사하라사막 이남의 아프리카는 녹색혁명의 기술적 발전을 놓치는 경향이 있었다. 이는 작물과 농법의 뚜렷한 차이 때문이었을 것이다. 그 결과 단위 산출량은 1960년대 이래로 감소를 거듭했고, 기아의 정도는 더 심해졌다. 런던정경대학의 인구학 교수인 팀 다이슨은 광범위한 정치적 불안, 다민족으로 구성된 복잡한 국가 형태, 농업을 도외시한 정부정책, 극단적 인구증가 등이 비난받아야 한다고 주장한다. 개별 국가들 내부에서도 식량과잉과 기아가 동시에 존재할 수 있다. 예를 들면 인도에는 비축곡물이 1천만 톤이나 있지만, 세계기아인구의 3분의 1이 인도에 있다.

에식스대학의 '환경과 사회' 교수 줄스 프리티는 이런 사람들은 '가난하기 때문에' 굶주린다고 지적한다. 그들은 식량에 접근할 수 없을 뿐만 아니라 식량을 구입할 수 있는 자원에도 접근할 수 없다. 그에 따르면 필요한 것은 빈곤층을 위한 지속적이고 제대로 된 정책이다. 한편 IFPRI 소장 핀스트럽 안데르센은 세계 기아의 70~75%가 농촌 지역에서 발생한다는 점을 고려할 때, 최선의 해결방법은 농부들에게 필요한 모든 자원을 사용할 수 있도록 해줌으로써 소규모 농장의 생산성을 높이는 것이라고 말한다. 다른 학자들은 농촌과 도시 지역의 빈곤층 모두를 위해 경제성장률을 높이고 건강과 교육을 증진시킬 수 있는 전략의 필요성을 강조한다.

기아를 없애기 위한 현재의 전략들이 정치적, 지리적 해결책에 집중되어 있기는 하지만, 과학에는 여전히 자신의 역할이 있다. 세계 인구는 2030년까지 3분의 1이 증가하여 80억 명에 이르고, 여기에는 도시화의 증가, 일부 지역에서의 노년인구의 증가, 변화하는 식습관—경제가 번영할수록 고기의 소비량이 늘어나는데 이것은 곡물의 비효율적 이용을 의미한다.—등이 따라올 것으로 예측되고 있다. 여기에 더해 사막화를 초래할 수 있는 물 부족, 토양의 황폐화, 기후변화 등으로 농업생산력이 영향을 받게 될 것이다.

에든버러대학교 세포분자생물학연구소 교수인 앤서니 트레와버스와 옥스퍼드대학의 크리스토퍼 리버는 물 공급량이 줄어들고 환경은 손상시키지 않는다는 조건에서라면 향후 50년 동안 단위면적 당 두세 배의 식량 증산이 요구된다고 주장한다. "만약 우리가 1993년 수준의 기술을 유지한다면 2025년에는 전세계 인구를 부양하기 위해 8억 헥타르의 숲을 새로 개간해야만 할 것이다. 그러나 우리에게는 그렇게 넓은 새 땅이 없다." 트레와버스의 말이다. 그는 작물 생산량 증가에는 농업기술의 진일보가 필수적 조건이라고 주장한다.

과거 20년 동안 세포와 생물의 작동방식에 대한 새로운 이해가 식물과학에 혁명을 가져왔다. 바람직한 형질의 잡종이 태어나도록 하기 위해 비슷한 종끼리 교배시키는 전통적인 식물교배는 새로운 잡종이 보유할 수 있는 형질들이 그 종과 가까운 친척들이 이미 가지고 있는 형질들의 제약을 받는 데 반해, 지금은 한 종에서 하나 또는 그 이상의 유전자를 뽑아내서 다른 종에 직접 이식할 수 있게 되었다. 이제는 박테리아와 같은 생물에서 유전자를 추출해서 식물 속에 집어넣을 수 있다.

이 기술 덕분에 과학자들은 산출량을 증가시키기 위해 유전자를 이식하는 방식으로 식물의 생산과정을 효율적으로 만들 수 있다. 또 작물의 40%를 죽이는 해충과 병원균에 대한 내성, 열과 가뭄 등 비생물학적 시련에 대한 저항력을 높이기 위해 유전자이식을 도입할 수 있다.

2000년 현재, 전세계 4,400만 헥타르의 농지에서 유전자이식 작물이 자라고 있다. 주로 미국에서 재배되고 있는 제1세대 유전자이식 작물들은 제초제와 해충에 대한 저항력을 키우기 위해 하나의 유전자를 조작하는 비교적 간단한 방법이 적용되었는데 캐나다, 아르헨티나, 중국에서도 상당량이 재배되고 있다. 그러나 환경과 건강에 관심이 많은 유럽의 소비자들은 그런 작물의 장점을 보지 못하고 커다란 논쟁을 불러일으켰다. 예를 들면 세계적 환경압력단체인 그린피스는 유전자조작식품을 환경에 노출하는 모든 행위에 반대하고 있다.

개발도상국에서는 유전자이식 작물의 손익계산이 매우 다를 수 있다는 것이 록펠러 재단(15년 동안 식물 생물공학 연구에 1억 달러를 지원한 미국의 자선단체)의 이사장 고든 콘웨이의 생각이다. 그는 이중의 녹색혁명을 주창했는데, "그것은 과거의 성공을 재현하는 것이지만 보다 환경친화적이고 공평한 방식으로 추진될 것이다."(록펠러 재단은 농업분야의 연구개발 비로 25억 달러를 지출한 것으로 추산하고 있는데, 그중 단 7천5백만 달러만이 개발도상국에 지원되었다.) 그에 따르면 이 새로운 혁명은 산출량을 극대화하고, 가뭄과 염분화, 병충해, 질병에 저항력을 가진 작물을 개발하고, 영양가치가 보다 높은 새로운 작물의 생산을 돕기 위해 현대 생물공학을 적용해야 한다.

현재까지 유전자조작이 이룬 가장 흥미로운 성취는 쌀알 속에 비타민 A의 전前물질인 베타카로틴을 만드는 유전자를 집어넣은 것이다. 베타카로틴은 벼의 잎에 존재하는 것으로 전통적인 식물교배로는 낱알에 그것을 집어넣을 수 없었다. 취리히의 과학자들은 박테리아 유전자 하나와 나팔수선화 유전자 두 개를 이용하여 인간의 비타민 A 요구량을 충분히 만족시킬 만큼의 베타카로틴을 생산할 수 있는 벼—황금쌀Golden Rice—를 생산하는 데 성공했다. 현재 개발도상국에 있는 1억5천 명의 어린이들이 비타민 A의 부족을 겪고 있으며 이로 인해 일부 어린이들은 영원한 암흑 속에 갇히거나 죽음에 이르기도 한다.

특정 유전자를 이식하는 유전공학은 전통적 식물교배로는 몇 십 년이 걸려야 가능한 것을 몇 년 만에 이룰 수 있도록 해준다. 고구마 바이러스에 대한 생물공학적 해결책을 연구하고 있는 아프리카의 선도적인 식물유전학자 플로렌스 웜부구는 씨앗에는 해충을 통제할 수 있는 모든 기술이 담겨 있기 때문에 아프리카의 경우는 전통적 식물교배방식인 녹색혁명기술보다는 유전자조작기술이 더 효과적일 수 있다고 주장했다. 예를 들면 농민들에게 비료 사용에 대한 교육을 시킬 필요가 없는 것이다. 그녀는 기아의 근절과는 무관한 유럽에서 유전자조작 작물에 대한 반감이 일어남으로써, 유전자조작 기술이 아프리카에 도입되는 것을 지체시킬 수 있다는 점을 우려하고 있다.

　이렇게 해서 그것은 다시 정치적 쟁점이 되었다. 핀스트럽 안데르센은 현재 우리에게 부족한 것은 기아근절의 방법 그 자체가 아니라 그것을 제대로 이행할 정치라고 본다. 그의 말을 인용한다면 "권력자들에게는 영양실조에 걸린 아이들이 없다. 그들은 먹을 것에 충분히 높은 우선권을 부여하지 않는다."

줄리아 힌데
과학 및 교육 자유기고가

기아를 없앨 수 있을까?

브라이언 힙

왕립학회 부회장, 케임브리지 세인트에드먼드대학 학장,
노팅엄대학교 특별교수

? 지난 세기 후반부는 세계 많은 지역에서 식량증산이 인구증가를
능가함에 따라 진정한 진보를 보여주었다. 1950년대에는 일인당
300Kg에 못 미치던 곡물생산량은 산술급수적으로 증가해서 1980년대에
는 350Kg이 넘었다. 1980년대 이후에는 세계 곡물산출량이 다시 인구증
가율 밑으로 떨어졌다. 이는 급작스런 인구증가나 식물교배에서의 유전
적 상한효과 때문이 아니라, 북미의 메이저 곡물생산회사들이 곡물가격
유지를 위해 생산량을 조절함으로써 경제적 재갈효과를 불러일으켰기 때
문이다. 그렇지만 1970년대 이래 심각한 기근으로 고통 받고 있는 유일한
지역인 사하라 이남의 아프리카에서는 인구증가가 곡물생산량을 압도적
으로 능가했다.

곡물생산은 증가시키고 영양실조는 감소시킬 수 있는 여러 가지 수단
이 있다. 예를 들어 기존기술과 신기술에서 도출된 적정기술, 교육, 여성
의 지위향상, 농부들의 자발성에 기초한 지역혁신, 무역을 장려하고 식량

가격과 환율을 규제하고 시장 접근성을 높이는 국가 단위의 정책과 국제적 정책 등이 그것이다. 현재까지 농작물 분야의 무역자유화 속도는 상당히 느리게 진행되고 있다. 공산품에 대한 관세는 1950년 40%에서 2001년에는 4%로 떨어진 반면 농작물에 대한 관세는 여전히 40%를 유지하고 있는 실정이다.

이런 암울한 사실들은 기아의 근절이 단순하게 인구 또는 식량을 다루는 것 이상으로 매우 복잡한 문제이며, 선의의 단순한 이익집단들이 빠지기 쉬운 함정임을 깨닫게 해준다.

인구는 여전히 기하급수적으로 증가되고 있다. 기술낙관주의자들은 과학과 기술이 사람들의 삶의 질을 변화시켜왔으며 앞으로도 그럴 것이라는 사실을 강조한다. 그러나 재앙론자들은 오늘날 우리가 직면하고 있는 도전은 인류 역사에서 전례가 없는 것이기 때문에 자아도취의 위험에 빠져서는 안 된다고 경고한다.

기아에 대한 논쟁은 매니토바대학의 바클라프 스밀의 표현처럼 사람들을 코페르니쿠스주의자와 재앙론자로 가른다. 런던정경대학의 팀 다이슨은 예상치 못했던 재난이 없는 한 농부들이 요구량을 채울 수 있을 것이라는 조용한 낙관론을 펼친다. 비료사용이 생산량을 증가시키고, 세계 곡물산출량은 헥타르 당 약 4톤에 이를 것이며, 위성원격탐사 및 정밀농법을 포함한 정보집약적 경영법으로 질소, 토양, 물 활용의 효율성이 개선될 것이다. 과학의 문제는 어떻게 환경을 훼손시키지 않고 지속할 수 있는 방식으로 모두를 위한 식량안보를 달성할 수 있느냐이다.

식량안보란 위험을 상쇄하고, 충격을 완화하고, 불안정성의 충격을 흡수할 수 있는 자원과 자산, 소득활동의 안정적인 소유 또는 접근으로 정의된다. 달리 말해 모든 사람이 생계형 농부가 될 필요는 없지만 누구나 적절한 양의 식량을 확보할 수 있는 수단을 보유해야 한다는 것이다. 오늘날 농부들은 전세계 인구를 모두 부양하기에 충분한 식량을 생산하고 있지만 8억 명은 여전히 식량의 양은 물론 성장, 활동, 건강유지에 필요한 식량의 질 측면에서도 불안정한 상태로 남아 있다. 1994년을 기준으로 세계의 식량공급이 공평하게 이루어졌다면 64억 명에게 하루에 약 2,350 칼로리의 영양을 공급할 수 있었다(그 당시 실제 세계인구보다 많은 사람들에게 적절한 영양을 공급할 수 있었다.). 그러나 식량을 물리적으로 공평하게 분배한다는 것은 현실성이 없으며, 경제적으로도 성공할 가능성이 높지 않다. 그것은 식품에 대한 다양한 요구를 충족시킬 수 없고, 기아의 공격을 막아낼 핵심 요원들인 소농들에게 충분한 수입을 보장하지도 못한다.

집약적 생산체계와 녹색혁명은 제2차 세계대전 이후 늘어나는 세계 인구를 부양하는 데 중요한 기여를 해왔다. 그렇지만 어떤 것들은 토양의 황폐화, 토지유실, 사막화와 도시화, 개발도상국 곡물생산량 감소, 돌이킬 수 없는 생물다양성의 감소 등을 불러왔다. 지구 전체를 놓고 볼 때 현재 한 사람을 부양하는 데 필요한 경지면적은 약 0.26헥타르인데 2050년이 되면 약 0.15헥타르로 줄어들게 될 것이다. 경작지의 확장비율은 해마다 0.2%씩 떨어지고 있으며 하향추세가 계속되고 있다. 세계 식량의 약 40%는 관개 농업에 의해 생산되며, 세계적으로 사용가능한 물의 70%가 농업에 사용되고 있다. 앞으로 증가할 20억 명의 사람들을 부양하기 위해 식량생산을 늘리고자 한다면 줄어든 물로 같은 면적의 농지를 경작해야 할 것이다.

1940년대의 농법으로는 현재의 세계 인구를 먹여 살릴 수 없는 것처럼, 현재 농법으로 30~40년 동안 늘어난 세계적 수요를 충족시킬 수 있으리라 기대하기는 힘들다. 환경을 파괴하지 않고 지속할 수 있는 방법에 기초한 또 다른 농업혁명이 일어나지 않는다면 경제적으로 낙후된 지역의 운명은 더 어두워 보인다. 중국과 인도는 늘어나는 인구, 줄어드는 저수량, 경작지의 감소라는 삼중고에 시달리고 있다(중국의 토질 악화가 한때 우려했던 것보다는 국지적 현상에 머물렀지만).

생물공학이 도움이 될 수 있을까? 역사는 한 가지 원천에 너무 많은 것을 기대하지 말라고 가르친다. 진행 중인 생물공학의 제2의 물결은 높은 산출량, 장기저장능력, 우수한 영양 등을 갖춘 개조된 곡물(채소와 과일을 포함한)을 선보이게 될 것이다. 곡물들은 특정 해충과 질병에 대한 저항력을 가질 수도 있고, 백신 등이 포함된 고부가상품이 될 수도 있다. 화학적 수단이 거의 필요치 않고, 가뭄 내성이 우수하고, 환경이 좋지 않거나 열악한 곳에서도 성장할 수 있는 유전자이식 식물이 나오기만 한다면 지속 가능한 생산체계에 보다 큰 기여를 할 수 있을 것이다. 중국의 경우 유전자이식 작물의 재배면적은 1998년의 1만 헥타르 미만에서 2000년의 70만 헥타르로 급증했다(전세계적으로는 4,400만 헥타르). 그렇지만 이 기술은 너무도 빈번하게 부자들의 장난감으로 여겨지고 있다.

노벨평화상을 수상한 녹색혁명의 아버지 노먼 볼로그는 새로운 생산물의 필요성이 가장 큼에도 불구하고 생물공학으로부터 외면당하고 있는 저소득 식량결핍국가의 농민들이 처한 아이러니에 대해 언급해왔다. 그는 다국적기업들은 공공연구기관과의 제휴를 통해 전문지식을 공유해야 하며, 주요 다국적 시장에서 뒤쪽으로 밀리는 농업문제들을 다뤄야 하고, 저개발국에 유리한 가격구조를 마련해서 가난한 농민들이 이익을 보장받을 수 있도록 해야 한다고 권고했다. 그는 이런 일이 현실화되지 않는 한, 기아는 단지 시장과 생산의 실패가 아니라 제도, 조직, 정책의 실패를 보여주는 대표적 징후로 남게 될 것이라고 믿고 있다.

가난한 국가의 정부들은 농업을 차별하고 농민과 농촌보다는 산업과 도시 쪽으로 기울어져 있다. 또한 저개발국가들은 선진국에 의해 시장접근을 거부당해 왔는데 경제협력개발기구OECD에 속한 국가들은 현재 아프리카 국가들의 국내총생산을 모두 합친 것보다도 많은 농업보조금을 농업부문에 지출함으로서 사태를 악화시키고 있다. 만약 심화된 빈곤을 역전시키고자 한다면 보다 실제적인 수단들을 채택할 필요가 있다. 적절한 연구개발 성과의 적용, 토지보유권 혁신, 농산물의 시장 진출을 위한 도로여건 개선, 시장접근성 향상, 부정부패와 독재보다는 좋은 행정여건 마련 등이 그 실제적인 수단이 될 수 있다. 유럽연합은 유럽의 낙후한 지역을 개선하는 과정에서 소중한 경험을 얻은 바 있고, 2001년의 G8 회의에서 예고한 것처럼, 이제 사하라 이남 지역의 아프리카에 그 경험을 적용하는 국제적 노력의 시간이 무르익었다. 인도에 적용된 프로젝트는 해당 지역들이 정보통신혁명에 힘입어 어떻게 낡은 기술을 뛰어넘어 현대 기술로 도약할 수 있었는지 보여주었다. 지적재산권을 지키기 위한 막대한 비용의 극복 또한 필수적이다. 식물 생물공학의 신기술을 배우고 고향으로 돌아오는 똑똑한 젊은 과학자들에게는 국제기금을 받을 수 있도록 장려하고 그것을 통해 자신들의 지적재산권을 방어할 수 있도록 해야 한다. 그런 제안은 젊은 세대에게 금세기에 기아를 제거하려는 사회적, 정치적, 인간적 의지를 불러일으킬 수 있는 중요한 신호를 보내게 될 것이다.

현재 13억 이상의 사람들이 개인당 하루에 1달러 정도의 수입에 머무는 절대적 빈곤상태에 있고, 20억 명은 그보다 조금 나은 삶을 영위하고 있을 뿐이다. 우리는 이런 상태가 계속되도록 방치해서는 결코 안 된다.

기아를 없애는 일은 추상적인 인간적 의무가 아니라 지속가능한 발전의 중심 과제이기 때문이다. 만약 지속가능한 발전을 진지하게 받아들이고자 한다면, 선진국들은 자신들의 소비패턴을 변화시켜야 할 의무를 지고 있는 셈이다. 아마르티아 센이 말했던 것처럼 변화가 없다면 인류가 자기 자신을 유지하기 위해 노력하는 것만큼 자연세계를 유지하기 위해 노력하지는 않을 것이다.

기아를 근절할 수 있느냐는 질문에 대한 새로운 대답은, 우리가 기아를 없앨 수는 있지만 연구개발에서 나온 적정기술과 함께 적절한 정책과 투자를 수용하려는 정책적 노력이 전제된 한에서만 그렇다는 것이다. 새로운 발의는 말할 것도 없고 정부와 비정부기구의 기존 프로그램들을 효과적으로 운영하기 위한 노력을 계속하지 않는 지역에서는 기아가 사라지지 않을 것이다. 그런 도전을 다루는 데서 실패한다면 주도권을 재앙론자들에게 넘겨주는 꼴이 될 텐데, 그런 실패가 8억 명의 사람들을 위한 기본인권(적절한 영양을 섭취할 권리)의 부정을 영속화할 것이기 때문이다.

세기 초반에 이르면, 많은 과학자들이 더 이상 신을 믿지 않게 되었다. 1916년, 미국 과학자들 대상으로 한 설문조사에서 60퍼센트가 신을 믿지 않거나 의심한다고 대답했다 ─ 저자가 예측 한 수치는 교육의 확대와 함께 증가할 수 있었을 것이다. 이런 점에도 불구하고, 그리고 과학이 에서 눈에 띄는 진전이 있었음에도 불구하고(특히, 창조주 신의 필요성을 제거했다고 알려진 유전학 양자역학에서), 1996년 설문조사에서도 여전히 40퍼센트의 미국 과학자들은 신을 믿고 있었다.

람이 생명 그 자체를 다룰 수 있는 능력을 보유한 이상, 신을 위한 여지가 어떻게   을 수 는가? 우주가 생명을 돌보기에 매우 적합한 환경을 펼쳐 보이고 있다는 사   시라 신 지지자 이를 만들 수 있도록 해준다.'

우리는 계속 진화하고 있는가?

? 현대에 들어와서 인간 종은 성장을 거듭했으며 조금은 당혹스런 자기 진화의 역사를 저 뒤편에 남겨두게 되었다고 가정하려는 경향이 있다. 그렇다면 우리가 명백한 유전적 사촌인 침팬지와 DNA의 98%를 공유하고 있는 것은 어찌된 이유일까? 현대 과학과 기술을 통해, 우리는 완전히 새로운 역사 단계로 들어서지 않았던가? 그 98%는 머나먼 과거에 불과하지만, 그 특별한 2%(인간의 큰 두뇌를 설명하는 일부)는 과감하게 미래를 가리키고 있지 않은가? 다원적 진화의 칼날은 적응하는 법을 배우는 우리의 엄청난 능력에 의해 무뎌지지 않았는가?

영국의 기대수명은 1700년과 1900년 사이에 17세에서 52세로 치솟았는데, 주로 좋아진 영양, 공중위생, 깨끗해진 공기와 식수 때문이었다. 물론 그것은 현대 의학이 이룬 업적의 전조에 불과했다. 20세기 들어 미국에서는 감염성 질병에 의한 사망률이 수천 가지 이유로 현격하게 줄어들었고, 1977년에는 전세계적으로 천연두가 사라졌다. 인공 팔다리, 수혈, 심장박동 조절장치, 심장이식 등이 등장했고 아마도 인공조직과 인공기관도 곧 현실화될 것이다. 과학자들은 우리를 위협할 수도 있는 미생물의 유전체는 물론 인간유전체 지도도 이미 완성했다. 하버드 공중보건대학원의 배리 블룸이 말한 것처럼 "모든 인간 병원균의 모든 유전체가 모든 학생과 연구자의 컴퓨터 모니터에 펼쳐지게 될 것이다." 이것이 응용기술의 발전 속도를 엄청나게 배가시킬 것임에는 여지가 없다.

생물학적 관점에서 보면 유기체는 찰스 다윈이 기술한 것처럼 자연선택에 의해 진화한다. '잘 적응한' 개체들은 오래 살고 더 많은 자손을 낳기 때문에 자신들의 유전자를 다음 세대에 더 많이 물려주는 반면, 잘 적응하지 못한 유전자들은 점차 제거되는 경향이 크다. 그러나 만약 의학이 여기에 끼어들면 어떻게 될까? 과학은 거친 세상을 온화하게 만드는 데

주로 힘써왔고, 본래 약한 존재를 강하게 만들었으며, '인위적으로' 인간 재생산의 경기장을 공평하게 만들었다. 이것은 우리가 진화를 멈췄음을 뜻하는가?

그렇지 않다. 비록 세부적인 부분들은 우리가 '우리'를 통해 뜻하는 것이 무엇이냐에 따라 달라지겠지만 말이다. 지난 십 년 동안 연구자들은 해발 4천 미터 이상의 고지대에서 살고 있는 티베트 주민들이 유전적으로 그런 환경에 적응해 왔음을 발견하게 되었다. 최소한 하나 이상의 유전자가 혈액세포로 하여금 보다 많은 산소와 결합하도록 도왔으며, 또한 산소가 낮은 환경에서 재생산 적합성을 증가시키는 양상을 띠고 있었다. 티베트인들은 1만 년이 채 안 된 과거부터 이런 악조건에 적응할 수 있도록 유전적으로 진화해왔다. 그런 환경에 제대로 대처할 수 없었던 많은 이들이 그 과정에서 목숨을 잃어야만 했을 것이다. 이것은 조금도 놀라운 일이 아니다. 지난 25년 동안 1,173명의 사람들이 에베레스트산 등정에 성공했다. 일부는 산소통을 이용했던 반면, 별다른 보조 장비를 사용하지 않은 사람들도 있었다. 정상에 성공적으로 오른 다음 하산하는 과정에서 많은 사람들이 죽었는데, 보조 산소를 사용한 사람들의 생존률이 거의 세 배에 달할 정도로 높았다.[58] 티베트인들이 어떻게 진화할 수 있었을까를 상상하는 것은 그리 어려운 일이 아니다. 꽤 최근까지도 말이다.

전체 사망의 25%가 여전히 결핵, 폐렴, 에이즈, 말라리아, 홍역 등과 같은 감염성 질병에 기인하는 개발도상국에서는 사람들이 여전히 환경과

. . . . BIG QUESTIONS IN SCIENCE

[58] 여기서는 '유전적으로 산소 이용 능력이 높은 사람'과 '산소통을 이용한 산악인'을 생존에 유리한 집단으로 보고 있다. 고지대에서 산소를 이용할 수 있는 능력(유전적이든, 기술적 도움에 의해서든)은 환경에 대한 적응력을 키워주는 것으로 생존력을 높여준다..

전쟁 중이다. 그 전쟁의 성격은 인간의 유전적 방어체계가 유전적으로 변조된 수없이 많은 미생물무기에 대항하고 있는 것이다. 〈네이처〉에 발표된 최근 연구에 따르면 남아프리카에서는 일정한 유전자형을 지닌 사람들이 다른 사람들에 비해 30% 정도 높은 재생산 성공률을 보이는데, 그것은 그들이 재생산 적령기보다 조금 더 오래 사는 경향이 있기 때문이다. 여기서 진화가 종말을 맞이했는지 의심하지 않을 수 없다.

'우리'가 선진 서구사회를 의미하는 한에서만 진화가 끝났는지에 대한 의문이 흥미롭게 될 것이다. 런던대학교의 유전학자 스티브 존스는 사람들이 오래 살고 예전과는 다르게 죽음을 맞이하고 있기 때문에 현대의학은 자연선택을 중요하지 않게 만들어버렸다고 주장한다. 미국의 경우는 현재 전체 사망의 50% 이상이 인생의 후반부, 즉 재생산기 이후에 주로 찾아오는 심장병과 암에 기인한 것이다. 실제로 심장병에 의한 사망률이 전체 사망률에서 차지하는 비율은 1900년 이래 네 배로 증가했다.

그 이유는 사람들이 더 이상 감염성 질병에 의해 희생당하지 않기 때문이다. 존스의 주장에 따르면 진화가 멈추지는 않겠지만 최소한 그 속도는 느려질 것이다.

그렇지만 다른 과학자들은 서구에 있는 우리가 여전히 진화하고 있을 뿐만 아니라 이전보다 더 빠른 속도로 진화하고 있다고 주장한다. 캘리포니아대학교의 생물학자 크리스토퍼 윌스는 기후변화, 오존구멍 등과 같은 환경의 변화가 인류에게 새로운 압력으로 작용하고 있다고 주장한다. 뿐만 아니라 활발해진 국가 간의 이동은 이민의 증가와 더불어 수천 년 동안 고립상태에 있던 유전자 풀들의 혼합을 의미하게 되었다.

코넬대학의 인류학자 메러디스 스몰은 인간이 자연선택의 법칙을 전혀 변화시키지 않았다고 주장한다. 그녀에 따르면 "우리는 우리에게 문화(그리고 그것에 동반한 모든 종류의 의료적 개입과 기술들)가 있기 때문에 자연선택에서 면제되어 있다고 생각하기 쉽다. 그러나 자연은 예전처럼 나아가고 있다. (……) 어떤 사람은 살고, 어떤 사람은 죽는다. 그리고 어떤 사람은 다른 사람들보다 더 많은 유전자를 물려준다."

그러므로 진화의 정의에 따르면 우리는 여전히 진화하고 있다. 보다 흥미로운 점은 우리가 어떻게 진화하고 있느냐, 그리고 문화와 과학이 어떻게 진화에 영향을 미치고 있느냐 하는 것이다. 만약 여러분이 손을 써서 일하고 있다면, 여러분의 피부는 거칠어질 것이다. 이것은 진화가 아니라 가장 단순한 형태의 적응이다. 푸른머리놀래기는 거대한 무리를 이루고 사는 산호초 물고기로 구성원 대부분이 암컷이다. 이 무리에는 항상 소수의 우세한 수컷들만이 존재한다. 만약 수컷들 중 하나가 제거되면 암컷 중 하나가 성을 바꾸어 수컷이 됨으로써 원래의 성비를 회복시킨다.

그러나 그 물고기의 유전자는 변하지 않고 그대로 남아 있다. 이것은 조금 더 복잡한 종류의 적응일 뿐이다.

마찬가지로 인간의 문화는 유전자 속에 저장되지 않는다. 그것은 사회 구조와 습관과 언어와 도서관에 존재하며 세대를 넘어 학습된다. 문화는 과학을 포함하여 우리 사회의 학습된 적응일 뿐 엄격하게 말해 진화의 직접적 결과는 아니다(비록 그것이 커다란 두뇌의 결과이기는 하지만). 역사학자 E. H. 카는 '진화의 원천인 생물학적 유전과 역사적 진보의 원천인 사회적 획득을 혼동함'으로써 발생할 수 있는 중대한 오해를 지적하고 있다. 그런 획득은 경제적 부, 학습 또는 경험의 형태 속에 존재할 수 있다. 그것은 되돌릴 수 없는 방식으로 미래에 영향을 미치기는 하지만 최소한 얼마 동안은 유전자를 건드리지 않고 놔둔다.

이 주장은 1976년에 출간된 『이기적 유전자』의 저자인 영국의 동물학자 리처드 도킨스에 의해 새로운 방향으로 나아갔다. 그는 '선율, 사상, 캐치프레이즈, 패션' 등과 같은 문화적 복제자 또는 '모방의 단위'로서 유전자와 비슷한 방식으로 사람에서 사람으로 유전되는 '밈meme'이라는 개념을 고안했다. 이 개념은 학술계를 분열시켰는데, 철학자 대니얼 데닛과 심리학자 수잔 블랙모어 등과 같은 이들은 그 개념을 중요한 진화의 힘으로 열렬하게 받아들였지만 나머지 학자들은 거부하였다. 고생물학자 스티븐 제이 굴드는 그것을 '의미 없는 은유'라 불렀고, 생물학자 스티븐 로즈는 '유전자와 비슷한 복제를 통해 마음들 사이를 분해된 채 전달되는 문화로 이루어진 이음매 없는 연결망'을 상상한다는 것은 터무니없는 일이라고 보았다.

그러나 문화가 문화로 머문다고 해도, 의심의 여지없이 문화는 생물적 진화에 영향을 미친다. 어떤 사람에게는 아이를 가지게 하고 다른 사람에게는 가지지 않게 만드는 수많은 힘들은 무엇인가? 그 영향력들을 분석하는 것은 분명 대단히 어려운 일이지만 이런 문화적 효과들은 많은 질병들 뒤에 있는 희귀한 유전적 결함들이 미치는 영향보다 훨씬 빠르게 인간 모집단의 유전적 특징에 영향을 미친다. 스몰은 국가차원의 경제발전과 기술발전에 따른 일반적 귀결들 중 하나가 출생률의 두드러진 저하라고 지적한다. 현재 전세계적으로 출생률이 가장 높은 지역은 라틴아메리카, 아프리카, 아시아인데, 따라서 이 지역 인구들이 미래의 유전자 풀에 가장 큰 영향을 미칠 것이라 예상할 수 있다. "문화는 '자연적' 힘으로 보이지 않을 수 있지만 우리 환경의 일부라는 점에서 질병이나 기후, 음식 자원과 똑같이 자연적인 것이다." 스몰의 말이다.

물론 먼 과거에는 확실히 진화의 힘이 정신능력이 뛰어나서 보다 나은 도구를 만들거나 보다 나은 결정을 할 수 있었던 사람들에게 유리한 방향으로 작용했을 것이다. 윌스는 인간 종 내부에서 이런 경향성이 변화했다고 의심할 만한 하등의 이유가 없다고 주장한다. 그는 또한 보다 높은 지적능력이 인구과잉 같은 문제에 대한 자각과 관련되어 있을 가능성이 높기 때문에 실제로 지능이 높은 자손의 수가 평균적으로 줄어들 수 있다고 말한다. 만약 그렇다면 진화는 반대방향으로 작용하고 있는 셈이다.

미래는 우리를 어디로 이끌고 있는가? 생물적 진화의 최후의 보루는 생식세포(성세포)이다. 생물의 물리적 돌연변이 또는 조작은 그 결과가 생식세포의 DNA에 입력되지 않는 한 자손에게 전달되지 않는다. 이 사실은 언제까지 참으로 남을 수 있을까? 유전자치료를 위해 유전자 풀인 DNA 조작이 허용되는 것은 언제일까? 시간문제에 불과한 유전자조작이 현실화된다면 인간에게 있어서 생물학적 유전과 문화적 유전 사이의 구분은 그 수명을 다하게 될 것이다. 그때에도 우리는 여전히 진화하고 있을 테지만.

마크 뷰캐넌
물리학자, 과학저술가

우리는 계속 진화하고 있는가?

마이클 루즈

구엘프대학교 동물학 및 철학과 교수

? 다윈이 자신의 저작 『인간의 유래』에서 다소 우울한 톤으로 언급했던 것처럼 진화에는 자연선택 이상의 것이 있다. 선택은 우발적 변이가 존재해야만 작동할 수 있다. 만약 만물이 똑같다면 차별적인 재생산은 존재할 수 없을 것이고 진화는 기본적으로 중단되고 말 것이다. 다윈은 차별을 낳는 변이의 원인과 성격에 대해서는 많은 생각을 하지 않았지만(오늘날 우리는 그것이 돌연변이를 통해 발생한다고 생각하는데, 돌연변이는 궁극적으로 DNA의 임의적 변화로 귀속된다.) 만약 우리가 자연선택을 멈추거나 속도를 늦추려한다고 해도 진화는 계속될 것(또는 다시 시작할 것)이라는 사실은 잘 알고 있었다. 만약 새로운 변이들이 계속해서 생물의 모집단 속으로 파고들어 오는데 그것들을 관리하거나 제거하는 선택이 없다면 이런 변이들은 매우 빠르게 총체적 변화를 불러일으킬 것이다.

다윈의 큰 근심거리는 현대의학 덕분으로 해로운 변이(새로 출현했거나 유전된)들을 지닌 많은 사람들이 살아남아 재생산에 참여할 것이라는 점

262

이었다. 그들은 이전 같았으면 성년이 되기 전에 죽었을 것이고, 따라서 그런 해로운 형질들은 다음 세대로 내려갈 수 없었을 것이다. 예의 바르고 사려 깊은 사람이었던 다윈이 병자나 나약한 사람을 돌보지 말자고 주장했던 것은 아니지만(오히려 그는 빅토리아 시대의 훌륭한 자유주의자로서 사람들의 재생산을 강제할 수 있을 것이라는 생각에 두려움을 느꼈을 것이다.) 그는 그런 나쁜 관습들이 우리의 가축과 식물들을 살아남게 해서는 안 될 것이라고 지적했다.

나는 다윈이 그의 과학(선택의 힘이 사람들에게 미치지 못하도록 막는 것은 진화가 다른 방향으로 간다는 것을 의미할 뿐이다.)에서는 옳았다고 생각하지만, 그 결과에 대해서는 그만큼 크게 걱정하지 않는 편이다. 나는 고혈압 때문에 베타수용체 차단제를 사용하고 있지만 그것은 어린 시절 콜레스테롤이 높은 학교급식용 소시지가 그랬던 것처럼 단지 내 환경의 일부에 불과하다. 인간의 문화가 진화의 힘들을 변화시켰던 것처럼 인간의 문화는 그런 변화들의 부작용으로부터 우리를 지켜줄 수 있다.

하지만 이것이 오늘날 인간 진화에 대해 말할 수 있는 전부는 아니다. 우리가 선택의 힘으로부터 자신을 어느 정도 보호할 수 있음도 사실일 수 있지만 완벽하게 벗어날 수 있다는 것은 선진국에서조차도 사실이 아니다. 그리고 개발도상국에서는 자연선택이 전면적으로 일어날 수 있고 실제로 그런 일들이 일어나고 있다. 아프리카의 에이즈 환자들에게서 이러한 예를 분명하게 볼 수 있는데, 일부 환자들은 인간면역결핍 바이러스 HIV에 보다 큰 자연적 면역력을 가진 것으로 관찰되고 있다. 보다 많은 수가 생존하여 재생산에 성공하는 것은 바로 그런 사람들의 자손이다.

현재진행형인 또 다른 주요한 진화적 변화는 여행과 교육, 그에 따른 사회적 뒤섞임 때문에 발생한다. 인종간의 차이들, 예를 들면 피부색과

체형의 크기, 논쟁의 여지가 없지 않은 지능과 같은 자질의 차이들이 이 종교배를 통해 깨지기 시작했다. 최근 미국의 인구조사에 따르면 동양과 서양의 어린이들이 점차 빠르게 결합을 향해 질주하고 있다. 그렇지 않다 면 어떻게 집에서 멀리 떠나온 밝고, 청순하고, 똑똑하고, 건강하고, 활동 적인 젊은이들 3만 명(이들 중 60%는 아시아 출신이고, 40%는 유럽 출신이다.) 이 함께 생활하고 있는 캘리포니아대학을 그려볼 수 있겠는가?

지금부터 천 년 후 우리 모두가 여러 인종의 피가 섞인 타이거 우즈를 그 원형으로 삼게 된다고 해도 나는 놀라지 않을 뿐만 아니라(멋있는 육체 와 매력이 주어진다면) 크게 불안해하지도 않을 것이다.

이런 것들은 비교적 자연적인 진화과정(최소한 의도적이지 않은 진화과 정)이라고 부를 수 있는 것이다. 그러나 다윈 이래로 우생학자들은 인류 가 진화를 통제할 수 있으며, 더 좋은 목적을 위해 진화를 조작할 수 있을 것이라고 꿈꿔왔다. 물론 '더 좋은 목적' 의 내용이 무엇이냐에 대해서는 상당한 의심이 존재한다. 나치 독일이 만들어낸 초인류 종족의 악몽을 거 친 후에는 의도적인 인종적 교배를 공개적으로 승인하는 사람은 거의 없 다. 하지만 특정한 유형의 생물학적 인구유형은 오늘날에도 발생하고 있 고 점차 증가추세에 있는 것 같다. 태아의 성별을 식별한 다음 원하는 성 이 아니면 낙태를 하는 기술이 세계의 여러 지역에서 폭넓게 사용되고 있 다. 이것은 현실적으로 태아가 남성이 아니라면 낙태한다는 것을 뜻한다. 이것은 성비性比에 중대한 영향을 미치기 쉽고 사회적으로 중요한 연쇄파 급효과trickle-down effect[59]를 초래할 수 있을 것이다.

인류의 유전자지도를 완성한 인간유전체사업은 대단히 느린 전통적 진화와는 달리 새롭고, 급격하며, 극적인 형태의 진화를 초래할 가능성이 다분하다. 우리는 유전자를 조작함으로써 전통적 재생산방법을 우회하여 바람직한 유전형질을 갖춘 자손들을 설계할 수 있게 될 것이다. 최소한 우리는 기존의 틀을 가볍게 흔들거나, 존재하는 바람직한 형질을 조금 더 확장하거나, 그것의 완벽성을 기하기 위해 노력할 수 있다. 우수한 영양, 담배를 끊는 것과 같은 환경적·문화적 변화 등으로 인해 우리 세대의 대부분은 우리 부모 세대보다 오래 살 것이다. 어쩌면 우리는 생물학에 기반을 둔 장수를 추구할 수도 있다.

그렇지만 이런 특별나지 않은 시도조차도 이상한 부작용을 초래할 수 있다. 이를테면 우리의 평균수명이 75세가 아니라 100세로 늘어난다면, 그 일원인 나는 허리 하단부의 기능과 관련하여 약간의 교정을 바라게 될 것이다. 나는 통증에 시달리는 25년을 달가워할 수 없다. 이런 통증은 어떻게 하면 치료되거나 회피될 수 있는가? 최소한 우리 몸은 더욱 단단해져야 하고(근육이 보다 커지고, 뼈대는 더욱 튼튼해진), 아마도 약간 앞으로 기울어질 필요가 있을 것이다. 그렇게 해야만 몸무게가 직접적으로 중요한 뼈와 연결부위를 내리누르지 않게 될 것이다. 그리고 나서 눈이 영원히 밑으로 깔리는 것을 피하려면 목이 좀더 길어진 채 위로 뒤틀린 형태로 변해야 한다. 다리는 짧아지게 될 것이고 균형을 유지하기 위해 앞으로 약간 구부리게 될 것이다. 정리하면 〈반지의 제왕〉에 나오는 골룸과 비슷한 모양으로 우리를 변화시켜야 할지도 모른다는 것이다. 결국 단명과 직립은 서로 우호적인 관련을 지니고 있는 셈이다.

생명 연장에서는 그렇게 크게 성공적이지 않지만 진화(자연적 진화와 계

59 'trickle-down effect' 란 경제학에서 많이 사용하는 개념으로, 큰 기업이나 부유한 투자자의 경제적 이익이 중소기업이나 소비자에게 퍼져나가는 효과를 말한다. 좀더 일반적으로 말하면 시스템의 중심부에서 시작된 어떤 것이 시스템 전체로 퍼지는 효과라고 할 수 있다.

획적 진화 모두)가 일어나고 있는 것은 확실하다. 그러나 진화는 이제 생물적인 것에서 문화적인 것으로 옮겨갔다. 우리는 깃털이 없음에도 날 수 있다. 우리는 보다 큰 수학적 두뇌 모듈이 발생하지 않았음에도 어느 때보다도 빠른 속도로 계산할 수 있다. 우리는 위협적인 발톱과 이빨이 없음에도 수백만의 사람들을 죽일 수 있다. 여기에 오늘날 인간 진화의 진짜 핵심이 놓여 있다.

지난 4백만 또는 5백만 년 동안 원숭이 같은 피조물에서 진화해온 과정의 유물인 정교해진 인공물들은 우리 인간들이 생물학에만 의존하고 있는 어떤 존재들보다 더욱 강력한 변화 방식을 추구해왔음을 분명하게 보여주고 있다. 물질세계에서는 변화가 임의적이고 맹목적인 변이와 함께 시작된다. 여러분이 뭔가 좋거나 가치 있는 것(새로운 효율적 형태나 적응)을 얻을 때마다 그것은 일반적인 재생산과정에 의해 그냥 사라져버릴 가능성을 지닌 채 매 세대마다 새로운 것으로 다시 생산되어야만 한다. 그것은 아무리 봐도 느리고 비효율적인 과정이다. 생각하기, 말하기, 사회체제, 의식을 비롯한 문화의 도래와 함께 새롭고 이로운 관념이 거의 한꺼번에 집단 속의 모든 사람들에게 직접적으로 전달될 수 있게 되었고 어떤 사람들은 그것을 개선해서 실행에 옮기는 작업을 수행할 수 있었다.

문제풀이는 단지 요행이 아니라 예술, 과학, 기술이 될 수 있기 때문에 우리는 거의 우리의 의지대로 변화하고 적응할 수 있다. 예를 들어 키가 몇 센티미터 더 크는 것이 유리하다고 가정해보자. 변이와 선택을 통해 자신의 힘을 행사하는 생물학이 그런 변화를 일으키는 데는 많은 시간이 걸릴 수 있다. 반면에 문화는 해답을 찾는 사고력을 사용하여 원인들을 추적할 수 있고, 해답(호르몬 주입 또는 향상된 영양섭취)을 찾을 경우 그 정보는 지체 없이 다른 사람들에게 거의 동시에 전달될 수 있다. 우리는 여전히 진화하고 있는가에 대한 대답이 '그렇다' 인 이유가 바로 여기에 있다. 우리의 가까운 친척인 침팬지가 아니라 인간이 지구를 휩쓴 이유 역시 여기에 있다.

이 모든 것은 생물학적 진화가 교활하며 보수적임을 말해준다. 36억 년 동안 계속된 변화 후에 자연은 자신이 최근에 있었던 선택방법에서의 커다란 약진 때문에 더 이상 매력을 끌 수 없다는 것을 알게 되었다. 문화가 완전히 정복했다고 가정해서는 안 된다. 문화는 생물학에 적대적일 때보다 함께 할 때 가장 큰 성공을 거둔다. 19세기 미국의 두 개신교파의 운명을 살펴보도록 하자. 퀘이커교의 한 분파인 셰이커교도들은 성교를 금기시했기 때문에 이제는 거의 찾아볼 수 없을 만큼 그 수가 감소했으며, 그 교파는 주로 아름다운 가구로 기억되고 있다. 반면 일부다처제인 모르몬교는 결혼과 자식들을 강조했기 때문에 모르몬교도들은 이제 미국의 한 주 전체를 차지하고도 남게 되었다. 지난 세기 초 몇 십 년 동안 일부 키부츠인들은 공동육아를 하되, 생물학적 부모에게 다른 아이들과 자신의 아이들의 접촉 회수를 다르지 않게 하기로 마음먹었다. 오래지 않아 모든 부모들이 남몰래 자신의 아이들과만 지낼 수 있는 기회를 만들기 위해 갖가지 궁리를 짜냈다. 그들은 1차적으로는 유인원이었고, 2차적으로 사회주의 선구자들이었던 것이다.

핵심은 우리가 문화적으로 유전하고 있는 것은 사실이지만, 그것이 곧바로 생물학적 유전으로 번역되지는 않을 뿐만 아니라 문화적 진화가 원하는 방향으로, 원하는 속도만큼 나아갈 수는 없다는 것이다. 진화란 맹목적이며 분별없는 과정으로, '유전자의 지혜'를 말하는 사람은 그것을 은유적으로 말하는 것에 불과할 뿐이다. 자연이 만들어낸 것에 대한 모든 간섭이 잘못된 것이라는 결론은 틀렸다. 그러나 자연선택은 쉼 없이 계속

작용하는 힘이고, 성공적인 생물—그리고 우리 인간은 확실히 성공적이다—은 각 부분들이 조화롭게 기능하기 때문에 잘 유지되고 있는 것이다. 변화는 점진적이고 비교적 완만한 것이어야만 한다. 우리의 진화가 여전히 진행 중이라고 생각할 수 있는 충분한 이유가 있는데, 그 일부분은 우리의 통제권 외부에, 다른 일부는 우리의 통제권 내부에 있다. 어느 부분들이 그런가와 우리가 임의로 그 부분들을 움직일 수 있는 힘을 지니고 있는가는 별개의 문제이다.

세기 초반에 이르면, 많은 과학자들이 더 이상 신을 믿지 않게 되었다. 1916년, 미국 과학자들 대상으로 한 설문조사에서 60퍼센트가 신을 믿지 않거나 의심한다고 대답했다 - 저자가 예측 던 수치는 교육의 확대와 함께 증가할 수 있었을 것이다. 이런 점에도 불구하고, 그리고 과학이 에서 눈에 띄는 진전이 있었음에도 불구하고(특히, 창조주 신의 필요성을 제거했다고 알려진 유전학 양자역학에서), 1996년 설문조사에서도 여전히 40퍼센트의 미국 과학자들은 신을 믿고 있었다. 람이 생명 그 자체를 다룰 수 있는 능력을 보유한 이상, 신을 위한 여지가 어떻게 을 수 는가? 우주가 생명을 돌보기에 매우 적합한 환경을 펼쳐 보이고 있다는 사 시라 신 지지자 이를 만들 수 있도록 해준다.'

다른 행성에도 생명이 있을까?

? 화성에 생명이 있다는 결정적 증거. 그것은 미우주항공국 나사의
에임즈연구센터 임레 프리드먼에 의해 2001년 초반에 제기된 믿
을 만한 주장이었다. 그것은 ALH84001로 알려진 화성 운석에 대한 새로
운 연구에 따른 것이었다. 그러나 모든 사람들이 프리드먼 박사의 확신을
공유하지는 않고 있다.

그와 그의 동료들이 보여주었던 것은 ALH84001에 자철광으로 불리는
고리구조 물질의 결정들이 포함되어 있다는 점이다. 지구에 살고 있는 몇
몇 박테리아들도 그와 유사한 결정체를 이루고 있다. 자철광이 약한 자석
인 까닭에 그 박테리아들은 서식지인 진흙 속에서 자신의 위치를 파악하
는 데 자성을 이용할 수 있기 때문이다. 미생물학자들은 ALH84001의 사
슬들은 생명 기원의 증거가 될 수 있는 특징을 지니고 있다고 본다.

이 점에 대해서는 비판가들도 동의한다. 그러나 문제는 사슬들이 언제
어디에서 운석 속에 들어갔느냐 하는 것이다. ALH84001은 남극에 착륙한
다음 그곳에서 1만 3천 년을 보냈다. 어쩌면 그 기간 동안 지구의 박테리
아에 의해 오염되었을 수도 있다. 프리드먼은 이런 가능성을 거부한다.

사슬들은 화성에서 기원했을 수밖에 없는 물질 속에 밀봉되어 있고 자
철광을 이용하는 그런 종류의 박테리아는 남극에서 발견되지 않는다는
것이다. 논쟁은 계속되고 있다.

이 논쟁은 간결한 질문과 명쾌한 답을 좋아하는 사람들에게는 김빠지
는 것이다. 만약 과학자들이 생명이 한때 우리 태양계 안에 그렇게 가까
운 곳에 존재했었는지 아닌지조차 결정할 수 없다면 어떻게 은하와 그 너
머의 다른 곳에 생명이 있거나 있었다는 주장에 동의할 수 있을 것인가?

프리드먼 등이 추구하는 천체생물학적 접근은 생물계의 직접적인 증
거를 찾는 연구에 집중되어 있다. 그러나 이것이 유일한 통로는 아니다.

잘 알려진 또 다른 통로는 외계지적생명체탐사(SETI)[60]이다. SETI 연구소는 만약 외계 어딘가에 생명이 있다면 그들도 최소한 우리와 같은 정도의 발전을 이룩했을 것이라고 추론한다. 만약 그렇다면 그 문명은 무선전파 송신기술을 발전시켰을 것이다. 지구의 방송들이 무의식적으로 〈아처스〉[61]와 같은 방송프로그램을 저 먼 우주로 쏘아올리고 있듯, 외계문명도 우리의 TV 연속극에 해당하는 것을 온 우주에 퍼뜨리고 있어야만 할 것이다.

따라서 SETI 연구자들은 우주에서 날아오는 신호들 중에서 작위성을 가진 신호를 찾기 위해 전자기 스펙트럼을 훑고 있다. 아직까지 그 조사는 별다른 성과를 내지 못하고 있다.

그렇게 증거가 없으므로 태양계 밖의 생명에 대한 문제가 이론과 공상에 의해 지배당하는 것은 당연하다 하겠다. 우주는 수십억 개의 은하들로 이루어져 있다. 우리 자신의 은하(우리가 정서적으로 은하수라고 부르는 것)에는 천억 개 이상의 별이 있다. 신이 생명에게 적합한 유일한 장소로 특별히 우리 행성을 선택했다는 종교적 주장을 옆으로 제쳐둔다면 인간이 외톨이라는 주장은 설득력을 얻기 힘들 것이다.

고전적 과학소설 『검은 구름』에서 프레드 호일은 고도로 조직화된 가스 구름 속에서 형성되고 있는 지능체를 그려보였다. 그러나 가능성이 가장 높은 것은 역시 우리처럼 만질 수 있도록 조직화된 생물들일 것이다. 지구의 생명은, 이루 헤아릴 수 없는 방식으로 스스로 그리고 다른 원소들과 결합하고 재결합하는 탄소 원자의 뛰어난 능력에 의존하고 있다. 탄소와 같은 다재다능함을 가진 원자는 많지 않기 때문에 생명이 우리와 비

[60] 'Search for Extra-Terrestrial Intelligence' 의 줄임말.

[61] 영국 BBC 라디오 4의 인기 드라마.

숫한 화학적 성질에 의존할 것이라는 점은 그리 놀라운 일이 아니다.

외계생명은 또한 생명을 유지할 수 있는 환경(너무 뜨겁거나 너무 뜨겁지 않은)을 필요로 할 것이다. 따라서 생명을 지탱하기에 가장 좋은 천체는 지구처럼 별을 따라 돌고 있으며 암석으로 이루어진 단단하고 '온난한' 행성이 될 가능성이 가장 커 보인다. 우리가 행성의 존재를 아는 것은 우리 태양계에서 그것들을 보고 있기 때문이다. 그리고 지난 10여 년 동안 우리는 훨씬 더 많은 직접적 증거를 발견했다.

천문학자들은 우리 태양계 밖에서 별들의 주위를 돌고 있는 50개 이상의 행성들을 확인했다고 주장하고 있다. 대부분은 목성과 같이 크고 가스로 이루어져 있기 때문에 아마도 생명을 품지는 못할 것이다. 그러나 토론토대학의 노먼 머레이는 2001년 미국 과학진흥협회 연례모임에서 우리 은하계에는 단단하고 지구와 많이 닮은 행성들이 여럿 존재하고 있다는 새로운 증거를 선보였다.

머레이와 동료들은 4백 개 이상의 별을 샘플로 삼은 조사에서 그중 절반 이상이 지구와 비슷한 행성을 지닐 수 있다는 계산결과를 내놓았다.

물론 이것이 그런 행성에는 반드시 생명이 존재한다는 말은 아니다. 그러나 노먼 머레이는 은하에는 생명이 드물지 않을 수 있다고 말할 준비를 이미 마친 상태였다.

일부 과학자들은 여기서 더 나아갔다. 그들은 외계에 생명이 존재한다는 것은 가능할 뿐만 아니라 그 가능성이 대단히 높다고 믿고 있다. 그들은 사물의 움직임과 물리법칙이 보편적이라고 가정한다면 우리가 생명이라고 부르는 종류의 분자조직체계의 출현은 필연적이라고 주장한다.

여기서 더 나간 과학자들도 있다. 만약 그런 과정이 시작된다면 여기 지구에서 자연선택에 의한 진화를 이끌어냈던 힘들이 필연적으로 지능생명체를 만들어낼 것이다. 그러나 그 빈도는?

1961년 미국 천문학자 프랭크 드레이크는 자만에 가까운 자신감으로 우리 은하에 있는 기술문명의 수를 계산하는 공식을 고안해냈다. 드레이크 방정식은 다음과 같다.

$$N = R \times fp \times ne \times fl \times fi \times fc \times L$$

N은 드레이크가 계산해내려고 했던 수치 즉, 우리 은하에서 통신을 주고받을 수 있을 정도로 발달한 문명의 수이다. R은 적합한 별들이 형성되는 속도인데 여기서 '적합한'이란 행성들을 형성할 가능성을 뜻한다. 그 다음 항 fp는 행성들을 가진 별들의 비율을 나타내고, ne는 거주가능한 온도 범위(수성처럼 너무 뜨겁거나 목성이나 토성처럼 너무 차가워도 우리와 같은 생명은 살 수 없을 것이다.)에서 별 주위를 돌고 있는 행성들의 수를 말한다. 그 다음 세 개의 f 항은 차례로 행성에서 생명의 진화가 일어날 비율, 생명이 지능 단계에 도달할 비율, 생명이 통신기술을 발전시킬 비율을 나타낸다. 마지막으로 지적 문명이 외부의 힘에 의한 급작스런 파괴 또는 기술의 오용을 통한 자기 파괴로부터 생존할 수 있을 것으로 희망할 수 있는 지속기간인 L이 있다.

방정식에 적합한 수를 넣으려고 노력하는 SETI 사람들은 별 형성의 비율을 연간 약 20개로 잡는다. 자의성의 여지가 있지만, 그들은 별들의 절반이 행성체계를 형성하고, 한 체계 내부에서 생명을 품고 있는 행성의 수는 한 개이며, 다섯 개의 그런 별들 중 하나에서 생명이 탄생해서 진화할 것이라고 주장한다. 그들은 또한 고래와 돌고래는 지능이 있지만 결코 기술을 발전시키지 않는다는 점을 고려하면 기술은 생명을 품고 있는 외계의 행성 절반에서 그 모습을 드러낼 것이라고 예상한다.

방정식에 앞의 수를 집어넣으면, N=20× 0.5× 1× 0.2× 0.5× L이 된다. 결과는 N=L이다. 이것을 말로 풀면, 은하에 존재하는 문명의 수는 고등기술문명이 지속될 것으로 희망할 수 있는 연年 수인 L와 같다. 우리가 지속시켜야 할 유일한 그런 문명은 물론 우리 자신인데, 우리 문명이 본격적으로 기술상의 발전을 이룬 기간은 50여 년에 불과하다. 따라서 우리 은하에서 존재할 수 있는 고등생명체의 수는 최소한 50개이다.

이것은 물론 SETI 연구소의 계산일 뿐이다. 드레이크 방정식은 가정 위에 가정을 쌓는 방식으로 원하는 거의 모든 결론을 산출하는 데 사용될 수 있다. 하지만 운석과 그 내부의 원시생물의 증거에 대한 권위자인 영국 자연사박물관의 모니카 그래디는 과학자들이 방정식을 진지하게 받아들여야 한다고 말한다. "나는 여전히 그것이 정당성을 지니고 있다고 생각한다." 그래디의 말이다. "그것은 외계문명의 가능성의 기본적인 틀을 세우고 있다. 그것은 우리에게 최소한 편지봉투 뒷면에 간단한 계산이라도 할 수 있는 근거를 제공하고 있다."

그녀는 외계생명의 가능성이 대략 50/50이라고 판단하고 있고, 다른 이들처럼 일반적인 생명과 지적 생명을 엄격하게 구분하고 있다. 전자는 후자로 나아가지 않고도 간간히 나타날 수 있었을 것이다. 특히 지적 생명에 대한 연구에는 많은 과학자들이 회의적 입장을 취하고 있다. 런던대학교 임페리얼칼리지의 천체물리학자 마이클 로언 로빈슨은 모든 행성들이 한정된 생명주기를 지녔음을 지적한다. 우리의 경우에는 아직도 수십 억 년이 남아 있지만 오래지 않아 행성들의 에너지 젖줄인 별들은 희미해질 것이다. 아주 오래 장수한 문명은 자신을 기쁘게 할 뭔가를 위해 기술을 개발했을 것이기 때문에 고향별의 임박한 죽음에 대한 반응은 분명 최우선의 전全행성적 프로젝트가 되었을 것이다. 그런 문명은 식민지개척을 시도하지는 않는다고 해도 신세계와 통신하는 일에 민감했을 것이다. 달리 말해, 우리는 그런 문명의 존재에 대해 어떤 암시를 받았어야만 했을 것이다.

"외계지적생명의 존재를 신봉하는 사람들은 이 지점에서 완전히 신비적인 방향으로 흐르는 경향이 있다." 로언 로빈슨이 말이다. "그들은 이렇게 말한다. '그들은 자신의 모습을 감추고 있을 뿐, 우리가 알 수 없는 방식으로 통신을 주고받고 있을 거야.' 나로서는 그 사실에 의문을 표하지 않을 수 없다."

로빈슨은 어떤 단계의 발전에 도달한 많은 문명들이 스스로를 파괴하려는 경향을 지녔을 수 있다는 논증을 받아들인다. "그러나 정말로 오랜 시간 지속된 모든 문명은 기념비를 뒤에 남겨두고자 한다고 생각할 수 있을 것이다. 신호를 담은 무선표지가 우리와 같은 사람들을 겨냥해서 보내졌다. 물론 자신을 날려버리기 직전인 상황에서 여러분은 여러분의 피라미드를 세울 생각을 미처 못 했을 수도 있다. 그래도 역시 아무것도 발견되지 않았다는 것이 새삼 놀랍다." 로언 로빈슨의 말이다.

과학자들이 외계지적생명이 존재한다는 확고한 증거를 발견했다고 해도 그들의 연구가 끝나는 것은 아니다. 그것은 단지 시작에 불과할 것이다.

제프 와츠
과학 및 의학 저술가, 방송인

다른 행성에도 생명이 있을까?

콜린 필링거
오픈대학교 천체과학과 교수, 유럽우주국의 화성탐사선
마스 익스프레스호의 일부인 화성착륙선 비글 2호의 프로젝트 책임자

? 다른 행성에 생명이 있는지는 아무도 알 수 없지만 화성의 운석
에서 수집된 새로운 정보는 그 의문을 다른 관점에서 볼 만한 것
으로 만들고 있다. 그것은 확실히 우리 팀이 비글 2호 프로젝트를 위한
연구자금을 끌어들이기 위해 벌이는 모든 노력들을 가치 있게 만들고 있
는데, 비글 2호는 이 질문에 답하기 위한 시도로 2003년에 마스 익스프레
스호에 실려 화성으로 날아가게 될 것이다. [62]

이 주제는 최소한 2백 년 동안 괜찮은 대접을 받아왔는데 정규 뉴스에
최초로 모습을 드러낸 것은 1780년대였다. 그렇지만 최초의 이야기는 과

. . . . BIG QUESTIONS IN SCIENCE

---

[62] 화성탐사선 마스 익스프레스Mars Express호는 2003년 6월 2일에 카자흐스탄 바이코누
르 우주기지에서 성공적으로 발사되어 현재 화성에서 탐사작업을 계속하고 있다. 한편 화
성착륙선인 비글 2호는 착륙한 뒤 연락이 두절된 상태로, 비글 2호 프로젝트는 실패로 끝
난 것 같다.

학 관련 기사가 아니라 법정 사건의 법률 기사에서 비롯되었다. 살인미수 재판에서 피고측 변호사는 그의 의뢰인이 태양에 사람이 살고 있다고 믿는다는 이유로 그를 정신이상으로 몰고가기로(따라서 그의 행위에 책임질 필요가 없다.) 결정했다. 그러나 그 당시 왕이 총애하던 천문학자 윌리엄 허셜 경은 태양과 달 모두가 생명을 부양하고 있다고 믿고 있었기 때문에 그것은 위험한 논거였다.

그 변호사는 자기 논거를 입증하라는 요구를 받지 않았다. 피고가 매우 불안정한 사람이 분명했기(그는 감옥에서 굶어 죽으려 했다.) 때문이 아니라 판사가 원고 측의 소송이 무효라고 결정했기 때문이었다. 그 사건에는 증인들이 많았으며, 사건 당시 공격자가 그의 무기를 꺼냈고, 예정된 희생자는 권총이 발사될 때 너무도 가까운 곳에 있었기 때문에 그 자리에서 화상을 입었다. 그러나 이 모든 상황에도 불구하고 현명한 판사는 권총에서 발사된 총알이 제출될 때까지는 죽이려는 의도에 대한 증거는 없는 셈이라고 판결했다. 어쨌든 한 남자의 생명이 달려 있었던 것이다. 따라서 그것은 과학적이었다. 즉, 여러분이 하려는 주장이 극적일수록 여러분의 증거는 더 훌륭해야만 한다. 다행스럽게도 법과 달리 과학은 탄환을 찾을 필요가 있다면 거의 무한히 계속할 수 있다. 우리는 우리의 논거를 첫 번째 라운드에서 증명할 필요가 없다. 화성의 생명에 관한 한 우리는 자주 마음을 바꾸는 것 같다.

1976년 미국 항공우주국 나사에 의해 시작된 바이킹 탐사계획은 살아 있는 생명체의 존재를 확인할 수 있는 최고의 실험장치를 탑재한 두 대의 착륙선[63]을 붉은 행성에 보냈다. 곧바로 결과들이 지구로 날아오기 시작

[63] 바이킹 1호, 2호

했다. 토양에 있는 뭔가가, 화성에 있을지도 모르는 생물을 위한 영양원으로 탐사선에 실어 보낸 방사능 물질을 이용하는 것 같았다. 탐사선에는 탄소동위원소로 이루어진 이산화탄소도 함께 실려 있었는데 이렇게 표시된 기체들이 미확인 작인(作因)에 의해 '고정되었다.' 여기에 더해 퍼올려진 시료들이 축축해지자 수많은 양의 기체(대부분이 산소)가 방출되었다. 이 결과들 중 세 가지 전부는 아니지만 최소한 두 개는 생명 과정의 증거로 받아들여질 수 있다.

그날 기자들은 앞의 이야기들에 주목하고 헤드라인으로 올려야 했겠지만 뭔가가 그렇게 하는 것을 가로막았다. 착륙선에 장착된 장비로 화성의 토양에 있는 유기물질의 풍부함을 측정하기 위해 설계된 추가실험에서는 몇 개의 단순 분자들 이상의 어떤 것도 탐지할 수 없었다. 심지어 이런 분자들도 손질을 거친 덕분이라 할 수 있었다. 바이킹 과학자들은 딜레마에 빠졌다. 그들 앞에는 그 원인에 대한 물리적 발현은 없는 상태에서 오직 생물적 기능만이 존재하는 양상이 펼쳐지고 있었다. 바이킹호에는 몸통이 없는 생명이 있는 것 같았다. 그것은 입증되지 않은 평결 그 이상이 아니었다.

사실 과학자들은 좀더 나아갔다. 그들은 화성이 자신들에게 엄청난 실제적 농담을 던지고 있다고 주장했다. 화성의 표면 환경은 엄청나게 산화되어 있다는 징후를 보이고 있기 때문에 그들은 그 결과를 생물학을 흉내내는 화학으로 잘 설명했던 것이다.

사람들은 당연히 다른 우주탐사선들이 곧바로 바이킹호를 뒤따랐을 것이고, 진실 또는 1976년에 공식화된 가설을 밝히기 위해 화성의 시료들이 지구로 실려왔을 것이라고 예상했다. 그러나 그렇게 되지는 않았다.

입증되지 않은 평결은 유죄가 아닌 것으로 간주되는데, 실제로 화성은

278

생명의 거주지가 되기에는 환경이 너무 열악하다는 것이 통설이 되었다.

그렇지만 다른 방향에서 탐구해온 과학자들에게는 사건이 종료되지 않았다. 화성의 운석이 등장한 것이다. 바이킹 탐사계획의 직접적 결과로서 붉은 행성에 가해진 거대한 충격으로 화성에서 떨어져 나온 암석이 여기 지구에 있다는 사실이 밝혀졌다. 각고의 노력 끝에 이런 암석들이 생물의 활동에 적합한 온도에서 생명의 핵심적 구성요소(물)가 변천을 겪는 과정을 목격했다는 사실이 다양한 방식으로 밝혀졌다. 생물의 화학적 잔존물인 유기물질이, 물에서 침전되는 광물인 탄산염을 동반한 암석에서 발견되었던 것이다. 지구상에서 탄산염을 포함한 퇴적암은 석유 근원암인데(이것이 화성에 석유가 있음을 뜻하는 것은 아니다.), 석유는 지구가 과거에 격렬한 생명활동을 했음을 가장 명백하게 보여주는 증거 중 하나이다.

화성 표면에서는 유기물과 탄산염의 탄소동위원소 특성이 매우 다르게 나타날 수 있다. 동시에 발생한 유기물과 탄산염 사이의 동위원소의 차이가 생명활동이 지구상에서 40억 년 전, 달리 말해 지구가 여러 종류의 생명활동을 뒷받침하기에 충분할 정도로 단단해지자마자 곧바로 시작되었다는 것을 보여주는 증거로 받아들여지고 있다. 이것만으로 보면 일부 학자들의 주장처럼, 생명이 지구에서 특별히 유일하게 발생한 것이 아니라 그 출발이 약간 수월했음을 보여준다고 할 수 있다.

그 다음에는 나노미터 크기의 환충으로 모습을 드러낸 '화성 화석' 사건이 있었다. 그것을 사랑하든 미워하든, 사실이든 아니든 엄청난 논쟁에 휘말려 있는 화성 화석은 지구에서 지질학적 기록상 가장 작은 대상에 대한 연구가 시작되도록 부추겼다. 이것을 계기로 연구자들은 생물화석들(예로, 자철광)의 존재와 같은 보강 증거를 열심히 찾게 되었다.

그렇다면 이제 우리는 어디에 있는가? 화성 화석을 통해 화성에 대해 알게 된 많은 것들이 태양계의 우리 이웃에서 일어났던 일들을 보여줄 수 있게 되었지만, 아직도 몇 가지 중요한 것들은 증명될 수 없다. 가장 중요한 것으로는 유기물질의 기원을 명료하게 보여줄 수 없다는 점을 들 수 있다. 이것이 바로 2003년에 비글 2호가 새로운 장비를 싣고 화성으로 되돌아간 이유이다. 다시 한번 법정 비유를 든다면, 우리는 탄환—바이킹에게는 너무도 교묘했던 몸통—을 찾기 위해 훨씬 더 신중한 조사를 행하고 있다. 비글 2호에는 모든 형태 속에 있는 모든 탄소원자를 탐지할 수 있는 장비가 실려 있다. 우리는 화성 표면 밑에 있는, 특히 퇴적된 후 제자리에 그대로 있는 커다란 바위 덩어리 밑에서 유기물질(즉, 화학 화석)을 찾을 것이다. 우리는 또한 암석의 내부를 들여다 볼 것이다. 그런 곳에서는 유기물질이 산화 환경으로부터 보호를 받아 생존할 가능성이 훨씬 높을 것이라는 가정 때문이다.

비글 2호의 질량분석기는 또한 생물활동에 의해 변화된 대기의 구성성분을 찾을 수 있는 능력도 갖추고 있다. 지구의 대기는 생물활동의 생산물이 없었다면 대단히 단순한 구성을 하고 있었을 것이다. 모든 종류의 기체들(가장 대표적인 것으로는 메탄)이 대기에 존재하는 이유는 생명활동이 계속해서 그것들을 생산하기 때문이다. 이 점은 화성에서도 마찬가지일 것이다. 산화력이 강한 대기에 메탄(가장 단순한 물질대사의 최종산물)처럼 불안정한 환원 분자가 포함되어 있음을 보일 수 있다면, 당연히 생물적 원천도 주장할 수 있을 것이다. 그 원천은 표면에서 1,000킬로미터 떨어져 있거나 지하 1,000미터에 있을 수는 있지만, 그럼에도 분명히 존재해야만 할 것이다.

약 80퍼센트의 사람들이 다른 행성에 생명이 존재한다고 믿고 싶어한다. 우리는 외톨이가 되는 것을 좋아하지 않는다. 내 생각으로는 인류가 진화의 정점이라고 생각하는 것은 지나친 오만이다. 우리는 앞으로도 오랫동안 태양계 너머에 있는 행성에 대해 결정적 답을 내릴 수 없을지 모르지만, 과학에서 '증거의 부재'가 '부재의 증거'는 아니라는 것을 염두에 두는 것은 가치 있는 일이다.

세기 초반에 이르면, 많은 과학자들이 더 이상 신을 믿지 않게 되었다. 1916년, 미국 과학자들

대상으로 한 설문조사에서 60퍼센트가 신을 믿지 않거나 의심한다고 대답했다 – 저자가 예측

던 수치는 교육의 확대와 함께 증가할 수 있었을 것이다. 이런 점에도 불구하고, 그리고 과학이

에서 눈에 띠는 진전이 있었음에도 불구하고(특히, 창조주 신의 필요성을 제거했다고 알려진 유전학

양자역학에서), 1996년 설문조사에서도 여전히 40퍼센트의 미국 과학자들은 신을 믿고 있었다.

람이 생명 그 자체를 다룰 수 있는 능력을 보유한 이상, 신을 위한 여지가 어떻게 ᄋᆞᆯ 수

는가? 우주가 생명을 돌보기에 매우 적합한 환경을 펼쳐 보이고 있다는 사실 ᄋᆞᆯ시라

신 지지자 이를 만들 수 있도록 해준다.'

세상은 어떻게 종말을 맞을까?

? 여섯 번째 봉인이 열리면 강력한 지진이 온 땅을 휩쓸고, 태양이 빛을 잃으면서 하늘에서는 별들이 떨어져 내릴 것이며 산들이 온통 뒤흔들릴 것이다. 다섯 번째 나팔이 울려 퍼지면 그 끝을 알 수 없는 심연에서 인간의 얼굴과 전갈의 꼬리를 한 메뚜기들이 몰려나와 믿지 않는 자들을 잔혹하게 괴롭힐 것이다. 역겨운 종기를 포함한 일곱 가지 재앙들이 재난에 재난을 불러올 터인데, 강물은 피로 변하고 열은 너무나 뜨거워 세상은 구워지게 될 것이다.

성경의 「요한계시록」에는 세계의 종말에 대한 인간의 심리를 만족시키기에 충분한 생생한 구성요소들이 들어 있다. 많은 문명들은 종말이 궁극적으로 인간중심적 사건이며, 악이 신적이자 계시적인 수단을 통해 처벌당한다는 점에서 목적적 사건이고, 그것을 믿는 자들에게는 새로운 세상에서 구원이 따를 것이라고 믿어왔다.

최후의 심판에 대한 종교적 환상들이 여전히 우리 곁에 남아있지만 오늘날에는 종종 무신론적이고 과학적인 입장에서 새로운 최후의 날을 예언하는 사람들이 나타나기도 한다. 전통적인 최후의 날에 열광하는 무리가 있는가 하면, 종말의 원인에 대단히 실제적으로 접근하는 사람들도 있다. 이런 사람들의 주장은 우리가 이 세계를 끝장낼 수도 있는—세상 전체이든 아니면 우리가 알고 있는 것으로서의 세계이든—일련의 새로운 시나리오들을 마주하고 있기 때문에 현재 인류는 자신의 역사에서 전례가 없는 지점에 서 있다는 것이다. 이런 종말들은 종교적 믿음이나 신의 개입과는 전혀 관계가 없다. 그것들은 실제적인 것으로서 그 가능성이 계산되고, 측정될 수 있으며 경우에 따라서는 피할 수도 있다.

새로운 예언자들이 묘사하는 종말의 일부는 오래된 테마들을 초자연적으로 암시한다. 혜성이 지구와 충돌해서 우리에게 잘 알려진 급격한 종말이 인간 종을 덮친다. 인간은 무자비한 자연개발로 타락을 자초하는데, 그것은 인류가 자기 내부에 스스로를 타락시키는 퇴폐적 씨앗을 품고 있음을 보여준다. 지난 50년 동안 이룬 과학의 발전으로 종말에 대한 많은 주장들에는 현저하게 달라진 것이 있다.

과학 덕분으로 우리는 자연세계를 보다 잘 이해할 수 있게 되었고, 따라서 이전에는 맹목적으로 받아들였던 인류의 종말을 상상하고 예측할 수 있게 되었다. 또한 과학 덕분으로 우리는 우연이든, 의도적이든 인간 종의 대부분은 물론 어쩌면 지구라는 행성 자체를 끝장낼 수 있는 수단들을 고안할 수 있는 능력을 갖게 되었다.

애들레이드대학의 조교수 폴 코코란은 이러한 변화는 50여 년 전 원자폭탄의 폭발과 함께 명백해졌다고 주장한다. 그는 『계시를 기다리며』에서 "종말은 정말로 가까워졌고, 그것을 우리 삶의 실제적 조건으로 받아들이기 위해 굳이 고대의 예언들이나 신들의 개입에 대한 믿음을 끌어올 필요도 없다."고 쓰고 있다. "이것은 고의적 선택과 우발적 오류의 가능성으로 급작스럽게 환원된 계시적 전망이었다. (……) 종말에 대한 생각은 어느 면으로 보나 지난 반세기 동안의 합리적, 지적, 감정적인 경험 모두를 대상으로 하고 있었다."

영국의 왕립천문학자(그리니치천문대 천문대장) 마틴 리즈에 따르면, 21세기는 우리 종의 생존을 위해 중요한 세기이다. 우리가 우리 자신을 제거할 수 있는 수단을 손에 넣었지만 우리 자신을 은하로 확장할 수 있는 길, 즉 단일 행성에 대한 의존도를 줄임으로써 우리의 생존가능성을 향상시킬 수 있는 길을 찾아내지는 못하고 있기 때문이다. 우리에게 당면한 새로운 위험들은 몇 가지 범주로 나누어지는데, 그중에서 가장 끔찍한 것은 아마도 인간에 의한 인간의 의도적 말살이 될 것이다. 핵전쟁은 단지 첫 번째 가능성에 불과했다. 전쟁을 통한 지구 전체의 말살은 생물무기의 결과일 가능성이 더 높다고 주장하는 사람도 있다. 생물무기는 생산 단가가 싸고 은폐하기는 쉬운 반면 통제가 매우 어렵기 때문이다. 전세계 약 800만 의사들을 대표하는 세계의학협회는 성공적인 생물공격의 결과는 특히 감염을 서서히 전파시킬 수 있다면 화학적 사건 또는 심지어 핵 사건의 결과를 훨씬 능가할 수 있다고 경고한다.

우리는 지난 수십 년 동안 종말은 로봇의 손에서 나올 것이라고 가정해왔다. 그것은 대개 로봇이 나쁜 발명가들의 명령에 따라 움직이다가 반란을 일으켜서 지구를 정복한다는 내용이었다. 카네기멜론대학교 로봇공학과의 창립자 중 한 사람인 한스 모라벡과 같은 과학자들은 대단히 더디기는 하지만 기계들은 점점 의식적 존재에 가까워지고 있다고 예측한다. 일단 로봇들이 우리보다 똑똑해지게 되면 그들은 우리를 정복해서 쓸어버리거나 일종의 포스트-인간 합성으로 우리를 융합해버릴 것이다. 이렇게 되면 우리가 알고 있는 것으로서의 인류는 종말을 맞는다.

세계에 대한 몇 가지 새로운 위험들은 도덕적 붕괴에 따른 쇠퇴와 타락이라는 유서 깊은 테마와 공명하고 있다. 이런 관념의 최근 화신化身은 환경파괴이다. 『태양 아래 새로운 것: 20세기 환경의 역사』에서 존 맥닐은 20세기는 그 규모면에서 환경에 의한 파괴가 가능해졌다는 점에서 유례가 없는 세기였다고 주장한다.

인간의 호기심 또한 전통적으로 최후의 심판에 대한 전조로 받아들여졌다. 과학자들은 항상 그 동기는 순수하다 해도 지나친 호기심과 자연에 대한 간섭으로 세계를 파괴의 구렁텅이로 몰아넣을 수 있는 길에 대한 은유들(판도라의 상자, 프랑켄슈타인)과 함께 살고 있다. 이런 파괴적 힘들의 현대적 화신에는 유전적으로 처리된 미생물들이 포함되어 있다. 이것들은 미국 경제학자이자 환경운동가 제레미 리프킨이 언급했던 가능성인 슈퍼잡초의 교배에 의한 환경적 재앙을 통해서, 또는 생물무기제조에 사용됨으로써 세계의 종말을 불러올 수 있다.

종말은 물리학자들의 서투른 손길에 의해 닥칠 수도 있다. 우주에 대한 추상적인 물리문제들을 이해하려는 목적으로 입자가속기 앞에서 서성거리고 있는 과학자들이 세계를 파괴하는 연쇄반응을 촉발시킬 수 있다. 1983년, 피트 헛과 마틴 리즈는 〈네이처〉에 기고한 논문에서 뉴욕주 롱아일랜드에 있는 상대론적중이온충돌장치RHIC[64]가 우리 행성을 서서히 먹어 삼킬 수 있는 아원자 블랙홀을 창조할 수 있다고 주장했다. 아니면 RHIC에 의해 스트레인지렛이라 불리는 이색적인 변화물질이 창조될 수도 있는데, 이 물질은 자신이 만나는 모든 일반물질들을 제거해버릴 것이다.

이런 두려움을 제기하도록 초대된 토론자들이 현재로서는 두 시나리오 모두 잠정적으로 비현실적이라는 이유로 기각시켰지만 비판자들은 그것으로는 충분하지 않다고 말한다. 인류의 보존과 관련해서 허용될 수 있는 유일한 가정은 '완전히 비현실적' 이라는 것뿐이다.

물리학의 또 다른 가지인 나노기술도 색다른 종말의 원인으로 작용할 수 있다. 공학자들은 지난 10년 동안 미세한 원자 크기의 기계들을 만들어왔다. 어느 날엔가 그들은 스스로를 결합하고 복제할 수 있는 미시로봇을 만들 수 있게 될 것이다. 우리 몸에 들어가서 외과수술을 수행하는 것

[64] 미국 에너지성 산하 브룩헤이번 연구소에 있는 실험장치로서, 약 30GeV의 고에너지 상태인 금 이온들을 충돌시켜 쿼크-글루온 플라즈마quark-gluon plasma: QGP를 생성시키고 연구하기 위한 목적으로 만들어졌다. QGP란 빅뱅이 있고나서 1백만 분의 1초 후에 단일한 쿼크와 글루온들이 고온과 고압의 조건에서 서로 혼합되어 있는 상태를 말한다.

과 같은 이점을 가진 이 기술은 치명적인 통제불능의 상태를 초래할 수도 있다. 『창조의 엔진』의 저자 에릭 드렉슬러에 의하면 미시로봇들은 '단 며칠 내로 생물권에 먼지만 쌓이게' 할 수 있다.

종말은 우리가 스스로를 파괴하기 전에 외부 우주에서 올 수도 있다. 한때 전혀 예측할 수 없는 이런 형태의 종말을 모든 사람들이 믿을 수 있었던 것은 신의 전지전능함 때문이었다. 이제 그 믿음은 우주적 현상들의 방대함과 지구의 하잘것없음에 대한 이해로 바뀌었다. 천문학자 덩컨 스틸은 『광폭한 소행성과 최후의 날 혜성』에서 우리가 소행성에 의해 전멸당할 수 있다고 주장한다. 아니면 감마선 폭발(태양과는 비교할 수 없을 정도로 많은 에너지를 품어내며 산발적으로 발생하는 폭발)로 지구가 제거될 가능성도 있다. 처음에는 지구의 대기가, 폭발할 때 나오는 치명적인 X선과 감마선으로부터 우리를 보호해줄 것이다. 그러나 지구의 대기가 서서히 타들어가고 그 과정에서 오존층이 파괴될 것이다. 오존층이 사라지면 태양에서 날아온 자외선이 지구 표면에 직접 닿아 지구 전체의 먹이사슬의 토대를 이루고 있는 해양의 작은 광합성플랑크톤들을 죽일 것이다.

감마선 폭발이 우리를 제거하는 데 실패하면 광폭한 블랙홀이 대신 나설지도 모른다. 과학자들은 우리 은하에만 약 1천만 개의 블랙홀이 있으며 그 주위를 별들이 궤도를 유지하며 돌고 있다고 한다. 이것은 어떤 블랙홀도 우리에게 접근할 가능성이 높지 않다는 것을 뜻한다. 하지만 만약 하나의 블랙홀이 태양계를 단지 통과하기만 해도 그것은 행성궤도를 뒤흔들기에 충분한 중력효과를 발휘할 것이다. 그렇게 되면 지구는 극단적인 기후변화를 초래할 수 있는 타원형 궤도를 돌게 되거나 아니면 태양계에서 추방되어 모질고 차가운 우주의 끝으로 쫓겨나게 될 것이다.

우주선에서 보내온 생생한 화상 덕분에 지난 10년 동안 그 위력을 실제로 목격한 바 있는 별로부터의 위험도 있다. 태양의 대기 중에서 일어나는 폭발현상인 태양의 플레어는 지구를 폭격하는 자석폭발로서 전력공급을 혼란에 빠뜨릴 수 있다. 지구의 대기와 자기장은 현재까지 훌륭한 방어망을 제공해왔다. 그렇지만 태양 크기의 별들은 간혹 보통의 것보다 수백만 배나 강력한 초대형 플레어를 내뿜을 수 있다는 증거가 있다. 예일대학의 브래들리 셰퍼는 거의 완벽하게 정상처럼 보이는 태양과 같은 별들이 짧은 시간동안 엄청나게 밝아질 수 있다는 증거를 발견했고 그 원인은 초대형 플레어일 것이라고 믿고 있다.

만약 지구가 자기장 방어벽을 상실하는 것이라면 이것은 대단히 우려되는 일이라고 할 수 있다. 지질학자들은 이 자기장이 수십만 년에 한 번씩 거의 한 세기 동안 사라질 정도로 약화된 다음 서서히 다시 회복된다는 사실을 알게 되었다. 가장 최근에 있었던 자기장의 회복은 78만 년 전이었으므로 지구의 자기장이 소실되기까지는 얼마 남지 않았을 수 있다. 이런 위협의 한 가지 징후는 지구 자기장의 크기가 지난 세기에 5% 정도 감소했다는 사실이다. 자기장의 보호가 없어진다면 지구는 태양에서 날아오는 입자 폭풍, 우주선線에 쉽게 노출될 수 있고, 오존층의 파괴가 더 활발해질 것이다.

20세기가 만들어낸 특별한 공포는 외계인들에 의한 종말이었다. 오늘날 SETI가 지적 생명의 신호를 찾기 위해 우주를 훑고 있을 뿐만 아니라, 신학자와 철학자들도 이에 대한 도덕적 대응을 준비해왔다. 외계인들은 이미 발견되었어야만 한다. 이 쟁점에서 가장 앞서나간 사상가들은 인간의 지구 항해시대의 경험에서 유추하여, 외계인의 가장 큰 위협은 그들이 잔인하게 우리 모두를 죽이려 하기 때문이 아니라 우리가 그들의 지구 약탈에 방해가 되기 때문에 발생할 것이라고 주장한다. 외계인들은 우리가 저항력을 미처 갖추지 못한 질병들을 투입할 수도 있을 것이다. 마지막으로 고故 더글러스 애덤스가 『은하수를 여행하는 히치하이커를 위한 가이드』에서 예언한 것처럼 외계인들은 단순히 성간 우회로 건설과 같은 보다 큰 계획의 일환으로 우리와 우리 집을 없애려고 할 수도 있다.

그렇지만 어쩌면 신의 개입이 이 모든 것을 앞설지도 모른다. 만약 신이 직접 칼을 빼지 않는다면 그의 가장 충실한 추종자들 중 일부의 손에 의해 멸망할 수도 있을 것이다. 종말—타락과 종말과 구원—은 많은 사람들을 매혹시키는 힘이 있고, 오늘날에는 종말이 빨리 오기를 고대하는 '다윗왕의 후예Branch Davidians' 나 '천국의 문Heaven's Gate' 같은 소수 종파들이 강력한 징벌의 방법을 전례 없이 손쉽게 얻을 수 있게 되었다.

1995년, 그들이 목표를 달성할 수 있는 방법이 우리 눈앞에 펼쳐졌다. 한 종교분파[65]의 신도들이 도쿄 전철역에 신경가스를 살포하여 12명이 죽고 5천 명 이상이 부상당하는 사건이 벌어진 것이다. 2001년 9월[66] 이후 우리는 현대기술을 사용함으로써 보다 치명적인 양상으로 변한, 세계 차원의 성전이라는 옛 관념에 다시 직면하게 되었다. 생물무기는 물론 심지어 핵폭탄까지 쉽게 손에 넣을 수 있게 됨에 따라, 우리는 인류가 출발했던 그 종말을 다시 맞이할지 모른다.

에이슬링 어윈
과학저술가

[65] 옴진리교를 말한다.

[66] 9 · 11 테러사건을 가리킨다.

세상은 어떻게 종말을 맞을까?

존 레슬리
겔프대학교 철학교수, 캐나다 왕립학회 회원

우리 은하에는 태양과 같은 별이 수십 억 개 있다. 망원경을 사용하면 수십 억 개의 은하들을 자세히 볼 수 있다. 지적 생명이 쉽게 진화한다고 가정한다면 왜 우리는 외계생명에 대한 어떤 신호도 탐지할 수 없는 것일까? 우리 인류가 우주의 산 속 고립된 마을에서 지적으로 진화한 최초의 존재일까? 기술적 발달단계가 다른 수백만에 달하는 종들이 있지만, 우리가 최고수준을 차지하고 있는 것은 아닐까? 확실히 이런 가정들은 우리의 위치를 너무도 예외적인 것으로 만들어버릴 것이다. 많은 지적 존재들이 우리 이전에도 진화했지만 고도의 기술에 도달한 직후 자멸하고 말았다고 생각해보는 것이 더 설득력이 크지 않을까?

이것과 거의 완벽하게 같아 보이는 또 다른 선상의 추론이 있다. 당신과 나는 앞으로 태어나게 될 모든 인간들에서 최초의 백만 번째일 수 있을까? 이것이 우리의 위치를 믿을 수 없을 만큼 예외적으로 만들고 있는 것은 아닐까? 만약 모든 사람이 자신이 최초의 백만 번째라고 믿는다면,

291

백만 번째에 있는 단 한 사람만이 옳을 것이다. 이런 생각이 1980년대 초반 영국의 천문학자이자 수학자인 브랜던 카터에게 찾아들었다. 이 관점에 기초하여 카터는 인류가 오래지 않아 멸종할 것이라는 사실을 증명하기 위한 '최후의 심판 논증the doomsday argument'에 나선다.

브랜던 카터의 관점을 취하지 않고 단순하게 인류가 직면한 다양한 위험들만 본다면 인류가 향후 수백만 년 동안 생존할 수 있는 가능성을 얼마나 잡아야할까? 나는 약 80%라고 대답하고 싶다. 그러나 그것이 너무 높은 것이라면? 그리고 대부분의 우주과학자들이 생각하고 있는 것처럼 지금까지 생존해왔던 것보다 훨씬 오래 생존하게 된 인류가 아마도 6십만 년이라는 짧은 기간 동안 우리 은하로 곧장 퍼져나간다면 어떻게 될까? 그렇게 되면 아마도 당신과 나는 모든 인류의 최초 백만 번째로 살고 있는 것일 수 있다. 그것을 믿기에는 가능성이 너무 희박해 보이지 않는가?

최근에 인구폭발이 있었다. 지금까지 살았던 모든 인간들 중에서 대략 10%가 바로 지금 이 순간을 살고 있다. 만약 지금이 인간 역사의 종말에 가깝다면, 그 역사에서 우리의 위치는 결코 너무 예외적이지만은 않을 것이다. 어쨌든 최초의 백만 번째가 되는 것만큼 이상하지는 않을 것이다. 게다가 우리 종의 계속적인 생존에 대한 수많은 위협들이 존재하고 있지 않은가?

이러한 추론은 논쟁의 여지가 있지만, 나에게는 그것이 '멀지 않은 최후의 심판'이 인간 종을 기다리고 있을 가능성이 꽤 높다는 것을 보여주고 있는 것 같다. 여기서 '멀지 않은'은 우주식민지 건설을 위한 시도가 시작되지 않았을 정도로 가까운 시간을 뜻한다. 그것은 다음 몇 세기가 지나기 전에 닥칠 최후의 심판을 의미할 수도 있다.

우리 종이 빠른 시일 내에 멸종당할 수 있는 길 가운데 세 가지에 대해서만 살펴보도록 하겠다. 앞의 두 가지는 환경위기를 통한 멸종과 생물무기를 통한 멸종으로 비교적 폭넓게 다루어지고 있는 것이다. 세 번째는 예상하지 못한 곳에서 일어날 수 있다. 그것은 물리학 저널에 실린 논문들과 영국 왕립천문학자 마틴 리즈의 최신작 『태초 그 이전, 우리 우주와 다른 우주들』에서 다루어졌다. 그것은 '진공 준안전성vacuum metastability' 재앙을 통한 멸종이다.

환경위기는 많은 요소들과 관련되어 있을 수 있다. 우선 지구의 자외선 차단막인 오존층이 심하게 손상을 입을 수 있다. 또한 유독성 화학물질이 서서히 축척될 수도 있다. 비료의 엄청난 투입에도 불구하고 토양의 지력이 다할 수 있다. 비료는 그 자체가 위협일 수도 있다. 강과 호수, 심지어 바다를 죽음으로 몰아넣을 수도 있기 때문이다. 더욱 문제가 되는 것은 온실기체의 축적으로 기온이 살인적으로 치솟을 수 있다는 것이다.

정치인들에게 영향력을 행사하기 위해 합의를 이루고자 했던 '기후변화에 대한 정부간협의체IPCC'는 최악의 시나리오들에 대해서는 거의 관심을 기울이지 않았다. 최악의 시나리오들에 따르면 해로운 변화들은 동일한 형태의 추가적 변화를 낳는다. 예를 들어 초목이 과도한 열로 죽으면, 초목을 잃은 대지는 더욱 뜨거워지고, 다시 더 많은 초목이 죽고, 그것은 다시 더 많은 열을 발생시키고…….

그 중요성에서 이산화탄소에 버금가는 온실기체인 방대한 양의 메탄이 따뜻해진 툰드라와 따뜻해진 바다의 대륙붕 퇴적물에서 방출될 수 있다. 지금까지는 구름을 형성하여 받아들이는 것보다 더 많은 열을 우주로 반사해내는 수증기가 앞으로는 재앙을 불러일으키는 온실기체가 될 수도 있다.

환경파괴로 생기는 과열에 대한 최악의 시나리오로는 무엇을 꼽을 수 있을까? 지구의 환경이 안정을 회복할 때까지 자연의 견제와 균형회복은 계속된다는 가설로 유명한 과학자 제임스 러브록은 자신의 책 『가이아』

에서 그 답을 제시해주고 있다. 그의 말에 의하면 지구는 '끓는 물에 가까운 온도까지' 가열될 수 있다.

진공 준안정성은 환경파괴보다는 훨씬 덜 알려진 위험이고, 어쩌면 환상에 불과할 수도 있다. 그 개념은 우리가 거주하는 공간은 완전히 비어 있는 '진공'과는 거리가 멀다는 것에서 출발한다.

그곳은 스칼라장場들로 가득 채워져 있다. 이런 장들은 나침반으로 자기장을 탐지할 수 있게 만드는 방향성에 의해서가 아니라 오직 강도로서만 특징지어진다. 해저에 있는 고기들은 수압에 대해 알 수 없는데 그들이 헤엄치는 곳은 어디나 수압이 똑같기 때문이다. 마찬가지로 인간은 스칼라장을 인식할 수가 없다. 스칼라장들의 강도가 망원경이 탐지할 수 있는 먼 곳까지 동일한 상태를 유지하고 있기 때문이다. 그러나 만약 그런 장들이 존재한다면(대부분의 물리학자들이 생각하는 것처럼) 그것들은 모든 원자의 성질들을 결정한다. 그러므로 어떤 장이 바뀌면 원자의 성질도 바뀐다.

원자의 위치에너지를 줄이는 방식으로 원자에 변화를 가하면 일련의 자리바꿈이 엄청난 힘을 동반하며 급격하게 퍼져나갈 것이다. 위치에너지의 감소란 언덕경사로의 구멍 속에 '준안정적' 상태로 놓여 있는 공을 밖으로 밀어냈을 때 공에게 발생하는 일이다. 공은 자신이 원하는 일을 할 수 있게 된다. 즉, 언덕 경사로를 따라 굴러 내려간다. 초고에너지 밀도를 탐구하는 물리학자들 덕분에 우리 주변의 공간 역시 '준안정적' 상태에서 내몰리는 방식으로 자신이 원했던 일을 할 수 있을지 모른다.

우리는 불행하게도 아직까지 초고에너지 밀도의 물리현상에 대해서는 무지한 상태이다. 만약 진공 준안정성이 발현된다면 물리학자들은 미래의 언젠가 궁극적인 환경적 재앙을 자초하게 될 것이다. 그것은 빛의 속도에 가까운 빠르기로 즉시 팽창하는 미세한 거품을 생산하게 될 텐데, 먼저 우리 행성을 파괴하고, 그 다음에는 태양계, 그러고 나서 우리 은하에 있는 모든 별들, 이어서 근처에 있는 모든 은하들……. 파괴는 계속될 것이다.

이 과정은 오늘내일은 물론 심지어 다음 십년 안에도 시작될 수 없을 것이다. 그러려면 실험과학자들이 안전하다고 알려진 것 이상으로 에너지 밀도를 끌어올려야만 할 텐데, 그 정도의 에너지 밀도는 우주선線의 충돌에 의해 달성될 수 있는 수준의 것이다. 현재 가지고 있는 입자가속기들이 만들 수 있는 에너지 밀도는 그런 수준보다 수백만 배 이상 낮다. 그러나 자신의 책 『최종이론의 꿈』에서 스티븐 와인버그는 개별 대전입자들을 가속시켜 프랭크 에너지—그의 설명에 따르면 대략 '가득 채워진 자동차의 가솔린 탱크가 지닌 화학에너지'와 동일한—를 가지도록 할 수 있는 강력한 레이저빔의 사용에 대해 말하고 있다. 심지어 충돌하는 우주선도 그 정도의 위력을 발휘할 수 없다.

아마도 스칼라장은 완전히 허구일지 모른다. 그런 장이 존재하기는 하지만 계곡의 바닥에 놓여있는 공처럼 매우 안정되어 있다는 생각도 가능하다. 그러나 만약 그런 장이 존재하고 준안정상태에 있다면 은하에 식민지를 건설하려는 시도조차 인류의 생존을 보장할 수 없을지 모른다. 우주선을 타고 환경파괴로 쓰레기가 널려 있는 지구를 안전하게 탈출했다는 기쁨을 만끽하는 지구인들을 생각해보라. 바로 그때 팽창하는 거품이 보인다. 그로부터 몇 초 후 우주선은 거품에 휩쓸리고 만다.

이 분야의 물리학은 너무나 어렵기 때문에 오직 실제적인 실험만이 그것이 위험하지 않음을 증명할 수 있을지 모른다. 마틴 리즈는 자신의 책에서 한 장을 할애하여 "강제성은 띠지 않는다 해도 신중함은 반드시 강조되어야 한다."라고 쓰고 있다. 나라면 강제성에 모든 것을 걸겠다.

그렇지만 그보다는 좀더 가까운 미래에 일어날 수 있는 인간멸종의 원인을 꼽으라면 진공 준안정성이나 환경파괴보다는 생물무기를 꼽겠다.

전쟁에 대한 유혹은 오염되고 붕괴된 환경에 의해 증가되겠지만, 현재까지 환경적으로 가장 황폐화된 나라들은 너무 가난해서 전쟁에 사용할 수 있는 무력을 거의 확보할 수 없었다. 그러나 병원균은 가난한 나라의 원자폭탄이 될 수 있다. 곡식과 가축이 대상이 될 수도 있겠지만 인간을 공격하도록 설계된 병원균이라면 인간을 멸종시킬 수 있는 주된 위험이 될 수 있다. 작은 구슬이 채워져 있는 병 하나로도 이전에는 거대한 공장에서만 만들어낼 수 있었을 만큼의 바이러스를 생산할 수 있다. 게다가 유전공학의 발전으로 철저하게 치명적인 생물을 설계하는 것 역시 쉬워지게 되었다.

침략국이 자신을 보호하기 위해 마련한 백신 프로그램들이나 여타 수단들이 실패할 수도 있고, 패전으로 내몰린 국가가 온 인류를 죽음으로 몰고 가는 끔찍한 위험을 감수하려 들 수도 있다. 테러집단은 모든 인간의 종말을 협박수단으로 사용할 수 있고, 자신들의 요구가 거부된다면 실제로 일을 저지를 수도 있다. 1948년에 실시된 실험에 따르면 에어로졸 형태의 천연두균을 퍼뜨릴 수 있는 비행기 몇 대만 있으면 영국에 있는 거의 모든 사람을 감염시킬 수 있다.

세계의 종말은 단순한 사고에 의해 일어날 수도 있다. 최근에 유전적으로 조작된 서두mousepox[67]는 감염된 모든 쥐를 예외 없이 죽음으로 몰아넣었다. 그것은 오스트레일리아의 연구자들에 의해 창조되었다. 그것도 실수로!

[67] '쥐의 천연두' 인 서두는 사람에게 감염되지는 않지만 천연두와 비슷하여 생물무기로 사용될 여지가 많다고 알려져 있다.

0세기 초반에 이르면, 많은 과학자들이 더 이상 신을 믿지 않게 되었다. 1916년, 미국 과학자들

대상으로 한 설문조사에서 60퍼센트가 신을 믿지 않거나 의심한다고 대답했다 – 저자가 예측

던 수치는 교육의 확대와 함께 증가할 수 있었을 것이다. 이런 점에도 불구하고, 그리고 과학이

서 눈에 띄는 진전이 있었음에도 불구하고(특히, 창조주 신의 필요성을 제거했다고 알려진 유전학

· 양자역학에서), 1996년 설문조사에서도 여전히 40퍼센트의 미국 과학자들은 신을 믿고 있었다.

람이 생명 그 자체를 다룰 수 있는 능력을 보유한 이때, 신을 위한 여지가 어떻게 있을 수

는가? 우주가 생명을 돌보기에 매우 적합한 환경을 펼쳐 보이고 있다는 사실이 적어도 어떤 이들이라

, 신 지지자 이를 만들 수 있도록 해준다.'

생명의 목적은 무엇인가?

? 여러분은 여기에 가련하고 분열된 존재로 조만간 닥쳐올 사건인 죽음과 함께 세상에 내던져져 있다. 정확한 논점은 무엇인가? 대부분의 대답들은 모종의 이야기와 관련되어 있는 것 같다. 따라서 중요한 것은 누가 그 이야기를 말하는가, 주인공은 누구이고, 거기에 도덕성이 있느냐 하는 것이다.

20세기 대부분에 걸쳐 과학으로부터 흘러나온 메시지, 그리고 인간의 실존적 고뇌를 다루기 위한 단서는 '도덕이 없다는 것이 도덕'이라는 것이었다. 이것은 우주의 궁극적인 열죽음heat death이라는 음울한 소식을 접하고는 "이제는 오직 굳건한 절망의 토대 위에서만 영혼의 거주지가 안전하게 세워질 수 있다."고 선언하며 당당하게 반응했던(어떤 면에서는 지나치게) 영국의 분석철학자 버트런드 러셀과 함께 시작되었다. [68] 60년 후 분자생물학자 자크 모노는 우주는 인간의 목적에 무관심하다는 철학자 장 폴 사르트르의 주장에 과학의 언어로 광택을 입혔다. 모노는 생명을 '절대적으로 자유롭지만 맹목적인 완전한 우연'의 산물로 그렸다. 따라서 생명의 의미에 대한 입장을 표명해 달라는 부탁을 받고는 "나는 여기에서 출발하지 않을 것이다."라는 전형적인 반응을 보였다. [69]

그렇지만 최근 들어 과학 이야기에서 의미를 읽어내려 하고, 심지어 우주의 역사에 대한 서사적 이야기를 기반으로 이상한 세속종교를 세우

.... BIG QUESTIONS IN SCIENCE

[68] 이 문장은 러셀을 필두로 한 초기 비트겐슈타인의 『논리철학수고』와 논리실증주의에 대한 이해를 전제하고 있다. 그들의 관심은 '왜' 또는 '목적'을 묻는 형이상학을 혁파하고 논리 또는 언어분석을 통해 세계를 완벽하게 기술記述하는 것이었다. 그들은 특히 과학이론에 인식론적인 특권적 지위를 부여함으로써 과학을 형이상학과는 구분된 영역이자 경험세계에 대한 유일한 해석체계로 만들고자 했다. 이런 관점에 따르면, (형이상학에 기초한) 인간의 도덕성은 무의미하며 (과학이론에 기초한) 우주의 도덕성이 그것을 대치해야 한다.

려는 노력들이 다시 되살아나고 있다. 포스트모더니즘이 거대 서사를 해체했다면 과학은 가장 거대한 서사들을 결합시켜 150억 년이라는 장구한 시간을 시대적 배경으로 삼는 이야기를 만들어내고 있다. 그리고 그 이야기의 주인공은 생명이다.

생명의 목적에 대해 말할 때 제일 먼저 과학이 할 말이 있을 것이라고 생각하는 이유는 무엇일까? 그런 생각의 기원은 세계에 의미를 부여하는 서구적 사고방식의 역사에 깊숙이 뿌리내리고 있다. 유대-기독교 전통은 미국 철학자 아서 러브조이가 『존재의 거대한 사슬』에서 묘사했던 방식대로 질서정연하고, 고정되고, 위계적인 우주를 강조한다. 그 꼭대기에는 신이 있지만 지상의 영역으로 내려오면 인간이 다른 모든 것들에 대해 지배권을 행사한다. 그리고 물론, 일부 인간이 다른 인간들을 지배한다.

인종, 성, 계급에 대한 기존의 전제를 다시 생각해보려는 우리의 투쟁이 그런 전통에 의해 한계지워지듯, 생태학과 자연환경에 대한 우리의 태도도 마찬가지이다. 1970년대, 역사학자이자 문화비평가인 시어도어 로스잭은 현대의 막연한 불안이 '자연의 탈脫신성화'—분리된 세계에서 신의 제거를 뜻하는 자신의 용어—에 기인한다고 주장했다. 그는 이것을 기독교 신론Christian theism의 성장과 동일시했다. 만약 우주가 운동하고 있는 물체에 불과하다면—비록 신이 그 원동력으로 남아있기는 하지만—그리고 다른 피조물들이 데카르트의 이른바 동물기계[70]에 불과하다면, 인간은 기본적으로 나머지 모든 피조물들을 대상으로, 반드시 상호적일 필요

[69] 이 입장은 도덕성에 대한 과학 자체의 능력의 한계를 인정한다는 점에서 앞에 제시된 러셀의 입장과는 반대편에 위치하고 있다고 할 수 있다. 과학 자체는 도덕성에 대해 아무런 이야기도 할 수 없다. 그렇다면 그 도덕성은 어디에서 찾아야 할까? 혹시 형이상학, 특히 신은 아닐까?

없이, 자신이 하고 싶은 모든 일을 할 수 있을 것이다. 로스잭은 만약 신이 그림에서 떨어져나간다면 모든 구속이 제거되고, 따라서 20세기의 공포들도 마찬가지일 것이라고 주장한다.

근대의 도래와 함께 인류가 바라는 것은 보다 세속적인 것에 초점이 맞추어졌다. 아직까지는 도래할 천국의 낙원에 대한 관념이 존재하고는 있지만 물질적 진보 또한 추구할 만한 가치가 있는 것이었다. 그리고 생물학자 스티븐 로즈가 주장하듯 진화론의 도래와 함께 진보는 사회적 가능성뿐 아니라 자연세계의 원리로 보이게 되었다. 철학자 마이클 루즈는, 자신은 진보주의자가 아니라고 말하는 진화이론가들조차도 진화가 앞으로 뿐 아니라 위로 움직이고 있다는 관념 없이 연구하는 것이 얼마나 어려운지에 대해 구체적으로 쓰고 있다.[71] 루즈에 따르면 그것은 언제나 '세속종교'였다.

미국 사회생물학(사회적 행위의 원인을 생물학적 설명에서 찾는)의 선구자 윌슨은 진화는 인간이 종교를 필요로 하는 이유를 설명해줌과 동시에 세속적 세계에서 달성할 수 있는 최고의 종교를 제공해준다고 주장했다.

[70] 데카르트는 수학의 좌표를 개발한 수학자이자, '나는 생각한다. 고로 존재한다.'는 명제로 유명한 철학자이다. 그는 이 우주를 수학을 사용하여 연역적으로 이해하고자 했다. 그러기 위해서는 우주가 시계의 톱니바퀴처럼 빈틈없이 맞물려서 돌고 있어야 한다고 봤는데, 이런 사상으로부터 데카르트의 기계론적 우주관이 나왔다. 여기서 데카르트의 동물기계란 바로 이런 기계론적 우주관에 바탕을 둔 생물에 대한 인식이다.

[71] '진보progress'와 '진화evolution'는 많은 차이가 있는데도 불구하고 일상언어에서는 혼용되는 경향이 있다. '사회적 진보'와 '자연적 진화'는 그 형태적 유사성에도 불구하고 도저히 양립할 수 없는 개념이다. 진보는 일정한 방향성을 지니고 있으며 우리의 가치관이 개입되어 있다는 점에 강조점이 주어져 있다면, 진화는 방향성은 항상 결과로서만 알 수 있을 뿐이며 우리의 가치관이 개입할 여지가 없다는 점에 강조점이 주어진다고 할 수 있다.

1970년 후반 『인간 본성에 대하여』에서 그는 과학적 유물론이 어떻게 "지금까지 갈등 지대에서 전통종교를 하나씩 하나씩 패퇴시켰던 대안적 신화를 인간 정신에 제공하고 있는지"에 대해 말했다. 그것은 "빅뱅에서 시작된 우주의 진화에 대한 서사이다." 그로부터 20년 후 『컨실리언스:지식의 통합』에서 그는 "사람들에게는 성스러운 이야기가 필요하다. (……) 만약 성스러운 이야기가 종교적 우주론의 형태로 존재할 수 없다면 그것은 인간 종의 유물론적 역사에서 취해질 것이다."라는 생각으로 되돌아갔다.

많은 작가들이 윌슨의 단서를 좇아 우주의 역사 특히 생명의 역사를 종교적 관점에서 펼쳐 보이려고 노력했다. 생물학자 어슐러 구디너프는 자신의 신조인 '자연의 성스런 깊이The Sacred Depths of Nature'를 명상하면서 이렇게 적고 있다. "빅뱅, 별과 행성의 형성, 인간 의식의 도래, 그 결과로 서의 문화의 진화, 이 모든 것은 우리를 결합시킬 수 있는 잠재력을 지닌 단 하나의 이야기이다. 왜냐하면 뜻밖에도 그 이야기가 참이기 때문이다."

최근에 유행하는 복잡계이론과 자기조직화이론을 연구하는 다른 과학자들은 이론생물학자 스튜어트 카우프만의 용어를 따라 우리가 '우주의 우리 집에 있다.'고 주장한다. 카우프만은 유명한 자신의 책[72]에서 우리가 존재할 가능성이 희박하다고 봤던 많은 것들이 사실은 비교적 간단한 규칙들의 예상된 결과라고 주장한다. 그는 이것이 그 동안 인간의 자존심을 위협해 왔던 과학의 역사로부터 완전히 벗어나는 것이라고 믿고 있다. 코페르니쿠스는 팔꿈치로 우리를 우주의 중심에서 밀어냈다. 다윈은 어떻게 해서 진화가 수십 억 년에 걸친 축복받은 주사위 놀이인지를 보여주

[72] 『At Home in the Universe』(Oxford University Press, 1995)를 말하는데, 국내에는 『혼돈의 가장자리』라는 제목으로 번역되었다.

었다. 프로이트는 심지어 우리가 우리 자신의 사고에 대해 아는 바가 거의 없다는 것을 인정하도록 만들었다. 반면에 카우프만의 메시지는 인간은 광대한 우주의 희미한 구석자리를 차지할 뿐이며, 모노의 표현대로 '날개 끝에 붙들릴 우연'보다 더 크지 않은 자연선택의 역사의 최종산물이라는 근대적 관점에 강력한 제동을 거는 것이다.

작금의 과학적 사고는 사물의 질서에 대한 카우프만의 덜 경직된 다윈적 버전보다는 진화의 서사를 더 지지하고 있는 것 같다. 어슐러 구디너프의 동료로서 열광적인 진화론 지지자이자 과학저술가 및 환경운동가인 코니 발로는 『녹색 공간, 녹색 시간: 과학의 길』에서 '생명의 화려한 행렬'과 진화하는 우주의 경이로움을 경축하는 의식을 제안한다.

그녀는 지구의 환경위기를 극복하는 데 필수적이라고 믿고 있는 생태적 가치를 고양할 수 있는 '큰 이야기big story'를 찾고 있다. 그녀는 윌슨으로부터 영감을 받기는 했지만, 그녀로 하여금 경쟁이 아니라 협력이야말로 진화의 추동력이라는 사실을 믿게 해주었던 린 마굴리스(박테리아의 '미시우주들'에 대한 연구로 유명하다.)와 같은 생물학자들의 사상을 취하고 있다. 마굴리스와 더불어 가이아이론(지구 전체가 단일한 자동조절장치처럼 기능한다고 주장하는 이론)의 공동 제안자인 제임스 러브록은 종종 우주의 이야기꾼들에 의해 속세의 성자로 묘사되곤 한다. 러브록은 사물들의 거대한 체계scheme 안에 있는 인간성의 위치에 의문을 던진 것으로 유명하지만 자신의 과학적 비전에 뿌리박고 있는 지구에 대한 따뜻한 감정으로 충만되어 있다. 그는 이렇게 쓰고 있다. "나는 지구 그 자체를 모든 생명이 신도로서 참여하는 숭배의 장소로 보고 있는 자신을 발견한다. 나로서는 이것이 지구를 건강하게 보존하기 위해 내 모든 힘을 쏟아 붓기에 충분한 이유이다."

경이에 마음을 열고 현대과학을 보면 새로운 종교적 자연주의의 지지자들이 어떻게 열광 속으로 빠져드는지를 어렵지 않게 볼 수 있다. 그러나 그들에게도 문제는 있다. 우리는 진화적 서사의 광대함에 감탄할 수도 있고, 모든 생명과 상호연관성을 느낄 수도 있고(다양한 유전체사업들이 우리가 다른 피조물들과 얼마나 큰 공통성을 지니고 있는가를 보여줌으로써 여기에 도움을 준다.) 계속성을 위해 투쟁할 수도 있다. 그러나 우리는 순진하지 않은 구경꾼으로 내던져져 있다. 의식을 가진 존재로서의 우리의 역할은 생명의 이야기를 풀어내고, 그것을 축복하고, 우리가 할 수 있고 가치를 두고 있는 것, 즉 생명 그 자체를 위한 생물다양성을 유지시키는 것이다. 미래는 그것을 지켜볼 수 있는 무한한 기회로 우리를 부르고 있고, 단지 그것 뿐이다.

다른 사람들은 인류가 진화의 다음 단계로 도약할 수 있을 만큼 충분히 똑똑한 존재로서 우주의 중심에 서 있다고 여긴다. 예를 들면 캘리포니아의 미래학자 그레고리 스톡은 자신의 유명한 책 『메타맨』에서 발로와 거의 같은 말을 하고 있다. "이제 우리는 기본적인 생명의 역사 및 우주의 개요를 너무도 풍부하게 알고 있는 까닭에 그것은 우리의 삶과 우리의 세계관을 방향 지을 만큼 강력한 현대적 신화로서 기능할 수 있다." 그러나 스톡의 미래관은 완전히 다르다. 우리는 새로운 진화적 변이의 어귀에 있으므로 이제 그것에 도달하도록 힘써야 한다. 기술, 문화, 생물권의 혼합인 전지구적 슈퍼유기체는 이미 그 윤곽이 드러나 있고, 우리가 직면한 임무는 그것이 존재할 수 있도록 돕는 것이다. 계몽 프로젝트는 아직 건재하고, 정보기술, 생물기술, 전지구적 시스템의 대통합을 통해 현실화될 것이다. 초월성은 여전히 유효하지만 그것은 유물론자들을 위한 초월성이다.

이렇듯 두 학파 모두 생명의 목적은 무엇인가라는 질문에 비관적으로 답하는 것을 거부해왔다. 그들은 자크 모노를 1970년대의 골동품으로 간주하다시피 한다. 그들은 이론물리학자 스티븐 와인버그가 『최초 3분』에서 내린 결론, "우주는 이해가능해 보일수록 무의미해 보인다."는 것에 대한 대답을 지니고 있다. 그들에게 있어 우주란 복잡계의 진화를 위해 자기조직화하는 프로젝트이다. 그러나 다음 질문에 대해서는 어떤가. 그렇게 거대한 서사의 맥락에서 인간적 삶, 또는 모든 인간적 삶의 지향점은 어디인가? 근본적으로 다른 대답들이 존재한다는 사실은 그 대답들이 과학에 기반을 둔 명백한 연역과는 거리가 멀다는 것을 말해준다. 그렇지만 최고 과학의 주변에 튼튼하게 뿌리내리고 있는 그 이야기는 이미 만들어진 도덕과 함께 오지 않는다. 도덕은 오직 이야기 속에서만 공급될 뿐이다.

존 터니
런던대학교 과학기술연구 학과장

생명의 목적은 무엇인가?

스티븐 로즈

오픈대학교 생물학 교수, 그레샴칼리지 약학 협동교수

? 생명의 목적은 무엇인가? 그것은 여러분이 누구에게 질문하는가에 달려 있다. 세계의 큰 종교들과 세속적 철학은 지금까지 대단히 많은 대답들을 제공해왔다. 예를 들면 신의 뜻을 이행하는 것, 다음 세계에 대한 준비로서 고결하게 사는 것, 또는 궁극적으로 해탈에 들어 윤회에서 벗어나는 것 등이 그것이다. 한편 신을 믿지 않는 다양한 성향의 인문학자들은 사회에 기여하는 삶을 사는 것, 삶을 즐기는 것, 금욕주의를 수용하는 것 등이라고 대답할 것이다. 아니면 절망한 맥베드가 우긴 것처럼 인생(생명)이란 아무런 뜻도 없는 분노와 소리로 가득 채워져 있는 것일까?

필연적으로 이런 고전적 대답들은 모두 생명의 목적에 대한 질문을 인간의 삶과 관련된 것으로 해석하고 있다. 17세기 르네 데카르트 이후 인간이 아닌 존재들은 그 삶에 어떤 목적도 없는 단순한 기계로 간주되었다. 오직 영혼을 부여받은 인간들만이 목적이 있는 삶을 소유할 수 있었다. 19세기에는 두 개의 과도기적 생물학적 담론들이 질문과 대답 모두를 혁명적으로 변화시켰다. 먼저 유럽대륙에서는 유물론적 생리학이 '대하여about'는 과학과는 관련이 없는 것이라 하여 논의의 대상에서 제외시켜 버렸다. 목적론이나 목적, 사물의 '대하여성aboutness'은 터부시되었는데, 그 이유는 그런 것들이 뒷문으로 일종의 신비주의 또는 유신론을 훔쳐보는 것 같았기 때문이다. 그 대신 겉보기에는 더 단순해보이지만 결국에는 똑같이 문제가 있는 질문—생명이란 무엇인가?—에 집중하는 임무가 주어졌다. 당시 영국에서는 찰스 다윈의 진화론이 생명은 인간뿐 아니라 동물들에게 있어서도 무엇인가에 '대한' 것이고, 동물들은 인간의 필요에 봉사하기 위해 있는 것이 아니라 그 자신의 목적—목적론적 법칙teleonomy-을 지니고 있음을 시사했다.

내가 학생이던 시절에는 생물학 교과서는 생리학적 접근을 채용해서 모든 생물의 특징을 열거했다. 특징들은 다양했지만 대체로 물질대사, 성장, 회복(복구), 자극감응성(환경의 자극에 적절하게 반응할 수 있는 능력), 항상성 또는 자기조절, 재생산에 관한 것들이었다. 1950년대 들어 오스트리아 물리학자 에르빈 슈뢰딩거를 추종하는 물리학자들은 살아 있는 피조물들은 유기적 구조와 엔트로피에 의해 특징지워진다고 주장했다. 그 주장의 핵심은 우리는 반反엔트로피negentropy 기계로서 무질서를 향한 보편적 경향에 저항한다는 것이다.

생명의 특징들을 이런 식으로 열거하는 목록들은 문제를 야기시킨다. 예를 들어 세포 숙주의 외부에서는 독립적으로 재생산할 수 없는 바이러스는 살아있는 것일까, 죽은 것일까? 이런 정의와 관련된 문제들은 대개 실제적 중요성보다는 추상적 중요성을 띠고 있는 것처럼 보이지만, 화성에서의 생명의 전망과 관련하여 격렬한—그리고 값비싼—논쟁거리가 되었고 생명의 존재를 여부를 탐지하기 위해 발사되는 우주탐사선들을 괴롭히고 있다. 인간의 모습을 한 채 머리 꼭대기에 안테나가 달린 작은 녹색외계인들을 논외로 한다면 우리가 화성에서 생명을 발견한다 해도 어떻게 그것을 알 수 있을까? 게다가 컴퓨터 열광자들의 '인공생명'에 관한 문제에 이르면 온도가 몇 도 더 오른다. 앞에서 열거한 생명의 특징들은 탄소화학보다는 실리콘화학에서 더 잘 육화(혹은 기계화)되지 않을까? 독학으로 생물학자가 된 스티브 그랜드가 노른nom이라 불리는 피조생명을 시뮬레이션하는 컴퓨터게임 〈피조물들Creatures〉을 개발하자 전세계가 떠들썩했다. 노른들은 컴퓨터 화면에만 존재하지만, 그 환경 속에서 '태어나고', '재생산하고', '죽을' 수 있고, 자신이 처한 환경(동료 노른들을 포함한)에 반응할 수 있다. 그렇다고 해서 노른들을 살아 있다고 말할 수 있을까? 나사의 우주탐사선이 그들을 집어들지 않으리라는 것은 확실하다.

근사적 메커니즘에 관심이 있는 생리학은 '대하여' 문제와 관련해서는 더 이상 말할 것이 없다. 실제로 생리학은 그것과의 어떤 관련도 쌀쌀맞게 거절한다는 점에서 거의 공부만 파고드는 학생과 같다. 대신에 그것은 목적론적 순환을 청산하기 위해 한때 유행했던 사이버네틱스(정보의 커뮤니케이션) 과학에 뿌리를 내렸고, 목적론적 법칙이라 불림으로써 위생처리되었다. 세상에서 목적을 찾는 대신, 우리는 살아 있는 피조물을 '목적지향적 행동을 보여주는 것'으로 특징지을 수 있다. 우리는 온도를 목표치 또는 고정점 근처에서 조절하는 실내온도조절기와 조금도 다를 바 없는 방식으로 목적적으로 행동한다.

생명의 목적에 대한 새로운 강력한 주장은 주로 신다윈주의자(근본주의적 진화론자)들의 몫으로 남겨져 있었는데, 이 문제에 대한 그들의 종교적 열정은 이의를 받아들이지 않는다. 생리학의 근사적 접근 뒤에는 근본주의자들이 '궁극적' 설명이라고 부르는 것이 따라온다. 이들의 주장에 숨어있는 우발적인 것과는 거리가 먼 성서적 저의底意에 주목해보라. 그들에게 있어 생명의 목적telos은 재생산, 즉 자기 유전자들(자신의 세포 속에 있는 DNA 조각들)과 그 순서에서 유사하거나 동일한 DNA의 조각들을 다음 세대로 퍼뜨리는 것이다. 생물(이런 DNA의 조각들을 지니고 있는 육체)은 재생산이라는 목적을 달성하기 위해 DNA에 의해 설계된 단순한 운반자일 뿐이다. 영국의 진화생물학자 리처드 도킨스가 주장하는 바에 따르면 "코끼리의 DNA는 코끼리를 먼저 건축하는 우회적인 방법으로 '나를 복제하라.' 고 말하는 거대한 프로그램이다." 이러한 관점에서는 생물은 단순한 운반체, 즉 자신들을 복제하기 위한 목적으로 유전자에 의해 창조된 미련한 로봇에 불과하다. 따라서 생물 그 자체가 목적을 지니고 있다면, 그것은 생존과 재생산을 끝없이 반복해서 가능한 많은 자손을 낳는 것이어야 한다(적합성fitness). 그리고 모든 생물은 가까운 친척들과 DNA 염기서열을 공유하고 있으므로 형제자매나 사촌들의 재생산을 도와야만 한다(포괄적 적합성inclusive fitness).

이런 설명은 일관성과 단순성의 미덕을 지니고 있으며 정합적 세계관, 모든 가능한 질문들에 대한 하나의 답을 제공한다. 생물학자 브라이언 굿윈과 사회학자 도로시 넬킨이 관찰했던 것처럼 이것은 신이 없는 이 시대에 종교적 목적으로 기여해왔다. DNA의 ACGT는 내가 받은 정통유대식 가정교육의 야훼를 대체하고 있다. 그것은 심지어 윤리규범들이 진화론적 메커니즘, 궁극적으로는 DNA에서 도출될 수 있다는 진화론적 윤리학을 주장할 수 있도록 해준다. 기독교의 복음에 의해 '태초에 말씀이 있었다.' 라는 수수께끼 같은 주장이 만들어졌던 것처럼, 이 DNA 근본주의에 의해 생명의 기원은 현대 DNA의 전신, 즉 발가벗은 복제자의 무기물 알파벳 수프에서 출현하게 되었다.

나는 닭이 달걀보다 먼저라고 주장함으로써 생명의 기원과 목적에 대한 이들의 주장을 거부하고자 한다. DNA는 자신이 파묻혀 있는 살아 있는 세포망 외부에서는 복제를 진행할 수 없을 뿐 아니라 기능적 의미조차 가질 수 없다. DNA에 생명을 불어넣으려면 물질대사, 에너지, 세포구조(달리 말해 조직화)가 필요하다. 화성에서 온 운석 속에 생물이 포함되어 있느냐를 둘러싼 논쟁이, 그 속에서 발견된 미시구조물들이 살아 있는 세포라면 모두 지니고 있는 독특한 지질막에 의해 둘러싸여있는지에 집중되었다는 점에 주목할 필요가 있다.

달걀(DNA) 앞에 닭(세포와 생물)을 놓음으로서 우리는 모든 생물의 또 다른 중요한 특징을 떠올릴 수 있다. 생리학 교과서에서는 실내온도조절기의 이미지를 사용하여 항상성에 대해 말하고 있지만, 생명은 그 본성상 정적인 것이 아니라 동적인 것이다. 우리 몸의 구성요소들은 계속적인 흐름의 상태에서, 매분매초마다 합성되고 해체되고 있다. 정지(균형 상태)는 곧 죽음이다. 이런 인식에 기초하여 위대한 생화학자 프레드릭 홉킨스는 생명을 '다상多狀체계에서 얻어지는 특수한 동적 평형의 표현'으로 정의한다. 우리 모두는 태어나고, 성장하고, 나이 들고, 죽는다. 우리 인간들 각자는, 그리고 다른 모든 생물들 각각은 시간과 공간을 통해 '고유한 궤적'—또는 생명선lifeline—으로 존재한다.

'대하여' 문제에 대한 내 대안적 대답에 기반을 제공해주는 것은 이런 동적인 발전, 즉 생명선의 개념이다. 이 개념은 생명이라는 무대의 중심을 유전자가 아니라 생물체에 돌려준다. 생물이란 자신의 유전자들로부터 풀려나오는 프로그램이나 청사진— 이것도 환경적 우발성에 의해 조정되기는 하지만—의 표현형에 불과한 것이 아니기 때문이다. 생물은 자신의 유전자들과 다차원의 환경(세포환경에서 사회적 환경까지)에서 제공되는 원료를 이용하여 스스로를 구성한다(자신의 고유한 궤적을 창조한다.).
이런 자기구성의 과정은 몇 가지 이름으로 불린다. 철학자 수잔 오야마는
'정보의 개체발생'과 '발생계이론'[73]에 대해 말한다. 생물학자 움베르토
마투라나와 작고한 프란시스코 바렐라는 이런 자기구성 과정을 표현하기
위해 '자기생성autopoiesis'이라는 용어를 만들어냈다.

그 과정을 부르는 이름은 서로 다를지라도 그 과정은 생명의 목적이
무엇인지에 대한 문제를 다른 방향에서 접근할 수 있는 가능성을 제시해
준다. 그것은 오래된 결정론들과 학습된 생리학 거부주의 모두를 뛰어넘
는 길이다. 생명은 존재being와 생성becoming 모두에 대한 것이다.

우리는 부단한 변형 상태에 있다. 갓난아기는 젖을 빨지만, 수개월이
채 지나기 전에 이가 나서 씹기 시작한다. 씹는 것은 빠는 것을 양적으로
확대한 것에 불과한 것이 아니다. 거기에는 다른 근육과 다른 신경과정이
관련되어 있다. 따라서 아이는 뛰어난 빨기 선수로 존재함과 동시에 씹는
능력을 갖춘 자로 생성되어야만 한다. 자기조직화하는 복잡한 체계들은
다중의 조직화 차원에서 존재하고, 생성되며, 스스로에 의해 조절된다.
이런 점에서 모든 생물은 스스로 자신의 미래를 구성한다. 자신이 직접
선택한 환경 속에 놓여 있지는 않지만.

이것은 모든 생명의 목적이라고도 할 수 있지만 특히 커다란 두뇌와
사회조직, 그리고 부분적이지만 복잡한 사회생물학적 역사에 대한 분별

[73] 수잔 오야마는 유전자의 발현과 그 정보적 중요성은 이미 존재하는 세포 및 생체조직은
물론 발생계의 실제적인 작동방식에 달려 있다고 주장했다. 이 주장은 유전자의 일방적 영
향력을 강조하는 중심원리central dogma와는 달리 발생계의 중요성을 강조함으로써 유전/환
경 이분법을 새로운 차원에서 보고자 하는 시도라고 할 수 있다.

력을 갖춘 인간의 목적에 부합한다고 할 수 있다. 우리가 어두운 유리를 통해서도 다가오는 것이 무엇일지를 어림짐작할 수 있는 것은 바로 이런 능력 때문이다. 우리는 이런 제한된 필연성 속에서 우리 자신의 미래뿐 아니라 인류 전체 및 우리가 머물고 있는 행성 유기체의 미래를 선택하고, 실행에 옮기고, 건설할 수 있는 자유를 누린다.

? 지은이 약력

존 폴킹혼 John Polkinghorne

영국왕립학회 소속의 물리학자이자 성공회 사제. 1930년 영국에서 태어나 케임브리지 대학 트리니티칼리지에서 물리학을 공부했다. 에든버러, 케임브리지대학 등에서 수리 물리학을 가르치기 시작해 1968년에 교수로 임명되었다. 케임브리지대학 트리니티 홀 Trinity Hall의 위원, 학과장을 거쳐, 퀸스칼리지의 학장으로 재직하였다. 이론입자물리학 에 관한 연구논문과 기술과학서, 과학과 종교의 양립에 대한 일련의 저서들, 3부작으로 된 『하나의 세계』, 『과학과 창조』, 『과학과 섭리』를 출간했다. 2002년 템플턴상 수상.

마틴 리즈 Martin Rees

케임브리지의 천문학 및 실험철학 교수로 우주진화와 블랙홀, 은하에 관한 세계적인 권위자이다. 스티븐 호킹과 더불어 수많은 우주론의 핵심 개념들을 창안했으며, 천문 학 분야의 노벨상으로 불리는 부루스 메달과 피터 그루버 재단이 수여하는 코스몰로 지상을 수상했다. 『중력의 치명적인 인력』, 『여섯 개의 숫자: 우주를 형성하는 심원한 힘들』, 『우리의 우주 서식지』 등 우주론에 관한 다수의 책을 펴냈다. 현재 케임브리지 대학 트리니티칼리지 학장으로 재직하고 있다. 국내 출간도서로 『태초 그 이전, 우리 우주와 다른 우주들』(해나무, 2003)이 있다.

존 배로 John Barrow

1952년 영국 런던 출생. 더럼대학 수학과를 거쳐 옥스퍼드대학에서 천체물리학 박사 학위를 받았다. 현재 케임브리지대학 응용수학·이론물리학부 산하 수학과에서 연구 교수로 재직 중이다. 우주론과 천체물리학 분야에서 320편이 넘는 논문을 발표했으며, 천문학, 물리학, 수학 발달의 역사적, 철학적, 문화적 탐구에 대한 그의 저술은 전세계 28개국 언어로 번역되었다. 로커 천문학상, 왕립글래스고철학회 켈빈 메달 등을 수상했다. 주요 저서로『만물의 이론』, 『천국의 파이』, 『스스로 구현되는 우주』, 『자연의 상수』 등이 있으며 국내 출간도서로『無0眞空 - 철학, 수학, 물리학을 관통하는 Nothing에 관한 우주론적 사유』(해나무, 2003년)가 있다.

수잔 블랙모어 Susan Blackmore

심리학자, 자유기고가, 강사 및 방송인, 영국 웨스트잉글랜드대 교수. 옥스퍼드대학에서 심리학과 생리학을 공부하고, 1980년 서레이대학에서 초심리학으로 박사학위를 받았다. 1999년 독창적인 모방자 이론이 담긴『밈 기계』를 펴내 뜨거운 논란을 불러일으켰다. 잡지, 신문, 라디오, 텔레비전 등 미디어를 통해 활동하고 있으며, 11개 국어로 번역된『밈 기계』외에『소년의 단계 너머』, 『살기 위해 죽기』, 『빛의 탐색』 등의 책을 썼다.

수잔 그린필드 Susan Greenfield

영국왕립연구소의 첫 여성소장으로 옥스퍼드대학 성힐다칼리지에서 약리학 박사학위를 받고, 옥스퍼드 생리학부와 파리의 프랑스칼리지, 뉴욕대학 의학센터에서 연구원으로 재직하였다. 1985년 옥스퍼드 링컨칼리지의 교수를 거쳐 1998년 왕립학교의 학장이 되었다. 과학대중화에 기여한 공로로 왕립학회가 수여하는 패러데이 메달을 받기도 했다. 『마음으로 떠나는 여행』, 『뇌의 사생활』 등의 저서가 있으며 국내 출간도서로 『브레인스토리』(지호, 2004)가 있다.

스티븐 라베르즈 Stephen LaBerge

스탠퍼드대학에서 정신생리학 박사학위를 받았다. 자각몽에 대한 연구를 해오고 있으며, 저서로 『자각몽』, 공저로 『자각몽 세계의 탐구』 등이 있다. 현재 스탠퍼드대학의 심리학부 부연구원이며 자연과 자각 잠재력에 대한 연구를 진행하는 자각학교의 연구부장이다.

로버트 플로민 Robert Plomin

런던킹즈대학 교수. 행동유전학의 세계적 권위자로 콜로라도 대학에서 존 C. 드프리스와 함께 일했으며 이때의 연구로 드프리스 등과 함께 『행동 유전학』을 출간했다. 1975년 플로민에 의해 시작된 콜로라도 채용 프로젝트는 지금까지 3권의 책과 100편 이상의 연구논문을 냈다. 인간의 지능과 행동을 유전적 요인과 환경의 결합물로 보는 입장을 취하고 있으며, 지능유전자 연구를 선도하고 있다.

제프리 밀러 Geoffrey Miller

진화심리학자, 뉴멕시코대학 심리학 부교수. 콜롬비아대학과 스탠퍼드대학에서 공부하고 유럽으로 건너가 서식스대학, 노팅엄대학, 뮌헨의 막스 플랑크 심리학연구소에서 일했다. 현재 런던에 있는 유니버시티칼리지의 펠로우로 일하고 있다. 국내 출간된 저서로 『메이팅 마인드 – 섹스는 어떻게 인간 본성을 만들었는가?』(소소, 2004)가 있다.

마이클 루터 Michael Rutter

버밍엄대학을 졸업하고 신경학, 소아학, 심장학과에서 일한 후, 런던의 모슬리병원에서 정신의학을 연구했다. 뉴욕의 앨버트 아인슈타인 의학칼리지와 의학연구회MRC 사회정신학과에서 연구했으며, MRC 아동정신학 연구소의 명예소장, 사회ㆍ유전ㆍ발달 심리학 연구센터 명예소장, 발달정신병리학과 교수를 거쳤다. 전염병, 사회 정신적 피해중재와 면담기술, 질적 및 분자적 유전학, 자폐증, 신경정신적 장애, 우울증, 반사회적 행동, 애정결핍 등에 대해 광범위한 연구를 진행하고 있으며, 38권의 저서와 400편이 넘는 학술논문을 저술했다. 현재 아동발달연구회의 대표이며, 헬무트 호르텐 재단상과 카스틸라 델 피노상을 수상하고, 10여 개의 대학에서 명예학위를 받았다.

자넷 래드클리프 리처즈 Janet Radcliffe Richards

철학자, 진화심리학자, 런던대학교 생명윤리학 강사. 저서 『다윈 이후의 인류』에서 진화심리학을 둘러싼 여러 논쟁들의 논리적 실패와 근거의 모호성을 냉정히 비판하여 논란을 불러일으켰다. 여성주의적인 입장에서 진화론에 관한 글을 쓰고 있다.

데이비드 버스 David M. Buss

진화심리학의 대가이며 좌파 성향의 과학이론가로 유명하다. 오스틴 소재 텍사스대학교의 심리학 교수로서 하버드대학과 미시건대학에서도 강의했으며, 성性, 감정, 인간의 짝짓기 전략 등에 관한 연구업적으로 세계적인 명성을 얻었다. 저서로 『욕망의 진화』, 『진화심리학』, 『성과 권력과 갈등』 등이 있으며 국내 출간도서로 『오셀로를 닮은 남자 헤라를 닮은 여자』(청림출판, 2003) 가 있다.

돌프 질먼 Dolf Zillmann

펜실베이니아대학에서 박사학위를 받았으며, 현재 앨러배머대학의 커뮤니케이션 · 심리학과 교수, 대학원 연구의 선임부학장이다. 그의 연구는 미디어 내용의 선택과 효과에 대한 것으로 뉴스 기능, 교육적 텔레비전, 총체적 미디어 연예 등의 주제를 탐구하고 있다. 감정적 행동과 부자연스러운 감정의 공포와 분노, 그것들의 성적 연관성 등에 대한 연구가 주를 이룬다. 『감정적 경험과 행동의 연속적 의존』, 『극적인 노출에서의 정신적 불안』, 『폭력 묘사의 호소에 관한 정신의학』 등의 저서가 있다.

메리 워녹 Mary Warnock

윤리학의 세계적 거장으로 케임브리지대학교 거튼칼리지 전임학장, 작가이자 영국 무소속의원. 윤리학이 메타윤리학에서 환경, 생명공학 등 현실적인 문제를 다뤄야 한다고 주장한다. 영국 〈가디언〉 지가 메리 워녹이 뽑은 윤리학 명저 10권을 실을 정도로 권위 있는 학자다. 『지식인의 윤리 가이드』를 저술했으며, 국내 출간도서로 『현대의 윤리학』(서광사, 1986)이 있다.

존 설스턴 John Sulston

케임브리지대학에서 유기화학을 전공하고 박사학위를 받았다. 솔크생물학연구소와 케임브리지 영국의학연구회 분자생물학연구소 등에서 연구했다. 인간유전체사업에 큰 공헌을 한 케임브리지쉬어의 웰컴트러스트 생거연구소의 초대 소장으로 지명되었다. 〈옵저버〉가 선정한 '영국에서 가장 영향력 있는 100인' 중 한 명이며, 2002년에는 시드니 브레너, H. 로버트 호비츠와 함께 노벨생리의학상을 공동수상했다. 저서로 국내 출간된 『유전자 시대의 적들』(사이언스북스, 2004)이 있다.

로널드 멜잭 Ronald Melzack

통증의 관리에 대한 이해와 접근에 변화를 가져온 의학연구가. 1965년 패트릭 월과 함께 〈사이언스〉지에 '통증의 문 조절이론'이라는 혁신적인 논문을 발표하고 뒤이어 통증 - 신호 신경충동의 억제에 관한 신경약리학적 메커니즘의 연구를 게재했다. 통증연구에 널리 이용되는 맥길 통증설문지의 개발로 통증의 측정에 대한 이해도를 높이는 데 기여했다.

캐나다 총독이 수여하는 공로훈장을 받았으며, 캐나다 의회의 몰슨상과 워틸루대학의 명예학위, 킬람상을 받았다. 캐나다 왕립회원이자 퀘벡기사단의 임원이다.

브라이언 힙 Brain Heap

케임브리지 성에드먼드칼리지의 책임자이며, 옥스퍼드 그린칼리지의 명예회원, 노팅엄대학 동물심리학 특별교수이다. 왕립학회 부회장 및 대외사무관, 치료의학교의 선임방문과학자, 동물심리학과 유전학 연구소장, 생명공학 · 생물과학 연구소장 등을 역임했다. 케임브리지와 노팅엄, 요크에서 박사학위를 받았고, 내분비생리학과 생명공학, 세계인구와 식량대책에 관해 저술했으며, 세계 보건기구와 중국 발전 등에 관해 연구했다.

마이클 루즈 Michael Ruse

미국 플로리다주립대학교 철학과 석좌교수, 캐나다의 구엘프대학 철학과 동물학과 교수이다. 2003년 현재 생물철학분야의 대표적인 학자로 평가받고 있으며, 특히 생물철학, 윤리학 및 과학사 분야에 관심을 갖고 있다. 또한 생물철학의 전문 학술잡지인 〈바이올로지 앤드 필로소피〉의 편집도 맡고 있다. 국내 출간도서로 『생물학의 철학적 문제들』(이화여자대학교출판부, 2003)이 있다.

콜린 필링거 Colin Pillinger

영국오픈대학의 행성우주과학연구소 소장. 영국의 화성탐사계획 '비글2 프로젝트'의 선임 과학자로, 레스터대학 공동연구팀과 함께 화성의 역사와 생명체 존재 여부, 암석 채취 등의 연구를 주도하였다. '패트릭 무어의 밤하늘'이라는 프로그램을 통해 아마추어 천문학자들에게도 널리 알려져 있다.

존 레슬리 John Leslie

영국 겔프대학 철학 교수. 국내에도 번역된 『충격 대예측 세계의 종말』(사람과 사람, 1998)에서 인류를 멸망시킬 가능성이 높은 요인들을 분석했다. 화산분출, 소행성이나 혜성과의 충돌, 지구 근처에서의 초신성 폭발 등 '자연재해' 유전공학, 나노테크놀로지, 컴퓨터 등에서 비롯될 수 있는 '인간이 만든 재앙' 종교 · 비관론 · 윤리적 상대주의 등 '철학에서 비롯되는 위험'에 주목한 연구로 잘 알려져 있다.

스티븐 로즈 Steven Rose

신경생물학자, 영국 오픈대학의 뇌 · 행동 연구센터의 책임자 겸 생물학과 교수. 런던의 정신학연구소에서 박사학위를 받고 옥스퍼드대학과 로마대학, 런던의학연구회에서 연구과정을 거쳤다. 영국 진보과학회의 생물학부문 회장을 역임했다. 두뇌행동 연구그룹을 창시하여, 기억과 학습이 이루어지는 과정을 분자와 세포 수준에서 규명하기 위한 연구를 계속해왔다. 쉐체노프와 아노킨 메달(러시아), 아린스 카퍼스 메달(네덜란드), 생물화학회 메달 등 다양한 국제 명예학위와 상을 받았다. 『깨어 있는 두뇌』 등의 저서가 있다.

？ 찾아보기 Index

322